雷达能量战与隐身技术的挑战

[美] 巴赫曼·佐胡里(Bahman Zohuri) 著

谢 恺 李 俊 王 锐 **等译**

上海交通大学出版社
SHANGHAI JIAO TONG UNIVERSITY PRESS

内容提要

本书主要介绍雷达电子战与隐身技术的最新发展,全书共分为 4 章,包括雷达的作用、分类、技术参数、多种形式的雷达方程等雷达的基本原理,电子对抗与反对抗的概念及发展现状,雷达吸波材料的分类和雷达截面积的计算方法以及如何破解隐身飞机的一些手段,隐身技术相关理论,分析了隐身技术的优缺点和未来发展趋势以及介绍了龙勃透镜、高超音速武器、雷达信号处理基础和单多基地雷达等。

本书可作为雷达与电子战领域从事研究的技术人员的参考资料,也可作为高等院校相关专业教师和学生的教学参考书。

First published in English under the title
Radar Energy Warfare and the Challenges of Stealth Technology
by Bahman Zohuri
Copyright © Springer Nature Switzerland AG,2020
This edition has been translated and published under licence from
Springer Nature Switzerland AG.
上海市版权局著作权合同登记号:图字:09-2020-779

图书在版编目(CIP)数据

雷达能量战与隐身技术的挑战/(美)巴赫曼·佐胡里(Bahman Zohuri)著;谢恺等译. —上海:上海交通大学出版社,2022.6
ISBN 978-7-313-26270-7

Ⅰ.①雷… Ⅱ.①巴… ②谢… Ⅲ.①隐身技术
Ⅳ.①TN974

中国版本图书馆 CIP 数据核字(2021)第 263360 号

雷达能量战与隐身技术的挑战
LEIDA NENGLIANGZHAN YU YINSHEN JISHU DE TIAOZHAN

著　者:[美] 巴赫曼·佐胡里(Bahman Zohuri)		译　者:谢　恺　李　俊　王　锐 等	
出版发行:上海交通大学出版社		地　址:上海市番禺路 951 号	
邮政编码:200030		电　话:021-64071208	
印　制:当纳利(上海)信息技术有限公司		经　销:全国新华书店	
开　本:710 mm×1000 mm　1/16		印　张:19.25	
字　数:375 千字			
版　次:2022 年 6 月第 1 版		印　次:2022 年 6 月第 1 次印刷	
书　号:ISBN 978-7-313-26270-7			
定　价:138.00 元			

主译： 谢　恺　李　俊　王　锐

译者： 范　斌　吴　坤　陆珊珊
　　　　胡　磊　戴文瑞　秦鹏程

审校： 孙吉红　武昕伟

译者序

在雷达与电子对抗领域中,能量是一条重要的技术主线。Bahman Zohuri 博士的《雷达能量战与隐身技术的挑战》直指雷达探测目标的能量本质特征,首次提出"能量战",从雷达基础、电子对抗基础、雷达散射截面积基础以及隐身技术等角度,深入浅出的讲述了雷达能量战与反隐身技术的发展。在日新月异的电子信息领域,本书对相关科研人员学习雷达及电子对抗领域的专业知识具有很强的指导意义。

本书第 1 章以雷达方程为主线讲解了雷达基础知识,介绍了多种雷达方程和雷达系统;第 2 章介绍了电子支援、电子干扰与电子反对抗等电子对抗基础知识,与第 1 章形成了对应;第 3 章介绍了雷达吸波材料、雷达散射截面积以及几种国际典型的新型防空系统;第 4 章则介绍了隐身技术的发展;附录中介绍了龙勃透镜、高超音速武器、雷达信号处理和单多基地雷达等。书中详细介绍了最新的雷达探测技术、隐身与反隐身技术,其中德国利用无源雷达对 F‑35 隐身飞机探测百余公里等实例属首次披露。

本书主要由中山大学谢恺副教授和陆军炮兵防空兵学院李俊副教授、王锐副教授组织翻译,陆军炮兵防空兵学院的陆珊珊、吴坤、范斌、胡磊、戴文瑞、秦鹏程等老师也参与了翻译。其中,谢恺和王锐共同翻译了第 1 章、李俊翻译了第 2 章、范斌翻译了第 3 章、胡磊和戴文瑞翻译了第 4 章、吴坤和陆珊珊翻译了附录、秦鹏程对全书进行了统稿。翻译过程中,译者团队对许多专有名词做了反复的推敲,力求准确,同时根据国内习惯对全书的符号体系做了梳理和统一,以便读者更好地把握书中内容。现将本书推荐给对该领域感兴趣的读者,本书既可为雷达技术研究者提供珍贵的参考,也可为电子对抗领域研究者提供必要的专业知识支撑。

　　书中难免出现纰漏之处,敬请广大读者批评指正。

2022 年 2 月

前　言

　　莱特兄弟发明了飞机,改变了旅行、探险和战争的方式。在第一次世界大战和第二次世界大战中,人们通过一套试验系统有效完成了识别和打击目标的任务。在不列颠之战中,英国皇家空军使用该系统抵御了德国空军的攻击,保卫了国土安全。越南战争期间,美军飞行员大量使用了地对空导弹,在这些战例中,雷达和电子干扰系统发挥了巨大的作用,相关技术一直沿用至今。

　　相较于莱特兄弟最初的设计,飞机在设计和功能方面已经取得了极大地进步,如最先进的第六代战机:美国的 F - 35、俄罗斯的苏 - 57,以及中国的歼 - 20,为了避免被雷达发现,它们需要攻克一个共同的技术挑战即实现隐身。问题是真的能像其生产者声称的一样,通过吸波材料和减小雷达截面积来减小对空间中雷达搜索电磁波的反射吗。

　　针对新一代高速喷气式飞机最有效的电子对抗手段是基于数字射频存储器的中继干扰机和应答机。而本书提出将利用量子电动力学(QED)方法,从麦克斯韦方程(MCE)中导出的标量波来对抗超高速武器的攻击。

　　本书以一种通俗易懂的方式介绍了标量波雷达基本原理,通过完整地复制雷达波形,从而在目标接收机和火控雷达信号处理机中制造大量的假目标。

　　需要关注的是目标回波中存在中频噪声,众所周知,飞机上的火控雷达是典型的脉冲多普勒雷达,主要实现空空或空地探测,特点是体积小、质量轻。为在复杂环境中提高探测范围、实现多目标跟踪、减小机载人员任务量,其自动化程度很高。战略隐身战斗机必须在更高的 C、X 和 Ku 频段实现隐身,一旦频率波长超过一定的阈值,飞机反射信号就会发生阶跃变化,当飞机的尾翼或其他部件尺寸小于特定频率波长的 8 倍时就会产生共振效应。由于隐形战斗机对尺寸和重量的要求,使得它难以覆盖两英尺以上的吸波涂层,因此只能在特定频率实现隐身。

一些工作在 S 或者 L 波段的低频雷达,能够探测、跟踪到部分隐身飞机。为了应对工作在 UHF 和 VHF 波段的低频雷达,美国国家航空航天局为 B-2 或 B-21 设计了两个大的飞翼,设计师希望通过对飞机的雷达截面积的特殊设计,使其避免被发现。

此外,低频雷达可以用来辅助火控雷达,一些国家早已开始发展低频雷达,然而当前的研究仅存在于理论,离部署使用还有一定的距离。

以上为本书主要内容,为了使不同层次的读者能够掌握隐身技术,我们认真设计了每一个主题。同时本书为雷达对抗和隐身技术的初学者提供了相关基础知识的附录。

Bahman Zohuri

美国新墨西哥州阿尔伯克基

目　录

第 1 章
雷达基础

本章介绍了雷达作为一种探测装置的基本原理。在不列颠之战的关键时期，雷达是帮助英国对抗德国空袭并取得胜利的重要因素。雷达是一种利用无线电波来确定目标距离、角度或速度的探测系统，可用来探测飞机、船舶、航天器和车辆，甚至能够预测天气和测量地形。此外，目前隐身技术的发展推动了战机向第六代升级，飞行速度高达 5～15 马赫的高超音速飞行器已成为新的威胁，因此，雷达电子战步入了一个全新的阶段。

1.1 引言

雷达，又称 RADAR，是无线电探测和测距的首字母缩写。目前该技术已经普及，雷达的缩写形式已成为一个普通的名词。从雷达这个名称可以看出，该系统的工作原理是向远处发射横向电磁波。这里的横向电磁波是指电磁波的电场和磁场都垂直于传播方向平面的一种电磁波。在后续章节中，我们将分析横向和纵向电磁波的区别，以及它们如何探测具有不同威胁和特征的目标。

雷达系统由工作在无线电频段的发射机、发射天线和接收天线（通常发射与接收共用一个天线）、用来确定目标属性的接收机和处理机共同组成。其基本原理是发射机发出脉冲或连续的电磁波，电磁波被目标反射形成回波，回波被接收机所接收，进而从中提取出目标的位置和速度信息。

图 1.1(a)是用于跟踪空间物体和弹道导弹的预警雷达。图 1.1(b)是用于探测航空器的机械扫描雷达，它稳定旋转，以窄波束扫描空域。

雷达是第二次世界大战前和第二次世界大战期间由几个国家秘密研制的用于军事用途的装备。其中，由英国人发明的空腔磁控管使得雷达的体积得到了极大地缩减。雷达这个词是 1940 年由美国海军发明的，是无线电探测和测距的首字母缩写[1-2]。后来，"radar"这个词作为一个普通的名词进入英语和其他语言，也就不再有大写字母形式。

(a) 预警雷达　　　　　　　　　　　　　　(b) 机械扫描雷达

图 1.1　典型的预警雷达和机械扫描雷达

现代雷达的用途非常多,包括:

(1) 空中和地面交通管制以及雷达天文学;

(2) 反导系统;

(3) 用于定位地标和其他船舶的航海雷达以及飞机防撞系统;

(4) 海洋监测系统;

(5) 外层空间监视和对接系统;

(6) 气象降水监测;

(7) 测高和飞行控制系统以及制导导弹目标定位系统;

(8) 用于地质观测的探地雷达。

高科技雷达系统与数字信号处理(DSP)和机器学习(ML)紧密联系,其中,机器学习集成人工智能(AI),结合深度学习(DL),能从高噪声中提取有用信息。雷达是自动驾驶系统中使用的一项关键技术,此外,自动驾驶系统中还使用了其他传感器[3]。

其他类似雷达的系统则利用了电磁波谱的其他频段。如激光探测和测距(激光雷达),它主要使用来自激光器的光线而不是无线电波,因此,有的参考文献称激光雷达为 LIDAR。随着无人驾驶汽车的出现,雷达有望帮助自动化平台监测其环境,从而防止不必要的事故发生[4]。

激光雷达的探测机制是利用激光照射目标,根据传感器测量反射光来确定目标距离的测量方法。不同的激光返回时间和波长可以用来得到目标的三维参数。LIDAR 这个名称，现在是光探测和测距[5]（有时是光成像、探测和测距）的首字母缩写，最初是光和雷达的组合[6-7]。激光雷达有时被称为三坐标激光扫描仪，这是一种三坐标扫描和激光扫描的特殊组合。它有地面、机载和移动端应用。在图 1.2 中，美国空军的星火光学试验场将光辐射频率源（FASOR）运用到 LIDAR 和激光引导的星体实验中，将频率调谐到钠 D2a 光线上并用于激发大气上层的钠原子。

图 1.2　典型的 FASOR 演示

激光雷达通常使用紫外线（UV）或近红外线（IR）对物体成像。它可以应用于一些非金属物体中，包括岩石、雨、化合物、气溶胶、云，甚至单个分子[5]。一束狭窄的激光波束可以用极高的分辨率绘制目标的物理特征。例如，飞机能够以 30 cm 或更高的分辨率[8]来绘制地形。

机载激光雷达安装在飞机上，通过激光扫描创造出一个三维景观的点云模型。这是目前最详细和准确的创建数字高程模型的方法，并且取代了摄影测量。与摄影测量相比，其最主要的优点是能够过滤点云模型中植被的反射，创建一个数字地形模型，该模型描述了隐藏在树木中的地表信息，如河流、道路、文化遗迹等。机载激光雷达在高空和低空的应用之间有区别，但主要的区别是在较高高度获得数据的精度和点密度都有所降低，详见图 1.3。

图 1.3 展示了机载激光雷达进行直线扫描的原理，这是较为常见的一种扫描方法。

使用激光雷达收集海拔数据最主要的优点包括具有较高的分辨率、厘米级精度和对森林地形的地面检测[8]。

激光雷达已经成为采集密集和精确高程数据的一种成熟方法。这种主动遥感技术与雷达类似，但使用的是激光脉冲而不是无线电波。激光雷达通常是"飞行"后从飞机上收集，它可以快速收集大面积的点（见图 1.3）。机载激光雷达也可用于浅水区域的水深模型的创建[9]。

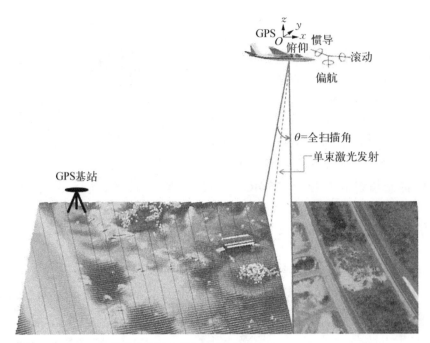

图 1.3   机载激光雷达直线扫描原理图(来源：www.wikipedia.com)

1.2   最早的雷达原理概念和实验

1886 年,德国物理学家海因里希·赫兹(Heinrich Hertz)证明了固态物体可以反射无线电波。1895 年,一名在克伦施塔特的俄罗斯帝国海军学校的物理老师有了进一步的发现,他发明了一种使用相干管来探测远距离雷击的仪器。第二年,在此基础上他添加了一个火花隙发射器。1897 年,他在波罗的海为两艘船进行通信测试时,注意到第三艘船通过时产生的干扰,因此在报告中写道,这种现象可能用于探测物体,但他没有做进一步观察[9]。

德国发明家克里斯蒂安·胡斯迈耶(Christian Hulsmeyer)是第一个使用无线电波探测"远处金属物体存在"的人。1904 年,他演示了探测浓雾中船只的可行性,但没有演示它与发射机的距离[10]。1904 年 4 月,他的探测装置获得了专利[11],后来他又为估算船距离的相关修正方法申请了专利[12]。1904 年 9 月 23 日,他还获得了一项英国专利,名为全雷达系统,他称其为遥测机[13]。它的工作波长为 50 cm,脉冲雷达信号通过火花隙产生。该系统使用了带有抛物面反射器的经典喇叭天线装置,并在科隆和鹿特丹港的实际测试中提交给了德国军方官员,但最终未被军方采用[14]。

1915 年,罗伯特·沃特森-瓦特(Robert Watson-Watt)利用无线电技术为飞行员提供预警[15]。20 世纪 20 年代,英国研究机构在无线电技术方面取得许多进展,包括探测电离层和远距离闪电。通过闪电实验,沃特森-瓦特成为无线电测向的专家,之后他将研究转向短波传输。为了进行短波传输研究,他要求"新人"阿诺德·弗雷德里克·威尔金斯(Arnold Frederic Wilkins)对现有的短波设备进行广泛的调查。当飞机飞过头顶时,威尔金斯在手册中记录下了"衰减"效应(当时对干扰的普遍说法)。

1922 年,美国海军研究人员 A. Hoyt Taylor 和 Leo C. Young 在横跨大西洋的波托马克河两岸分别安装了发射机和接收机后,发现船只通过波束路径会导致接收到的信号衰减。Taylor 提交了一份报告,认为这种现象可用于低能见度下对船只的探测,但海军没有立即继续这项工作。8 年后,海军研究实验室(NRL)的 Lawrence A. Hyland 观察到经过的飞机也有类似的衰减效应,这一发现引发了对移动目标的无线电回波信号进一步深入研究,如图 1.4 所示。当然这是基于 Taylor 和 Young 的研究基础[16-17]。

概括来说,雷达的发展历史可以延伸到现代电磁理论的时代,其中包括赫兹(Hertz)在 1886 年左右演示了无线电波

图 1.4　美国海军研究实验室实验天线配置
(来源: www.wikipedia.com)

的反射,并在 1900 年的采访中描述了电磁探测和速度测量的概念。1903 年和 1904 年,德国科学家胡斯迈耶(Hülsmeyer)试验了通过无线电波反射进行船舶探测。1922 年,马可尼(Marconi)再次提出了这个想法。同一年,来自美国海军研究实验室的 Taylor 和 Young 演示了船只可被雷达发现的现象。1930 年,同样来自美国海军研究实验室的 Hyland 偶然发现雷达能探测飞机,开展了进一步研究,并于 1934 年申请了连续波(CW)雷达的美国专利。

在 20 世纪 30 年代左右,雷达有了进一步的发展,德国、俄罗斯、意大利和日本等国家都是其中的先驱。事实上,美国海军研究实验室的 R.M. Page 于 1943 年开始大力研制脉冲雷达之前,在 1936 年就有了一些成功演示实现的。同年,美国陆军通信兵开始实际的雷达相关工作,并在 1938 年首次运用 SCR－268 防空火控雷达系统(FCR)以及在 1939 年更新名称为 SCR－270 的早期预警系统(EWS),不幸的是 SCR－270 所发出的日本海军飞机袭击珍珠港的警告被悲惨地忽略了。

图 1.5 本土链监视雷达塔(英国埃塞克斯郡 Great Baddow)

同年,英国科学家罗伯特·沃特森-瓦特演示了脉冲雷达(PR),并在 1938 年建立了著名的本土链监视雷达网(见图 1.5),该雷达网在第二次世界大战期间,帮助英国成功阻击了德国的侵略步伐,并一直活跃到战后。

英国还在 1939 年发明了第一个空中截击雷达。在 1940 年前后美国和英国建立起了延续至今的合作,此时大多数雷达都是工作在高频(HF)和甚高频段(VHF),关于雷达频段的描述后文有介绍。英国公开了空腔磁控管这一关键的微波功率管技术,美国在麻省理工学院(MIT)建立了辐射实验室,这些都为微波频段雷达的成功开发奠定了基础,使系统能够在小尺度上实现,并能达到亚米分辨率,且一直占据技术主导地位[18-19]。

1.3 雷达的类型

正如本章引言所述,根据所给出的首字母缩写可知,雷达的原意是无线电探测和测距,并可将其分类如下:

(1)双基地雷达:发射和接收天线位于不同位置(如地面发射机和机载接收机)。

(2)单基地雷达:发射机和接收机并列,同样的天线用于发射和接收。如图 1.6 所示,其中 R_r 为接收距离,R_t 为发射距离,两者之间的夹角为 θ。

(3)准单基地雷达:发射天线和接收天线略有分离,但从目标上看似乎仍位于同一位置(例如,在同一架飞机上分别发射和接收)。

雷达功能分类如下:

(1)正常雷达功能:① 距离(来自脉冲延时);② 速度(来自多普勒频移);③ 角度(来自天线指向)。

(2)特征分析和逆散射:① 目标规模(由回波幅度计算);② 目标形状和组成(回波作为方向的函数);③ 活动部件(回波调制);④ 材料组成。

(3)雷达性能:雷达的复杂性(成

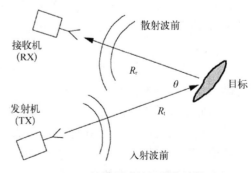

图 1.6 简易雷达的配置和功能

本和大小)随雷达功能的增加而增加。

根据前文所述,雷达技术是 20 世纪最先进的创新技术之一。根据其使用情况和任务功能,雷达系统可划分为多个种类,用于实现不同的目的和任务。

下面列出了一些最常见的雷达系统,它们具有不同的任务功能,并被不同的商业和军事部门使用。

1. 双基地雷达

双基地雷达是一种由分置的发射机和接收机组成的雷达系统。发射机和接收机位于同一位置的雷达称为单基地雷达。大多数远程地对空和空对空导弹使用双基地雷达。图 1.7 是单、双基地雷达配置示意图。

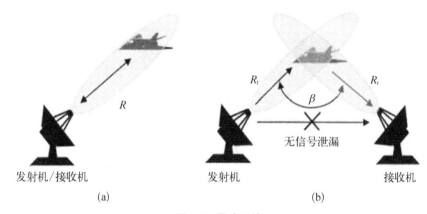

图 1.7　雷达系统

(a) 单基地雷达;(b) 双基地雷达

2. 连续波雷达

连续波雷达的特点是发射已知的稳定频率连续波无线电能量,并可以从任何物体的反射回波接收能量。连续波雷达采用多普勒技术,这意味着雷达不会受到静止或缓慢移动的大型物体的任何形式的干扰。图 1.8 是连续波雷达原理图。

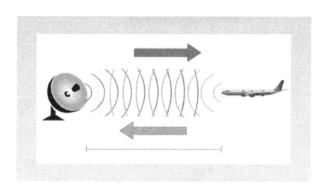

图 1.8　连续波雷达原理图

3. 多普勒雷达

多普勒雷达是一种特殊形式的雷达,它利用多普勒效应产生给定距离目标的速度数据。这是通过向目标发送电磁信号,然后分析目标运动如何影响回波信号的频率来实现的。这种变化可以对给定目标相对于雷达的径向速度进行非常精确的测量。多普勒雷达可应用于不同的行业,包括航空、气象、医疗保健等。图 1.9 是气象多普勒雷达的示意图。

图 1.9　气象多普勒雷达

4. 单脉冲雷达

单脉冲雷达将接收到的来自单一雷达的脉冲信号与雷达脉冲自身进行比较,目的是比较在多极化或多方向上接收的信号。单脉冲雷达最常见的形式是圆锥扫描雷达,它通过比较两个雷达的回波方向来确定目标的位置。值得注意的是,自 20 世纪 60 年代以来,大多数雷达都是单脉冲雷达。图 1.10 是高精度单脉冲跟踪

图 1.10　高精度单脉冲跟踪雷达

雷达(PMTR)的示意图。

5. 无源雷达

无源雷达系统是一种通过接收处理环境中非合作电磁波的反射来探测和跟踪目标的雷达。这些外辐射源包括通信信号和商业广播。无源雷达可与双基地雷达归为同类。图 1.11 所示为民航无源雷达。

图 1.11　民航无源雷达

6. 测量雷达

测量雷达是用于政府和私立试验场测试火箭、导弹、飞机和弹药的雷达。它们可在处理分析中提供各种信息,包括空间、位置和时间。

图 1.12 所示是一个试验测量雷达系统。

图 1.12　试验测量雷达系统

7. 气象雷达

气象雷达是用于气象探测的雷达系统,这种雷达使用水平极化或圆极化的电磁波。气象雷达的频率选择需要在降雨反射和大气造成的衰减性能之间进行折中。一些气象雷达使用多普勒频移来测量风速和双极化以识别降水类型。

图 1.13 展示了一个交互式气象雷达。

图 1.13　交互式气象雷达

8. 测绘雷达

测绘雷达常常用于扫描大面积的地理区域,以实现对地形和遥感的测绘。由于使用合成孔径雷达体制,此类雷达的目标通常是相对静止的物体。由于人体的反射特性与建筑材料的反射特性相比更加多样化,因此一些特定的雷达系统可以感应到墙后的人。图 1.14 所示为美国国家航空航天局开发的泰坦成像雷达。

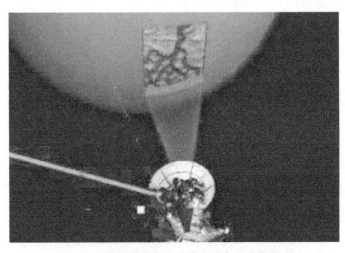

图 1.14　美国国家航空航天局的泰坦成像雷达

9. 导航雷达

导航雷达通常与搜索雷达相同。然而,它们具有更短的波长,常常应用于商业船舶和其他长途商业飞机。导航雷达多种多样,包括船用雷达等,通常安装在船舶上以避免碰撞。图 1.15 所示是巡航中的导航雷达系统。

图 1.15　导航雷达系统

上述所列是目前最常见的雷达类型,当然每一大类别都可以细分为更多的雷达类型。

1.3.1　雷达的分类

雷达系统也可以根据设计用途分为不同类型。本节介绍几种常用雷达系统的一般分类,如图 1.16 所示。

1.3.1.1　多功能雷达(可用于武器控制制导等雷达)

有源阵列多功能雷达(MFRs)使现代武器系统能够在密集干扰环境下应对非常小的雷达截面积导弹的饱和攻击。这种 MFRs 必须提供大量的火控通道,同时跟踪敌方的防御导弹,以及中程制导指令。

在 1.4.2.1 节中描述的有源相控阵天线包括平面传感器面板,该面板由 GaAs 模块阵列组成,发送可变脉冲模式并建立监视区域的详细图像。一个典型的固定阵列系统由 4 个固定面板组成,每个面板大约由 2 000 个组件组成。每个阵列面板可以覆盖 90°,从而在仰角和方位角上提供完整的半球覆盖。

1.3.1.2　多目标跟踪雷达(可用于监控、警戒、制导、武器控制等雷达)

多目标跟踪雷达(MTTR)的作战功能如下:

(1) 远程搜索。

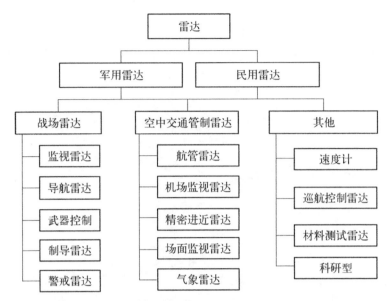

图1.16 雷达按设计用途分类(来源：www.radartutorial.eu)

（2）为低空飞行的飞机提供高数据率的搜索信息。

（3）为近空目标提供高分辨率的搜索信息。

（4）自动位置和高度信息。

（5）同时跟踪多个飞机目标。

（6）其他系统的目标指示设备。

它们的分类简要描述如下：

空中交通管制雷达	航管雷达

民用机场和军用机场都使用空中交通管制雷达。	航管雷达大部分工作在L波段，控制器可在航路环境的最大探测范围450 km内显示雷达数据。

续　表

机场监视雷达(ASR)

　　这些雷达设备用于飞机的识别、确定飞机的进场顺序以及由空中交通安全操作员进行单机进场控制。同时,这些雷达还与其他雷达如防空雷达或二次雷达设备的 Ⅳ 模式坐标数据(不包括简单空域)进行关联。这些雷达网可在任何天气条件下使用。

精密进近雷达(PAR)

　　精密进近雷达引导飞机在能见度极低的条件下安全着陆。通过雷达,飞机在最后的进场和着陆过程中被探测和观察到。制导信息以口头无线电指令的形式提供给飞行员,或以脉冲控制信号的形式提供给自动驾驶仪。

场面监视雷达(SMR)

　　场面监视雷达是目前应用最广泛的机场监视系统。它是为机动区域提供监视掩护的主要雷达,用于监视飞机起飞、着陆和滑行。

气象雷达

　　此类雷达获得的气象数据既可用于进场支持,也可输入给气象数据集成系统。天线的旋转率可变(多为 3～6 r/min)。如果使用多重仰角,所收集的气象图片可能会以 1 min 以上的频率更新(这取决于所需仰角的复杂性、数量以及天线的旋转率)。

　　近年来,雷达已成为测量降水和探测恶劣天气条件的重要工具。

续 表

防空雷达	对空监视雷达

防空雷达可以在一个相对大的区域探测空中目标,并确定其位置、航线和速度。防空雷达最大射程可超过 300 mi①,覆盖范围为 360°。

图为瑞士空军塔夫利尔雷达。

对空监视雷达系统首先探测和确定相对大区域内空中目标的位置、航向和速度。空中搜索雷达最大射程可超过 300 mi,覆盖范围为 360°。根据提供的位置信息的数量,对空监视雷达系统通常分为两类。只提供距离和方位信息的雷达称为二维雷达。提供距离、方位和高度信息的雷达称为三维雷达。

图为洛克希德·马丁公司的对空监视雷达 AN/FPS-117。

空中拦截雷达	导弹制导雷达

空中拦截雷达系统的功能是引导战斗机到一个合适的位置拦截敌人的飞机。在飞机控制的情况下,雷达操作员获得制导信息,并通过语音无线电或与飞机相连的计算机传送给飞机。

雷达的主要任务是协助搜索、拦截和摧毁敌机。这要求机载雷达系统具有跟踪功能。

图为欧洲战斗机 EF-2000 的雷达 ECR90 的前端。

这种提供信息用来引导导弹到达敌方目标的雷达系统被称为制导雷达。导弹使用雷达拦截目标的基本方式有三种:

(1)波束制导导弹跟踪持续对准目标的雷达能量波束。

(2)寻的导弹探测并根据目标反射的雷达能量进行寻的;导弹内或发射点的雷达发射机提供反射能量,并由导弹内的接收机检测。

(3)被动寻的导弹以目标辐射的能量为导向。

① 1 mi=1.609 km。

导弹制导和控制雷达

　　"爱国者"是一种陆军地对空、机动、防空导弹系统。自 20 世纪 60 年代中期,该系统已经发展到可以防御飞机和巡航导弹,最新的升级版还可以防御短程弹道导弹。

战场侦察雷达

　　战场侦察雷达通常有较短的探测距离和高度专业化的特定任务。在海军舰艇上,战场侦察雷达越来越多地被多功能雷达所取代。
　　图为荷兰海军泰利斯多功能雷达。

各项民用雷达设备

　　哪里需要测距(或定位),哪里就可部署雷达设备。正因如此,其在民用领域,也有广泛的应用和发展。

速度计

　　速度计是非常专业的连续波雷达。速度计使用多普勒频率来测量速度。由于多普勒频率的值取决于波长,这类雷达大多工作在 K 波段。
　　图为速度计"Traffipax Speedophot"。

续　表

导航雷达	雷达巡航控制

导航雷达是为船舶导航和水面监视而设计的。当航行在受限水域时,水手通常依靠导航来确保船舶安全。然而,视觉驾驶需要晴朗的天气;很多情况下,水手必须在雾中航行。当天气条件迫使船舶无法进行视觉导航时,雷达导航就提供了一种方法,以足够的精度确定船舶的位置,保证安全通过。	这是梅赛德斯-奔驰 SL 级跑车的散热器格栅,车距控制传感器就隐藏在奔驰标志的后面。这种雷达装置可以获取前方约 150 m 内的交通情况,必要时可进行自动刹车。
探地雷达	材料测试雷达

探地雷达主要用于对地球进行浅层、高分辨率的地下勘察。 图为探地雷达在工作。	这种特殊的雷达可以用来穿透材料,检测材料的缺陷。

基于雷达的功能和类型,还可以进一步进行雷达分类。

雷达最初是为了满足军事需求而开发的,它在国防用途上的重要性不言而喻。例如,雷达被用来探测飞机、导弹、火炮和迫击炮弹、船只、陆地车辆和卫星。此外,雷达可以用于武器制导、目标识别、航空器和船舶的导航以及协助侦察和毁伤评估。

军用雷达系统根据平台可分为三大类:陆基、舰载和机载。在这个大的分类框架下,还有几种基于雷达系统用途的进一步划分。

下面介绍一些比较典型的雷达类型。

陆基防空雷达　这类雷达包括在防空任务中使用的所有固定、移动和便携式两坐标和三坐标系统。

战场、导弹控制和地面监视雷达　这类雷达包括战场监视、跟踪、火控和武器定位雷达系统,它们的形式既可能是固定的、移动的、可运输的,也可能是便携型的。

海军和沿海监视及导航雷达　这类雷达包括舰载水面搜索和空中搜索雷达(两坐标和三坐标)以及陆基海岸监视雷达。

海军火控雷达　这类是舰载雷达,是基于雷达的火力控制和武器制导系统的重要组成部分。

机载监视雷达　这类雷达系统设计用于早期预警、陆地和海上监视,无论是固定翼飞机、直升机还是遥控车辆。

机载火控雷达　这类雷达包括那些用于武器火控(导弹或火炮)和武器瞄准的机载雷达系统。

星载雷达(SBR)系统　在过去的 30 年里,许多资源已经投入情报、监视和侦察任务的星载雷达研究中。美国国防部似乎对星载雷达系统表现出了浓厚的兴趣。

军用空中交通管制(ATC)、仪器仪表和测距雷达　这类雷达是波形由重复的短持续脉冲组成的最典型的雷达。典型的例子是远程空中和海上监视雷达、测距雷达和气象雷达。一般飞机从静止杂波中剔除不需要的大量回波是不需要利用多普勒频移的,所以利用接收信号的多普勒频移来探测运动目标的脉冲雷达主要有两类,一种是动目标显示(MTI)雷达,另一种是脉冲多普勒雷达。这些包括陆基和舰载空中交通管制雷达系统,用于协助飞机着陆和支持试验场上的试验和评估活动。

简单脉冲雷达　这类雷达是最典型的雷达,其波形由重复的短脉冲组成。典型的例子是远程空中和海上监视雷达、测距雷达和气象雷达。利用接收信号的多普勒频移来探测运动目标的脉冲雷达有两类,一种是动目标显示雷达,另一种是脉冲多普勒雷达。脉冲雷达的用户包括陆军、海军、空军、联邦航空管理局(FAA)、美国海岸警卫队、国家航空和宇宙航行局(NASA)、商务部(DOC)、美国能源部(DOE)、美国农业部(USDA)、内政部(DOI)、国家科学基金会(NSF)和财政部(DOT)。

动目标显示雷达　通过检测多普勒频率,可以区分运动目标与静止目标的回波和杂波,并对杂波进行抑制。它的波形是一列具有低重频的脉冲,以避免距离模糊。这意味着,低重频的距离测量准确度高,但速度测量准确度不如高重频。几乎所有的地基防空搜索监视雷达系统都使用一定形式的 MTI。陆军、海军、空军、FAA、USCG、NASA 和 DOC 都是 MTI 雷达的主要用户。

机载动目标显示(AMTI)雷达　机载 MTI 雷达遇到的问题与陆基系统不一样,

因为来自地面和海洋的大量干扰和杂波具有多普勒频移的现象,这是由于机载平台的移动带来的。然而,AMTI 雷达可以补偿多普勒频移的杂波,使它有可能检测移动目标,即使雷达单元本身是运动着的。AMTI 雷达主要被陆军、海军、空军和海岸警卫队使用。

脉冲多普勒雷达　与 MTI 雷达一样,脉冲多普勒雷达也属于脉冲雷达,它利用回波信号的多普勒频移来抑制杂波和探测移动的飞机。然而,它比 MTI 雷达有更高的重频。例如,高重频脉冲多普勒雷达的重频可能为 100 kHz,而 MTI 雷达的重频可能仅为 300 Hz。重频的差异导致了明显不同的特点。MTI 雷达采用低重频是为了获得一个明确的距离测量。这导致目标径向速度(由多普勒频移导出)的测量高度模糊,并可能导致错过一些目标检测。此外,脉冲多普勒雷达的工作具有高重频,因此在径向速度测量中没有模糊。然而,高重频会导致高度模糊的距离测量。通过发射不同重频的多个波形来测量真实距离。脉冲多普勒雷达被陆军、海军、空军、FAA、USCG、NASA 和 DOC 使用。

高距离分辨率雷达　这是一种脉冲雷达,它使用非常短的脉冲来获得目标的距离分辨率,范围从小于一米到几米。它可用于检测杂波中固定或静止的目标,进行目标识别,在较近的范围内效果最好。陆军、海军、空军、NASA 和能源部都是高距离分辨率雷达的用户。

脉冲压缩雷达　这类雷达类似于高距离分辨率雷达,但克服了峰值功率和长距离限制,获得了一个短脉冲的分辨率,但有一个长脉冲的能量。它通过调制长时间高能脉冲的频率或相位来实现脉冲压缩。频率或相位调制使长脉冲在接收机中被压缩到等于信号带宽倒数的脉宽量。陆军、海军、空军、NASA 和能源部都是脉冲压缩雷达的用户。

合成孔径雷达(SAR)　这类雷达搭载于飞机或卫星,通常其天线波束的方向与它的行进方向垂直。SAR 通过在一段时间内将顺序接收的信号存储在内存中,然后进行叠加处理,其效果类似于长线阵同时发、收,从而实现方位向(横向)的高分辨率。其输出是一个场景的高分辨率图像。陆军、海军、空军、NASA 和 NOAA 都是 SAR 雷达的主要用户。

逆合成孔径雷达(ISAR)　除了利用目标相对于雷达运动产生的多普勒频移来获得横向距离分辨率外,在许多方面与 SAR 相似。它通常用于获取目标的图像。ISAR 雷达主要由陆军、海军、空军和美国国家航空航天局使用。

侧视机载雷达(SLAR)　这类机载雷达采用了一个大的侧视天线。它的波束垂直于飞机的飞行路线,并且能够获得距离的高分辨率。SLAR 横向距离的分辨率不如 SAR 的高,但比后者简单,在某些应用中是可以接受的。SLAR 生成类似地图的地面图像,并允许检测地面目标。这种雷达主要被陆军、海军、空军、NASA 和 USCG 使用。

成像雷达　合成孔径成像雷达、逆合成孔径成像雷达和侧视机载雷达技术有时被称为成像雷达。陆军、海军、空军和美国国家航空航天局是成像雷达的主要用户。

跟踪雷达　这类雷达在角度（方位角和仰角）和距离上连续跟踪单个目标，以确定其路径或轨迹，并预测其未来位置。单目标跟踪雷达几乎连续地提供目标定位。典型的跟踪雷达可能以每秒 10 次的速度测量目标位置，测距雷达是典型的跟踪雷达。军事跟踪雷达采用复杂的信号处理来估计目标大小或在武器系统发射前识别特定的特征，这类雷达有时也被称为火控雷达。跟踪雷达主要由陆军、海军、空军、美国国家航空航天局和美国能源部使用。

边扫边跟（TWS）雷达　TWS 雷达分两种。一种是或多或少带有机械旋转天线的传统对空监视雷达。目标跟踪是从一个角度旋转到另一个角度进行观测。另一种是其天线快速扫描小角度扇区以提取目标角度和位置的雷达。陆军、海军、空军、NASA 和 FAA 是 TWS 雷达的主要用户。

三坐标雷达　常规对空监视雷达在二维距离和方位角上测量目标位置，也可以通过确定仰角来得到目标高度。所谓的三坐标雷达是一种对空监视雷达，它采用传统方式测量距离，水平方向通过机械扫描或电扫描天线来获取目标的方位角，通过固定多个高程或笔形波束扫描来测量它的仰角。还有其他类型的雷达（如电扫描相控阵和跟踪雷达）可以在三维空间测量目标位置，但只有前面描述的测量方位、俯仰和距离的对空监视雷达系统才被称为三坐标雷达。三坐标雷达的使用者主要是陆军、海军、空军、NASA、FAA、USCG 和能源部。

电子扫描相控阵雷达　电子扫描相控阵天线可以将波束从一个方向快速地定位到另一个方向，而不需要大型天线结构的机械运动。灵活、快速的波束切换使雷达能够同时跟踪多个目标，并根据需要执行其他功能。陆军、海军和空军是电子扫描相控阵雷达的主要用户。

连续波雷达　由于连续波雷达同时发射和接收，它必须依靠运动目标产生的多普勒频移来分离弱回波信号和强发射信号。一个简单的连续波雷达可以探测目标，利用多普勒频移测量它的径向速度，并确定接收信号的到达方向。然而，需要一个更复杂的波形来确定目标距离。几乎所有的联邦机构都使用某种类型的连续波雷达用于目标跟踪、武器火力控制和车辆速度检测。

调频连续波（FM‑CW）雷达　当连续波雷达的频率随时间不断变化时，回波信号与发射信号的频率会有差异，且这种差异与目标的距离成正比。因此，测量发射和接收频率之间的差异，就得到了目标的范围。在这种调频连续波雷达中，频率一般是线性变化的，因此频率是上下变化的。最常见的 FM‑CW 雷达是用于飞机或卫星的雷达高度计，用来确定它们距离地球表面的高度。连续波更多使用相位调制来进行距离测量，而不是使用频率调制。这些雷达的主要用户是陆军、海军、空军、NASA和海岸警卫队。

高频超视距雷达 该雷达工作在电磁波谱的高频段(3~30 MHz),利用电离层对无线电波的折射,使超视距范围达到2 000 n mile。高频超视距可以探测飞机、弹道导弹、舰船和海浪效应。海军和空军常使用高频超视距雷达。

散射计 这种雷达在飞机或卫星上使用,通常它的天线波束以不同的方向定向到它下方垂直的轨道的侧面。散射计通过测量回波功率随角度的变化来确定地球海洋表面的风向和风速。

降雨雷达 这种雷达在飞机或卫星上使用,总的来说,它的天线波束以最佳的角度扫描它的飞行路径,以测量雷达的降雨回波来确定降雨率。

云廓线雷达 云廓线雷达通常用于飞机或卫星上。雷达波束在最低点定向,测量雷达从云层返回,以确定地球表面的云层反射率剖面。

1.3.2 雷达波和频段

为了更好地掌握"雷达类型",必须对频段有更准确的理解,因此我们需要从电磁频谱的角度来看。电磁频谱如图1.17所示。

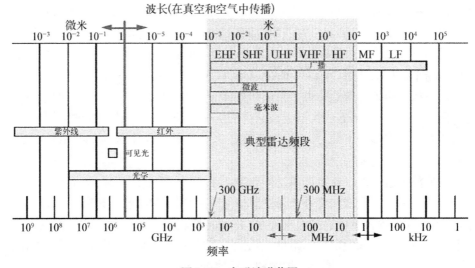

图1.17 电磁波谱范围

电磁波的频率可达1×10^{24} Hz。由于不同频率具有不同的物理特性,大范围的电磁频段被划分为多个不同的子频段。

根据历史的发展,以现在的标准来衡量,之前频率细分的范围已经过时,需要创建一个新的频带分类,而这个新分类尚未在国际上完全确立。传统的频带标识在文献和频带命名中仍然经常使用。而在北约,新的频带分类也已经在使用。

由电气和电子工程师协会(IEEE)建立的图 1.18 概述了雷达使用的频带。

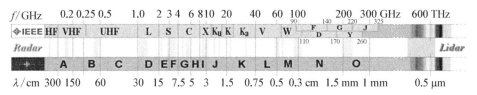

图 1.18　雷达使用的波段和频率范围

目前有两种频带划分系统,如图 1.18 所示。IEEE 喜欢起源于历史上的划分系统,并且有意地将特定字母分配到指定波段,这种分配方式起源于第二次世界大战时期,它的选择最初是为了对使用的频率保密。

而北约常用的新型频带分类,其频带边界适用于不同频率范围内的技术和测量。它们几乎是对数分布的,系统对高频开放。在这个系统中,未来可以很容易地确定太赫兹范围内的更多频段。这个代号系统也是军用的,是电子战的一种波段划分方式,雷达装备最终将占据其中重要位置。

由于划分的新频段并不总是能对应到已知的精确频率,在默认情况下,一般会对雷达产品继续使用传统波段命名。注意,在德国,公司仍然使用旧的雷达波段命名方式。例如,传统的 C 波段雷达工作在新的 G 波段,而名称缩写中带 L 的雷达(如 SMART‐L,多波束目标指示雷达)则工作在新的 D 波段。

注:SMART‐L 是成功的 SMART 多波束三坐标雷达系列的 D 波段(原 L 波段)远程监视雷达版本。它是根据北约三坐标搜索雷达的规格设计的,旨在实现:

(1)中程检测最新一代的小型"隐身"空中目标。

(2)常规飞机的远程探测。

(3)电子反对抗性能。ECCM 技术用于对抗有源欺骗电子干扰(ECM)。请记住 ECCM 技术背后的理念是将电子战提升到下一个层次,本书第 2 章对此有解释。

(4)对巡逻机的引导支持。

(5)场面监测。

由于其较大的功率预算,SMART‐L 专用于早期探测和跟踪非常小的飞机和导弹。由 SMART‐L 收集的精确三坐标目标信息,为威胁评估过程提供了重要的贡献,特别是在多种攻击场景中,它允许武器控制系统执行最快的锁定。

如今,雷达设备的频率范围约从 5 MHz 到 130 GHz(每秒 1 300 亿次振荡)。然而,不同的频率适用于不同类型的雷达。其远程雷达系统通常在 D 波段以下和包括 D 波段在内的较低频率工作。机场的空中交通管制雷达包括运行在 3 GHz 以下的机场监视雷达或 10 GHz 以下的精密进近雷达。

注:如前所述,机场监视雷达或终端区雷达(TAR)是机场使用的空中交通管制雷达系统。它是一种中程一次雷达,用于在机场周围空域的终端区探测并显示

飞机的存在和位置。它通常在 2 700 MHz 至 2 900 MHz(E 波段)的频率范围内工作,因为这个频率范围在大雨地区,电磁波被吸收较少而产生较低的衰减。此外,这个频率范围仍然足够高,能够使用相对较小尺寸和较轻重量的高度定向天线。图 1.19 所示为德国乌尔姆附近 Hensoldt 公司试验区的 ASR - NG 型机场监视雷达。

图 1.19 机场监视雷达 ASR - NG

图 1.20 精密进近雷达

注:精密进近雷达是机场根据飞行员和管制员的具体程序用于进场操作的一种主要雷达;在民用领域 PAR 的使用正在迅速减少[20]。精密进近雷达提供了在能见度差的情况下安全着陆的可能性。雷达被放置在跑道的中点附近[距离可达 6 000 ft(约 1.83 km)]并远程工作。在飞行员能见度有限的情况下(因为雾、雨等),雷达尤其重要。在这种情况下,雷达必须向进场管制员提供最高质量的雷达显示,辅以速度、下滑道(或下滑坡)偏差和航线、与先前接近的飞机的距离等计算机评估数据。控制器向飞行员发出方位角和仰角警告,直到飞机到达仰角决定高度点,距离着陆点大约 800 m(见图 1.20)。

由于不需要飞机上的额外设备,通过无线电传送指令的经典方法,即所谓的“向下通话”(talk down)方法的优点是通用性强。

国际民用航空组织(民航组织)的一项建议提到了精密进近雷达应满足的技术参数。本建议包括了技术参数和现场条件的最低要求[21]。

为精确引导,雷达需要具备测高功能。使用横向引导的仪器进场和着陆(如两坐标雷达)不使用垂直引导,称为非精确引导[22-23]。在这种情况下,根据雷达测量的距离,空中交通管制员从一个表格中定期确定各自的标称高度,并通过无线电通知飞行员。

1.3.2.1　A、B 波段(高频、甚高频雷达)

这些低于 300 MHz 的雷达波段有着悠久的历史,因为在第二次世界大战前和第二次世界大战期间研制开发的第一批雷达设备都是工作在这些波段。频率范围与当时掌握的高频技术相对应。后来,它们被用于超远程的预警雷达,即所谓的超视距(OTH)雷达。由于测角精度和角分辨率取决于波长与天线尺寸的比值,这些雷达无法满足高精度要求。而且,这些雷达的天线尺寸非常大,有的甚至可以长达数千米。

在这种特殊的传播条件下,只有降低精度来增加雷达的作用距离。由于这些频带被通信无线电服务密集地占据,因此这些雷达的带宽相对较小(见图 1.21)。

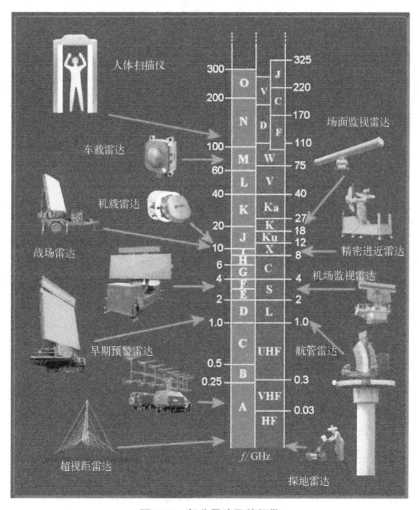

图 1.21　部分雷达及其频带

1.3.2.2　C 波段（超高频雷达）

针对该波段（300 MHz～1 GHz），已经开发了用于军事预警的专用雷达设备，例如图 1.22 中用于中程增程防空系统（MEADS），或用作气象观测中的风廓线雷达。这些频率受天气影响较小，因此具有较远的探测距离。新技术，即所谓的超宽带雷达，以极低的脉冲功率从 A 波段扩展到 C 波段，主要用于特定技术材料分析，部分用于考古，或前面描述的探地雷达（GPR），如图 1.23 所示。

雷达处理与显示

电池组

发射机、接收机
和天线的外壳

位移传感器

图 1.22　MEADS 使用超高频监视雷达　　　**图 1.23　正在工作的探地雷达**

1.3.2.3　D 波段（L 波段雷达）

这个范围非常适合现代远程空中监视雷达，最远可达 250 n mile（约为 400 km）。民用无线电通信服务相对较低的干扰使高功率的宽带辐射成为可能。它们传输高功率的脉冲、大带宽和脉内调制信号，以实现更远的探测距离。然而，由于地球曲率的影响，这些目标会被地平线遮挡，因此，在低空时实际能探测的距离要小得多。

如前所述，在这个频段内，航管雷达或航路监视雷达（ARSR）用于空中交通管制。结合单脉冲二次监视雷达（MSSR），这些雷达使用一个相对较大、缓慢旋转的天线。L 波段的"L"也可以看成大天线或长距离这两个词汇的英文首字母。

1.3.2.4　E/F 波段（S 波段雷达）

在 2～4 GHz 频段，大气的衰减比 D 波段要大。雷达需要更高的脉冲功率来实现远距离探测。较早的一种军用中功率雷达（MPR）就是一个例子（见图 1.24），脉冲功率高达 20 MW。在这一频带内，天气造成的影响已经开始出现。因此，一些气象雷达在 E/F 波段工作，但更多在亚热带和热带气候条件下工作，这样雷达就可以看到强风暴以外的情况。

机场监视雷达可探测和显示 60 n mile（约为 100 km）终端区内飞机的位置以及天气情况。S 波段的"S"也可以看成小天线或短距离这两个词汇的英文首字母

图 1.24　无天线罩的 MPR 天线

（与 L 波段恰恰相反）。

1.3.2.5　G 波段（C 波段雷达）

在这个波段，通常使用近程和中程的高机动军事战场雷达。由于天线足够小，武器控制系统可以高精度地快速进行安装。气象的影响非常大，这也是军用雷达通常配备圆极化天线的原因。在这个频率范围内，大多数天气雷达可用于温和的气候条件。

1.3.2.6　I/J 波段（X 波段和 Ku 波段雷达）

在 8～12 GHz，波长与天线尺寸之比更有意义。相对较小的天线，可以获得足够的角度精度，有利于军事用途的机载雷达。此外，导弹控制雷达系统的天线的尺寸远远大于波长，仍然足够方便，可以考虑展开。

该频段主要用于民用和军用的海上导航雷达系统。小型、性价比高和快速旋转天线提供了足够的范围和非常好的精度。天线多为简单的缝隙辐射源或贴片天线。

该频段也适用于星载或机载合成孔径雷达，用于军事电子情报和民用地理制图（见图 1.25）。逆合成孔径雷达（ISAR）的一个特殊应用是监测海洋以防止环境污染。

注：合成孔径雷达（SAR）是一种机载或星载相干侧视雷达系统，利用平台的飞行路径模拟超

理想相控阵

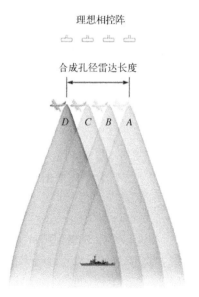

图 1.25　合成的扩展波束宽度
（Christine Wolff, 2008）

大天线或孔径,并生成高分辨率遥感图像。

1.3.2.7 K波段(K波段和Ka波段雷达)

随着发射频率的增加,电磁波在大气中的衰减会增加,难以实现较大的探测距离,但精度和距离分辨率却会提高。工作在这个频率范围内的雷达,如机场监视雷达,作为机场地面探测设备(ASDE)的重要组成部分,也称场面监视雷达(SMR)。只需极短的几纳秒脉冲,就可实现超高的距离分辨率,以至于在显示器上可以看到飞机和车辆的轮廓。

注:场面监视雷达是目前使用最广泛的机场监视系统。场面监视雷达是指为机动区域提供监视掩护的主要雷达,定义为用于飞机起飞、着陆、滑行的雷达,不包括停机坪。图1.26所示是1995年在美国洛根机场使用的前X波段海军雷达。

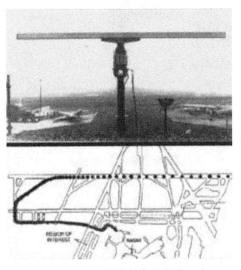

图1.26 X波段海军雷达

场面监视雷达提供对该地区所有飞机和车辆的监视,并具有较高的更新率。场面监视雷达天线通常安装在塔台上,具有良好的机动区域可视性。例如慕尼黑机场这样的大型机场,甚至还有第二座控制塔作为其第二航站楼,用于机场滑行道管理。因为不断增加的杂波和其他物理问题,地面环境与高海拔有很大的不同。受到这些物理问题的限制,地面侦察信息的质量往往不高。

使用一次监视雷达意味着无法进行目标标记,因此管制员通过观察塔台窗口对飞机进行视觉识别。这也是导致机场在低能见度条件下运力下降的主要因素之一。

1.3.2.8 V波段雷达

由于大气分子的散射,电磁波受到很强的衰减。雷达的应用范围被限制在几十米的范围内。

1.3.2.9 W波段雷达

在这里可以观察到两种大气衰减的现象:最大衰减约为75 GHz,相对最小衰减约为96 GHz。这两种频率都在实际中使用。在75~76 GHz的频率下,短程雷达用于汽车工程,如停车辅助设备、制动辅助系统和自动事故避免。这种通过分子散射的高衰减(这里是通过氧气分子)避免了由于大量使用雷达装备带来的相互干扰。目前已有96~98 GHz频段的雷达作为实验室设备,这些应用增大了雷达工作在极高频率(如 100 GHz)的可能性。

1.3.2.10　N 波段雷达

在 122 GHz 范围内,还有另一个用于测量的频段。由于在高频技术中太赫兹范围定义为 100 GHz(0.1 THz)至 300 GHz,因此业界把提供该频率范围的雷达称为"太赫兹雷达"。这些太赫兹雷达主要用于全身扫描仪。太赫兹的频率虽然可以极易地穿透干燥和不导电的物质,但由于人体皮肤中存在水分,它们穿透皮肤的深度不会超过几毫米。

1.3.3　雷达频率、波段和用途

表 1.1 和表 1.2 展示了雷达的频率、波段和用途,它们与图 1.18 所描述的非常类似。雷达频率没有明显的边界,通过发射电磁能量来探测和定位目标,并利用目标散射回波的任何设备都可以归类为雷达。

表 1.1　雷达波段和用途

波段命名	标称频率范围	用　　途
HF	3～30 MHz	超视距监视
VHF	30～300 MHz	超长距离监视
UHF	300～1 000 MHz	超长距离监视
L	1～2 GHz	长程监视
S	2～4 GHz	中程距离监视 航空交通管制
C	4～8 GHz	长程跟踪 机载天气监测
X	8～12 GHz	短程跟踪 导弹制导 测绘,航海雷达 机载截击
Ku	12～18 GHz	高分辨率的映射 卫星测高
K	18～27 GHz	用处不大(水蒸气)
Ka	27～40 GHz	更高分辨率的映射 机场监视
mm	40～100 GHz	试验中

表 1.2　标准雷达频率命名法

波 段 命 名	标称频率范围	指定频率范围
HF	3～30 MHz	
VHF	30～300 MHz	138～144 MHz
		216～225 MHz
UHF	300～1 000 MHz	420～450 MHz
		890～942 MHz
L	1～2 GHz	1 215～1 400 MHz
S	2～4 GHz	2 300～2 500 MHz
		2 700～3 700 MHz
C	4～8 GHz	5 250～5 925 MHz
X	8～12 GHz	8 500～10 680 MHz
Ku	12～18 GHz	13.4～14.0 GHz
		15.7～17.7 GHz
K	18～27 GHz	24.05～24.25 GHz
Ka	27～40 GHz	33.4～36.0 GHz
V	40～75 GHz	59～64 GHz
W	75～110 GHz	76～81 GHz
		92～100 GHz
mm	110～300 GHz	126～142 GHz
		144～149 GHz
		231～235 GHz
		238～248 GHz

　　雷达的工作频率从几兆赫到紫外线光谱的区域。雷达的基本原理在任何频率下都是一样的,但实际执行情况却大不相同。实际上,大多数雷达工作在微波频段,当然也有例外。

　　如表 1.2 所示,雷达工程师使用字母名称表示雷达工作的一般频带。这些字母频段在雷达中普遍使用。它们已经被电气和电子工程师学会确定为标准,并得到了美国国防部的认可。过去曾试图将频谱细分为其他字母频段(如微波和电子战中),但表 1.1 中的字母频段仍是应用于雷达领域的唯一字母频段。

国际电信联盟(ITU)为无线电定位(雷达)指定了频带。这些列在表 1.2 的第三列中。它们适用于包括北美和南美的国际电联区域。国际电联的其他两个区域略有不同。例如,虽然表的第二列显示了 L 波段从 1 000 MHz 到 2 000 MHz 的扩展,实际上,L 波段雷达预计在 1 215 MHz 至 1 400 MHz,即国际电联实际分配的频带。

每个频带都有自己独有的特性,这使得它在某些应用上比其他频带更理想。下面将描述雷达电磁波谱各部分的特征。实际频段划分并不会像命名法那么精确。

从表 1.1 和表 1.2 可以看出,起源于第二次世界大战期间的传统频段名,至今仍在世界各地的军事和航空中使用。它们在美国被电气和电子工程师学会采用,在国际上也被国际电信联盟采用。大多数国家都有额外的规定来控制每个频段的哪些部分可用于民用或军用。表 1.3 是表 1.1 和表 1.2 更广泛的表示。

表 1.3　雷达频段

波段命名	频率范围	波长范围	注　释
HF	3～30 MHz	10～100 m	超视距海岸雷达系统;(OTH)雷达;"高频率"
VHF	30～300 MHz	1～10 m	非常远距离,穿透地面;"非常高频率"
P	<300 MHz	>1 m	"P"代表"先前"回溯地应用于早期雷达系统;本质上是 HF+VHF
UHF	300～1 000 MHz	0.3～1 m	非常长的距离(如弹道导弹早期告警),"超高频"
L	1～2 GHz	15～30 cm	远程空中交通管制和监视;"L"意味着"长"
S	2～4 GHz	7.5～15 cm	中程监视,空中交通遥控、远程气象、船用雷达;短的缩写
C	4～8 GHz	3.75～7.5 cm	卫星转发器;在 X 波段和 S 波段之间(因此用"C");天气;远程跟踪
X	8～12 GHz	2.5～3.75 cm	导弹制导、海洋雷达、天气、地面监视;在美国,10.525 GHz±25 MHz 用于机场雷达;短距离跟踪。命名为 X-band 是因为该频段在第二次世界大战期间是一个秘密
Ku	12～18 GHz	1.67～2.5 cm	高分辨率,也用于卫星转发器,K 波段下的频率(即"u")

雷 达 频 段			
波段命名	频率范围	波长范围	注　释
K	18～24 GHz	1.11～1.67 cm	源自德语 kurz,意为"短";由于会被水蒸气吸收,使用受限,故被 Ku 和 Ka 波段取代用于监视;K 波段用于气象学家探测云层和警察用于检测超速驾驶的司机。K 波段雷达工作频率范围在 24.150±0.100 GHz
Ka	24～40 GHz	0.75～1.11 cm	测绘,近程,机场监视;频率略高于 K 波段(因此"a")。拍照雷达,用于触发相机拍摄闯红灯的汽车牌照,工作频率范围在 34.300±0.100 GHz
mm	40～300 GHz	1.0～7.5 mm	频率范围取决于波导尺寸
V	40～75 GHz	4.0～7.5 mm	被大气中的氧气强烈吸收,共振频率达到 60 GHz
W	75～110 GHz	2.7～4.0 mm	用作实验自动驾驶车辆的视觉传感器,高分辨率气象观察和成像

无线电频谱的其他用户,如广播和电子对抗工业,已经用他们自己的命名系统取代了传统的军事命名法。

1.4　雷达基础、脉冲重复频率和脉冲重复时间

脉冲重复频率(PRF)是在特定时间单位内发射重复信号的脉冲数,通常以每秒脉冲数来计算。这个术语在许多学科中尤其是在雷达中被广泛使用。

PRF 是每秒发生的脉冲重复出现的次数,它类似于用来描述其他类型波形的每秒周期,与时间周期 T 成反比,即脉冲的特性如式(1.1)所示:

$$T = \frac{1}{\text{PRF}} \tag{1.1}$$

PRF 通常与脉冲间距有关,脉冲间距是下一个脉冲出现前,脉冲所走过的距离,如式(1.2)所示:

$$\text{脉冲间距} = \frac{\text{传播速度}}{\text{PRF}} \tag{1.2}$$

在雷达中,描述的是特定频率的无线电波信号(图 1.27)的开和关;术语"频率"是指载波频率,而 PRF 是指开关的次数。两者都是用周/秒(图 1.28)或 Hz 来测量的。PRF 通常比频率低得多。例如,典型的第二次世界大战雷达,如 7 型 GCI 雷达的基本载频为 209 MHz(209 百万周/秒),PRF 为 300 脉冲/秒或 500 脉冲/秒。

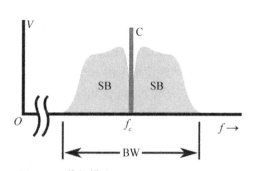

图 1.27　载频描述(来源:www.wikipedia.com)

图 1.28　一个八进制的 1 000 千周军用级晶体谐振器
(来源:www.wikipedia.com)

脉冲宽度(图 1.29)即在每个脉冲期间发射机的工作时间。

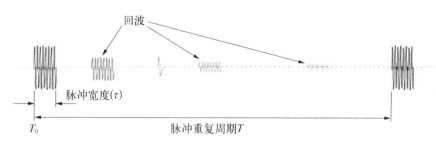

图 1.29　波形脉冲宽度描述

注:在通信技术中,载波指的是一种被调制传输信号的电磁波。这种载波的频率通常比输入信号的频率高得多。载波通常是以电磁波的形式在空间中传输信息,或者通过频分多路复用,使几个不同频率的载波共享一个相同的物理传输介质。

注:周/秒曾经是频率单位的常用英文名称,现在称为赫兹(Hz)。通常使用复数形式,常常写作 cycles/second(c/s)。即声波的频率可以通过每秒的振荡次数或周期来测量。

注:雷达系统使用从目标反射的射频电磁信号来确定该目标的信息。在任何雷达系统中,发射和接收的信号将表现出以下所述特性。

PRF 是雷达系统的定义特征之一。这个系统通常由大功率的发射机和灵敏的接收机组成,它们通常共用同一天线。在产生一个简短的无线电信号脉冲后,发射机被关闭,以便接收机单元接收到来自远距离目标的信号反射。无线电信号发射到目标后再返回所需的脉冲间平稳期是雷达期望距离的函数,因而较远距离的信号需要较长的周期,即较低的 PRFs。相反,较高的 PRFs 会导致最大探测距离有限,但在给定的时间内,无线电能量将辐射更多的脉冲。这将产生更强的反射,目标更容易被发现。所以雷达系统必须平衡这两者之间的关系。

以前的雷达系统中,PRFs 通常固定在一个特定的值上,或者在一组有限的可能值之间进行切换。通常一个雷达系统对应一个典型的 PRF,在电子战中可以用来识别特定平台的类型,例如一艘船或飞机,或在某些情况下的一个特定单位。飞机上的雷达告警接收机包括一个通用 PRFs 库,它不仅可以识别雷达的类型,而且在某些情况下可以识别操作模式。例如,当被 SA-2 SAM 导弹"锁定"时,飞行员就会收到警告信号。现代雷达系统通常能够平稳地改变 PRF、脉冲宽度和载频,这使得识别更加困难。

就像任何脉冲系统一样,声呐和激光雷达系统也有 PRFs,声呐的脉冲重复率(PRR)更是常见。如前所述,雷达系统的脉冲重复频率(PRF)是指每秒发射的脉冲数,如图 1.30 所示。

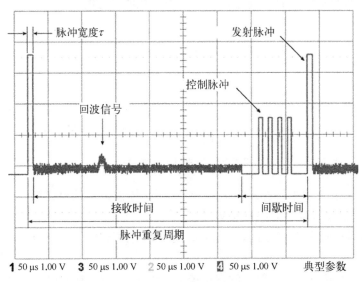

图 1.30　雷达脉冲关系

雷达系统在发射期间以载频辐射每个脉冲,在接收或间隙期间等待回波返回,然后辐射下一个脉冲,如图 1.30 所示。从一个脉冲开始到下一个脉冲开始的时间称为脉冲重复周期(PRT),等于 PRF 的倒数,如式(1.3)所示。

$$PRT = \frac{1}{PRF} \tag{1.3}$$

1.4.1　接收时间

一般来说,接收时间是发射脉冲之间的时间间隔。接收时间总是小于脉冲重复周期与发射脉冲宽度之间的差。有时它还受到所谓的间歇时间的限制,即在下一次发射脉冲之前,接收机已经关闭。

在某些雷达的发射脉冲和接收时间之间,双工器有一个较短的恢复时间。当双工器必须关闭对高发射功率的接收响应时,恢复时间开启。然而,在发射脉冲期间非常低的发射功率泄露也可能被接收,此时接收时间包括传输时间。

1.4.2　间歇时间

如果接收时间在下一次发射脉冲之前结束,这就是间歇时间。在现代雷达中,一般都是在间歇区进行系统测试回路。使用相控阵天线的雷达迫切需要这样的间歇时间。因为在这段时间内,天线的移相器将重新编程,以便为天线的下一次波束指向做好准备。这可能会花费多达 $200\,\mu s$,因此,间歇时间会比接收时间数值更大。

在这个间歇时间内,接收机已经关闭,在重新编程期间,天线无法提供接收到的信号。因为在这段时间内,任何情况下都不能处理实际数据,所以这段时间用于在接收路径的模块中执行内部测试过程。这样做是为了验证某些电子电路的可用性,并在必要时对其进行调整。为此,注入信号的大小是已知的。这些信号被送入接收通道,它们在各个模块中的处理被监控。然而,视频处理器关闭这些脉冲,使它们不出现在屏幕上。如有必要,可根据测试结果自动重新配置模块,并且可展示出详细的错误消息。

1.4.2.1　相控阵天线

相控阵天线是一种单个阵元具有不同相移的阵列天线。因此,它的天线方向图可以通过电子方式控制。电子扫描比机械扫描要灵活得多,维护方便。原则上,这种天线的工作原理是两个或几个阵元的相位相关叠加(见图 1.31)。

可以看到,相同相位信号(图 1.31 中相同颜色的信号)相互叠加,相反相位信号相互抵消。因此,如果两个阵元以相同的相移发射一个信号,就实现了叠加信号在主方向上被放大,在次级方向上被衰减。在图 1.31(a)中阵元组中,两个阵元的馈入相位相同。因此,信号在主方向上被放大。在图中,左边的两个天线元件馈相一致,而右边的两个天线元件馈相不一致。

在图 1.31(b)中,来自前一个阵元的信号传输时相位比后一个阵元滞后 22°。因此,共同发出的信号的主要方向略微往上偏转。

图 1.31 展示的是没有反射器的阵元。因此,天线方向图的后瓣与主瓣一样大。因此,后瓣也向上偏转。

如果要传输的信号通过相位调节模块,辐射的方向就可以实现电子控制。然

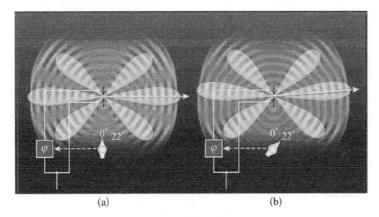

图 1.31   相控阵天线

而,这也有一定的局限性,因为这种天线布局的效率在垂直于天线场的主方向上是最大的,而主方向的极端倾斜会增加不必要的旁瓣数量,同时减少了天线有效面积。正弦定理可以用来计算必要的相移。图 1.32 展示了电子控制波束的画面。在相控阵天线中,任何类型的天线都可以用作阵元。值得注意的是,单个阵元都用可变的相移来控制,因此辐射的主要方向可以连续地改变。为了实现高指向性,相控阵天线使用了大量的阵元。例如,RRP - 117 的天线由 1 584 个阵元组成,这些阵元接收到的信号仍然采用模拟方式形成天线的波束方向。此外,现代多功能雷达在接收时多采用数字波束形成技术。

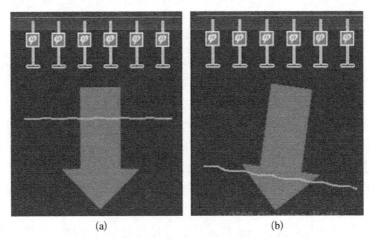

图 1.32   电子波束控制

(a) 垂直;(b) 倾斜

1.4.2.2   移相器

移相器切换不同的绕行线比稳压器快。图 1.33 显示了雷达单元中使用的

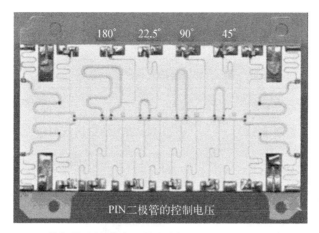

图 1.33　绕行线连接的移相器线路板(来源：www.radartutorial.eu)

4 位开关移相器。不同的绕行线被转换成信号电路。因此，它在 0°和 337.5°之间产生了 16 个不同的相位角，间隔为 22.5°。

电感也可以在共有 24 脚二极管的开关电压供应器中重新编码。

由于该移相器模块工作于发射电路和接收电路，因此收发都与陶瓷表带上的 PIN 二极管开关连接。

接收时间和发射时刻必须使用相同的数据字。因为，发射最新相移的阵元，首先接收到回波信号，它的移相器必须有最大的绕行线，以便形成确定的天线方向图。同样，接收时为了合成能量也需要这样的绕行线(见图 1.33)。

移相器通过不同长度的电缆将微波信号传输到每个阵元。电缆延迟了波的传播，改变输出的相对相位。图 1.34 显示了每个移相器可以引入的三种基本延迟。开关是快速 PIN 二极管开关。为了获得想要的移相组合，中央计算机为每个阵元和开关计算适当的相位延迟。

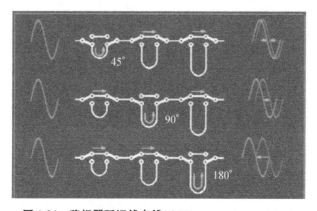

图 1.34　移相器延迟线布线(来源：www.radartutorial.eu)

1.4.2.3　优缺点

相控阵天线(PAA)的优缺点如表 1.4 所示。

表 1.4　相控阵天线的优缺点

优　点	缺　点
(1) 天线增益高,旁瓣衰减大;	(1) 有限的扫描范围(方位角和仰角最大可
(2) 波束方向变化快速(微秒范围内);	达 120°)*;
(3) 波束的灵活性高;	(2) 波束转向过程中天线方向图有变化;
(4) 任意空间扫描;	(3) 低频灵活性;
(5) 可自由选择停留时间;	(4) 结构复杂(计算机、移相器、数据总线到每
(6) 同时产生多波束的多功能操作;	个阵元);
(7) 组件允许有一定的故障率	(5) 高成本

　* 表示可以通过三维阵元分布来解决扫描范围有限的问题。这种阵元的排列方式被称为鸟巢天线。

1.4.2.4　常规排列

下面是阵元的常规排列。

1. 线性阵列

相控阵天线由线性阵列组成,且由一个单相移相器控制。(该线性阵列每组阵元只需要一个移相器。)垂直地排列在彼此顶部的若干线性阵列构成平面天线(见图 1.35)。

(1) 优点:排列简单。

(2) 缺点:波束控制只能在单一平面上进行(来源:www. radartutorial.eu)。

(3) 举例:PAR-80(水平波束偏转),FPS-117(垂直波束偏转)。

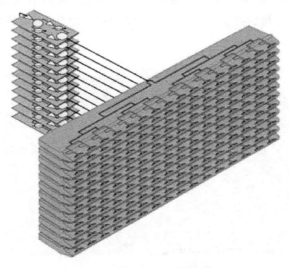

图 1.35　相控阵天线线性阵列

2. 平面阵列

这些相控阵天线完全由单个阵元组成,每个阵元有一个移相器。阵元像矩阵一样排列;所有阵元的平面排列构成了整个天线(见图1.36)。

(1)优点：水平输送波束。

(2)缺点：移相器数量太多。

(3)举例：AN/FPS-85 和 Thomson Master-A。

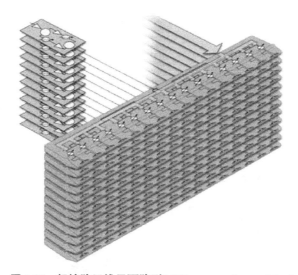

图 1.36　相控阵天线平面阵列(来源：www.radartutorial.eu)

3. 频率扫描阵列

频率扫描阵列是相控阵天线的一种特例,其波束由发射机的频率控制,不使用任何移相器(见图1.37)。

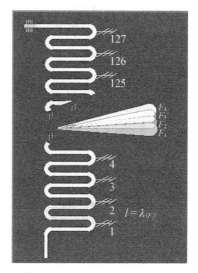

垂直天线阵列是连续馈电的。在主频率 F_1 处,所有辐射元通过结构相同的弯路得到同一相位的部分功率,导致 $360°n$ 的相移。因此,所有的阵元都以相同的相位辐射。由此产生的波束垂直于天线的平面。

然而,如果发射机的频率增加了几个百分点,结构上定义的绕行线的长度就不再准确。在较高的频率下,波长减小,绕行线过长。如果从一个阵元到下一个阵元出现相移,第一个阵元比旁边的阵元早辐射几个百分点。这样 F_2 频率产生的波

图 1.37　频率扫描阵列(来源：www.radartutorial.eu)

束将向上偏转角度 Θ_s。

虽然这种波束控制非常简单,但它仅限于几个特定的频率。除了易受干扰外,还有更多的限制。例如,这种雷达装备不能使用脉冲压缩,因为它的带宽过低。关于该相控阵馈电系统的说明可参见欧盟雷达指南[24]。

1.5 相移计算

为达到理想的偏转角度,从一个阵元到下一个阵元的相移 $x = \Delta\varphi$ 这个值究竟有多大?

各向同性单个阵元的线性排列需要重点考虑(见图1.38)。在阵元之间,各波束之间的偏转角度和外加相移可以画出一个直角三角形。其较短的边位于波束上,斜边是两个阵元之间的距离,第三条边是垂直于前一阵元的射束方向的辅助线。

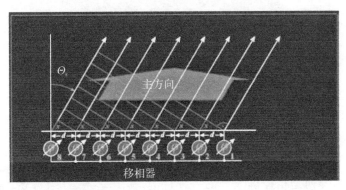

图 1.38　相控线阵原理(来源:www.radartutorial.eu)

$$x = d \sin \Theta_s \qquad (1.4)$$

距离 x 与波长的关系可以设为

$$\frac{360°}{\Delta\varphi} = \frac{\lambda}{x} \qquad (1.5)$$

式中　$\Delta\varphi$ ——连续两个阵元之间的相移;

　　　　D——相邻阵元之间的距离;

　　　　Θ_s ——波束指向。

式(1.3)~式(1.5)同为式(1.6)的解,为

$$\Delta\varphi = \frac{360° \cdot d \sin \Theta_s}{\lambda} \qquad (1.6)$$

注意,图1.30显示了相控阵天线在图1.39[3]所示的较大角度下聚焦差的原因。

在不同主波束方向的角度下,垂直于相邻阵元的辅助线总是小于阵元距离 d。如果从偏转波束方向所看到的距离小于最优距离 d,则天线质量必然恶化,从而导致更宽的天线方向图。

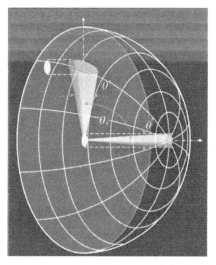

图 1.39 相控阵天线波束模型[25](来源:www.radartutorial.eu)

1.5.1 调制器

调制器的作用是提供射频脉冲的波形。有两种不同的脉冲调制器设计:用于非干键控功率振荡器的高压开关和混合混频器。

1. 用于非相干键控功率振荡器的高压开关[26]

这些调制器由一个高压电源形成的高压脉冲发生器、一个脉冲形成网络和一个高压开关(如闸流管)组成。它们产生短脉冲功率,提供给一种可以将直流电(通常是脉冲)转换成微波的真空管,即磁控管。

通过这种方法,射频辐射的发射脉冲保持在一个确定的且非常短的持续时间内。此外,雷达的射频能量以短脉冲的形式传输,其持续时间为 $1 \sim 50\ \mu s$。为了产生这种高功率的短脉冲,需要一种特殊的调制器,在传输时为发射管提供高电压。这种脉冲调制器在脉冲持续期间可提供大功率管的阳极电压。因此,它有时被称为"键控开关"(见图1.40)。

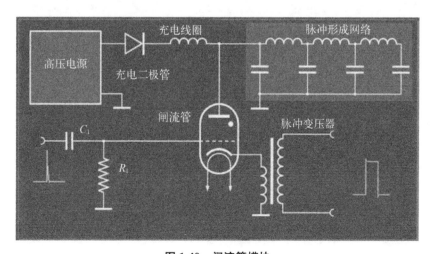

图 1.40 闸流管模块

　　然而,使用交叉场放大器[27]的大功率放大器也需要这样的脉冲调制器,因为它们可能只能在传输脉冲期间获得阳极电压。

　　图1.40为模块使用脉冲形成网络进行能量存储。该脉冲形成网络在充电时利用充电线圈的磁场向高压电源单元进行两倍电压充电。充电线圈同时限制了充电电流。插入充电二极管,使脉冲形成网络在充电后不通过电源的内阻放电。

　　氢闸流管[28]作为电子开关,由一个短触发器控制。RC组合将闸流管输入与前置放大器的偏置电压分开。脉冲变压器用于在放电过程中调整阻抗。

　　2. 混合混频器[29]

　　由波形发生器和激励器提供一个复杂且相干的波形。该波形可由低功率/低压输入信号产生。在这种情况下,雷达发射机必须是一个由速调管或固态发射机所构成的功率放大器。由于发射脉冲类型属于脉间调制,雷达接收机应采用脉冲压缩技术。

　　对于一个全相干雷达,所有的时钟、脉冲和频率都来自主振荡器的高度稳定振荡,并且与主振荡器的振荡同步。所有的派生频率与这个主振荡器都有固定的相位关系。

　　图1.41是全相干雷达的原理框图,它的基本特征是所有的信号都是在低电平下产生的,而输出器件只起到放大器的作用。所有的信号由一个主定时源产生,通常是一个合成器,它为整个系统提供最佳的相位相干性。典型的输出器件是速调管、行波管(TWT)或固态管,如图1.42所示。

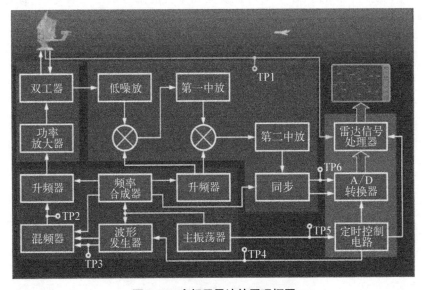

图1.41　全相干雷达的原理框图

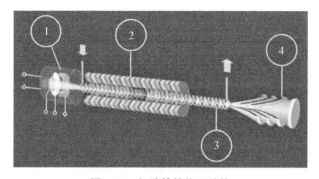

图 1.42　行波管的物理结构

1—电子枪；2—磁电子束聚焦系统；3—慢波结构；4—收集器

图 1.42 显示了典型行波管的物理结构，它由四个基本元素组成：

（1）电子枪。它产生电子束，并使电子束沿电子管的轴线加速。

（2）磁电子束聚焦系统。它提供一个沿电子管轴线的磁场，使电子聚焦成一束紧密的电子束。

（3）慢波结构。作为射频交互电路，它在管中心的螺旋线为管内射频能量提供低阻抗传输线。

（4）收集器。电子束穿过慢波结构后被集电极接收。

行波管的所有部件都工作在高度真空的环境中，射频输入和输出可以通过与螺旋没有物理连接的波导定向耦合器耦合到螺旋线上或从螺旋线上移除[30]。

1.5.2　突发模式

间歇时间的分布不一定是均匀的。雷达可以在间歇时间出现之前，以短的接收时间，一个接一个地快速传输若干脉冲。例如，如果脉冲对处理[27]和运动目标检测所需的几个脉冲周期具有相同方向，则不需要间歇时间。这可以节省雷达实际工作的时间[31]。在较短的时间内，发射机的相角不太可能发生随机的变化（见图 1.43）。

因此，雷达在距离测量方面会更加准确。同时，脉冲重复频率在短时间内发生变化：它比平均频率高得多。脉冲重复频率越高，速度测量得就越精确（参见多普勒模糊度）[32]。

用于教学训练的雷达[33]主要采用突发模式。这些雷达在非常短距离的训练室中不需要很长的接收时间。但是，它们需要较长的间歇时间来接收数据的回波信号，通过一个相对窄带串行电缆连到计算机。例如，它们每秒只发射 10 个脉冲，相当于平均脉冲重复频率为 10 Hz。这 10 个脉冲在 200 μs 内传输。

对于一个脉冲重复频率为 50 kHz 的多普勒频率计算，接下来的间歇时间几乎是整整一秒。在此期间，数据通过 USB 传输，采样率高达 280 Mbit/s。

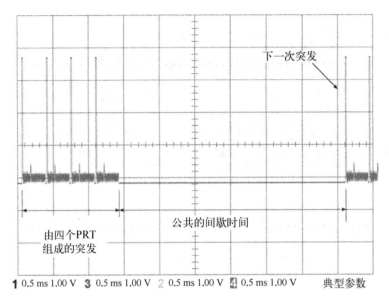

图 1.43　脉冲雷达的突发模式

1.5.3　模糊距离

脉冲重复频率(PRF)是对某些物理量进行测量的关键。例如,转速表可以使用带有可调 PRF 的频闪灯来测量转速。闪光灯的 PRF 由低到高调整,直到旋转的物体看起来静止。然后转速表的 PRF 就会与旋转物体的速度相匹配。其他类型的测量包括利用光、微波和声音传输反射回波脉冲的延迟时间来测量距离。作为 PRF 系统的一部分,测量距离的设备有雷达、激光测距仪、声呐。

不同的 PRF 允许系统执行不同的功能。雷达系统使用从目标反射的射频电磁信号来确定该目标的信息。

PRF 表示雷达每秒钟发射的脉冲数目。在距离模糊原理的基础上,雷达系统通过脉冲发射到接收之间的时延,根据式(1.7)确定距离:

$$\text{Range} = \frac{c\tau}{2} \tag{1.7}$$

为了精确测量距离(见图 1.44),前一个脉冲的回波必须在后一个脉冲发射之前到达。由此得到最大无模糊距离,如式(1.8)所示:

$$\text{最大无模糊距离} = \frac{c\tau_{\text{PRT}}}{2} = \frac{c}{2\text{PRF}} \Leftrightarrow \tau_{\text{PRT}} = \frac{1}{\text{PRF}} \tag{1.8}$$

在图 1.44 中,这是一个 100 km 处的真实目标还是 400 km 处目标的二次扫描回波呢?

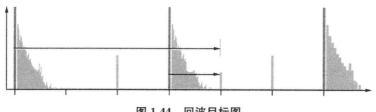

图 1.44 回波目标图

最大距离还定义了所有探测目标的距离模糊。由于脉冲雷达系统的周期特性,某些雷达系统无法用单个 PRF 确定最大距离的整数倍目标之间的差值。现代雷达系统往往通过在不同频率上同时使用多个 PRF,或是在单个频率上使用一个不断变化的 PRT 来避免这个问题。当 PRF 超过这个限制时,使用解距离模糊过程来识别真实的距离。

1.5.3.1 低脉冲重复频率

使用低于 3 kHz PRF 的系统被认为是低 PRF,这可以测量至少 50 km 的距离。雷达系统使用低 PRF 通常产生无模糊的测距范围。当 PRF 低于 3 kHz 时,由于频率限制,无模糊的多普勒处理成为一个越来越大的挑战。例如,PRF 为 500 Hz 的 L 波段雷达在探测真实距离高达 300 km 的情况下,会产生高于 75 m/s 的模糊速度。这种组合适用于民用飞机雷达和天气雷达。

$$
\begin{cases}
300 = \dfrac{c}{2 \times 500} \\[2mm]
75 = \dfrac{500 \times c}{2 \times 10^9}
\end{cases}
\tag{1.9}
$$

由于低速杂波的存在,低 PRF 雷达灵敏度有所下降,这会干扰飞机的近地探测。动目标显示技术使得雷达在近地探测上还可以有效发挥作用,但会产生雷达扇形问题,使接收机复杂化。而用于飞机和航天器探测的低 PRF 雷达受到天气现象的严重影响,不能用运动目标指示技术来补偿。

1.5.3.2 中脉冲重复频率

使用中 PRF 可以有效识别距离和速度。中 PRF 为 3~30 kHz,对应雷达测距范围为 5~50 km。这是模糊范围,比最大范围小得多。在中 PRF 雷达中,距离模糊分辨率可以确定真实距离。

脉冲多普勒雷达需要具备下视能力,因此通常采用中 PRF。在速度超过声速之前,多普勒雷达回波通常是无模糊的。需要一种解模糊的技术来识别真正的距离和速度。多普勒信号的频率范围为 1.5~15 kHz,这是音频范围,所以中 PRF 雷达系统的音频信号可以用来区分被动目标。例如,使用 10 kHz PRF 和 3.3% 占空比的 L 波段雷达系统可以识别距离为 450 km 的真实范围。这是仪表范围。无模糊的速度是 1 500 m/s。

$$\begin{cases} 450 = \dfrac{c}{0.033 \times 2 \times 10\ 000} \\ 1\ 500 = \dfrac{10\ 000 \times c}{2 \times 10^9} \end{cases} \tag{1.10}$$

使用 10 kHz PRF 的 L 波段雷达的无模糊速度是 1 500 m/s。

中 PRF 会带来特有的雷达模糊问题,这需要冗余的检测方法来解决。注意,模糊问题是指雷达距离速度耦合时灵敏度降低的现象。运动目标在产生信号对消的发射脉冲内引起相移。这种现象对动目标指示系统有不利的影响,一种有效的检测方法是将两个或多个发射脉冲的信号进行对消。

1.5.3.3 高脉冲重复频率

使用超过 30 kHz PRF 的系统通常被称为中断连续波(ICW)雷达,因为在 L 波段直接速度可以测量到 4.5 km/s,但是距离分辨率会急剧下降。

高 PRF 仅限于近距离探测的系统,如近炸引信。如果使用 30 kHz PRF 在传输脉冲之间的静止阶段采集 30 个样本,那么使用 1 μs 样本可以确定真实范围的最大值为 150 km。超过这个范围的回波可以被探测,但是无法识别真实的范围。

$$\begin{cases} 150 = \dfrac{30 \times c}{2 \times 30\ 000} \\ 4\ 500 = \dfrac{30\ 000 \times c}{2 \times 10^9} \end{cases} \tag{1.11}$$

在高重频条件下,在传输脉冲之间获取多个目标值变得越来越困难,因此距离测量的范围有限。

1.5.3.4 声呐

声呐系统的工作原理和雷达很相似,只是其介质是液体或空气,信号的频率是音频或超声波。像雷达一样,较低的频率传播相对较高的能量,距离较远,分辨率较低。频率越高,衰减速度越快,对附近物体的分辨率就越高。

信号在介质(通常为水)中以声速传播,最大 PRF 取决于被检测物体的大小。例如,声波在水中的速度为 1.497 km/s,而人体的厚度约为 0.5 m,因此人体超声图像的 PRF 应小于约 2 kHz(1.497/0.5)。

例如,海洋深度约为 2 km,所以声音从海底传回需要一秒钟。因此,声呐是一种非常慢的 PRF 技术。

1.5.3.5 激光

将光波用作雷达频率的系统称为激光雷达,这是"光雷达"或基本激光雷达的简称。激光测距或其他光信号频率测距仪就像雷达工作在更高的频率一样。在自动机械控制系统中,非激光的光探测被广泛采用。

与较低频率的无线电信号不同,光不会像 C 波段搜索雷达信号那样绕着地球的曲线弯曲,也不会从电离层反射回来,因此激光雷达只在视距范围内有用,类似于高频雷达系统。

1.5.4　无模糊距离

本节主要描述单脉冲和多脉冲重复频率的无模糊范围。

1.5.4.1　单脉冲重复频率

在简单雷达系统中,为了避免距离模糊,在产生下一个发射脉冲之前必须检测和处理目标回波。距离模糊发生在回波从目标返回的时间大于脉冲重复周期时;如果发射脉冲之间的间隔为 $1\,000\,\mu s$,而一个脉冲从远处目标返回的时间为 $1\,200\,\mu s$,则仪表上读取的目标距离仅为 $200\,\mu s$。总而言之,这些“二次回波”在显示器上显示为比实际距离更近的目标。

如果雷达天线位于海平面以上 15 m 左右,那么到地平线的距离就非常近(可能是 15 km)。超过这个范围的地面目标无法被探测;因此,PRF 可能相当高;PRF 为 7.5 kHz 的雷达会从 20 km 或地平线上的目标传回模糊的回波。然而,如果 PRF 加倍到 15 kHz,那么模糊范围将减少到 10 km,超出这个范围的目标将只有在发射机发出另一个脉冲后才会在显示器上出现。12 km 处的目标似乎离它有 2 km 远,尽管它的回波强度可能比 2 km 处的真正目标低得多。最大无模糊距离与 PRF 成反比,即

$$最大无模糊距离 = \frac{c}{2 \times \text{PRF}} \tag{1.12}$$

其中,c 是光速。如想要探测更远的距离,那么就需要更低的 PRF,对于早期的搜索雷达来说,如果给出一个明显超过 150 km 的测距范围,PRF 低至几百赫兹是很常见的。然而,脉冲多普勒系统中较低的 PRF 也带来了其他问题,包括较差的目标成像能力和速度模糊现象。

1.5.4.2　多脉冲重复频率

现代雷达特别是军用飞机上的空战雷达,可以使用数十至数百千赫兹的 PRF,并错开脉冲之间的间隔,以确定测距范围。通过这种脉冲重复频率的参差形式,一个脉冲组以固定的间隔传输,然后另一个脉冲组以稍微不同的间隔传输。

对于每一个脉冲组,目标会在不同距离产生反射;将这些差值累加起来,就可以用简单的计算方法来确定真实距离。这种雷达可以使用重复模式的脉冲组,或适应性更好的脉冲组来响应目标。无论如何,采用这项技术的雷达具有非常稳定的无线电频率,尤其是当脉冲重复频率在数百赫兹范围内,脉冲组也可能被用来测量多普勒频移。利用多普勒效应的雷达通常首先根据多普勒效应确定相对速度,

然后使用其他技术来计算目标距离。

1.5.5　最大无模糊距离

在最简单的情况下,最大无模糊范围(MUR)的脉冲参差序列可用总序列周期(TSP)计算。

TSP 被定义为重复脉冲模式所需要的总时间。这可以通过参差序列中的所有脉冲相加得到。

$$MUR = c \times 0.5 \times TSP \tag{1.13}$$

其中,c 是光速,通常单位是 m/μs;TSP 是参差序列中所有脉冲位置的相加,通常单位是 ms。但是,在参差序列中,某些间隔可能重复几次;当出现这种情况时,更合适的做法是将 TSP 看作是序列中所有唯一间隔的相加。此外,在 MUR 和最大范围(超过这个范围回波可能会太弱而无法被探测)之间可能会有巨大的差异,而最大测量范围可能比这两者都要短得多。例如,根据国际法,民用海洋雷达的最大仪表显示距离可由用户选择为 72 n mile 或 96 n mile 或 120 n mile,但最大无模糊距离可超过 4 万海里,最大探测距离可能为 150 海里。如此巨大的差距,揭示了脉冲重复频率参差的主要目的是减少"干扰",而不是增加无模糊的距离范围。

1.6　脉冲重复频率参差

脉冲重复频率参差是一种雷达脉冲间隔时间稍有变化的过程,这个变化有固定和重复变化两种模式。重复频率的变化允许雷达在脉冲对脉冲的基础上,区分自身的回波信号和从其他具有相同 PRF 或类似无线电频率的雷达回波。

考虑一个脉冲间隔恒定的雷达。目标回波出现在一个相对恒定的范围内,这与脉冲空中传播时间相关。在目前非常拥挤的无线电频谱中,接收机可能会探测到许多其他脉冲,这些脉冲要么直接来自发射机,要么来自其他地方的反射。因为显示的"距离"是通过相对于我方雷达发射的最后一个脉冲的时间来定义的,这些"干扰"脉冲可以出现在仪表上任何可能的"距离"上。当"干扰"雷达的重频非常类似我方雷达时,这些脉冲的仪表显示距离可能会变化得非常缓慢,就像真正的目标回波。通过使用脉冲重复频率参差技术,雷达设计者可以迫使"干扰"在仪表范围内不规则地跳动,减少甚至抑制其对真实目标探测的影响。

如果没有脉冲重复频率参差技术,来自同一无线电频率的另一部雷达的任何脉冲在时间上都非常稳定,并可能被误认为雷达自身的回波。使用脉冲重复频率参差技术时,雷达自身的目标在相对于发射脉冲的范围内显得稳定,而"干扰"回波可能在仪表距离上跳动(不相关),导致其无法被接收机接收。

除了脉冲重复频率参差技术外,还有其他的一些类似技术,包括脉冲重复频率抖动(脉冲时间以一种不太可预测的方式变化)、脉冲频率调制以及其他几种用于降低意外同步概率的技术。这些技术广泛应用于导航雷达等领域。

总之,脉冲重复频率参差是指从雷达发出的询问信号之间的时间有轻微变化。重复频率的变化使雷达能够区分来自自身的回波和来自相同频率的其他雷达系统的回波。

1.7　多脉冲重复频率

现代雷达经常使用数百千赫的 PRF 和参差脉冲之间的间隔来确定正确的范围。采用脉冲重复频率参差,一个脉冲"包"被传输,每次脉冲的间隔在上一次之后稍有不同。在包的末尾,时间返回到它的原始值,与触发器同步。多脉冲重复频率参差雷达如图 1.45 所示。

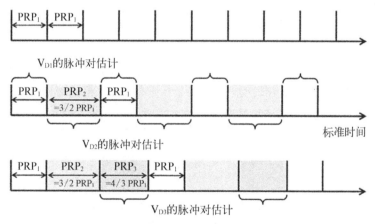

图 1.45　多脉冲重复频率参差序列

在图 1.45 中,上面的序列代表传统的等间距传输策略。相应的第二和第三序列代表双重和三重 PRF 方案;脉冲对按顺序延迟发射,利用这些脉冲对可生成多普勒图像 V_{Di},从而消除速度模糊现象。

总之,相对于当前的发射脉冲,第二次和随后的回波会在略微不同的时间出现在接收端处理电路中。然后,这些回波可以与脉冲组中的相关 T_0 脉冲相关联,以建立一个真实的范围值。来自其他 T_0 触发器的回波,例如,异常回波,将从显示中消失或在信号处理器中被取消,只留下真正的回波用来计算目标距离。

因此,脉冲参差雷达的最大无模糊距离(MUR)是用总序列周期(TSP)计算

的。TSP 被定义为重复脉冲模式所需要的总时间。这可以通过将参差序列中的所有脉冲位置相加来确定。这个计算式是

$$\text{MUR} = c \times \text{TSP} \tag{1.14}$$

其中,c 为光速;TSP 为参差序列所有脉冲位置的相加之和,通常以 μs 为单位。

此外,在频域的雷达信号中,纯连续波雷达在频谱分析仪的显示器上以单线显示,当用其他正弦信号调制时,频谱与通信系统中采用的标准模拟调制方式(如频率调制)所获得的频谱相差不大,由载波加上相对少量的边带组成(见图 1.46)。

如前所述的脉冲调制雷达信号,频谱变得更加复杂,也更难以可视化。基本的傅里叶分析表明,任何重复的复信号都是由许多谐波相关的正弦波组成的。雷达脉冲序列是方波的一种形式,其形式由基波和所有奇谐波组成。脉冲序列的准确组成将取决于脉冲宽度和 PRF,而数学分析可以用来计算频谱中的所有频率。当用脉冲序列调制雷达载波时,得到如图 1.46 所示的典型频谱。

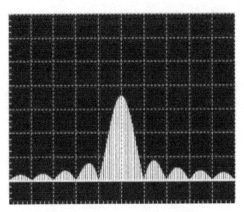

图 1.46　脉冲调制的雷达信号

对这种频谱响应的检查表明,它包含两个基本结构:粗糙结构(在左边的图表中的峰值或波瓣)和精细结构,其中包含单个频率成分,如式(1.15)所示。粗糙结构中叶的包络为

$$\text{Coarse Structure} = \frac{1}{\pi f \tau} \tag{1.15}$$

如图 1.47 所示的脉冲宽度出现在这个方程的分母,它决定了波瓣间距。越小的脉冲宽度导致越宽的波瓣和更大的带宽。对更精细的频谱响应进行检查,可以发现精细的结构包含单独的谱线或点频。精细结构的计算式是用 $T/\pi f \tau$ 来表示的,由于 PRF 的周期出现在精细谱方程的分子,因此使用较高的 PRF 会导致谱线减少。这些情况会影响雷达设计者在考虑权衡时做出的决定,因为如何克服影响雷达信号的模糊性是必须要考虑的问题。

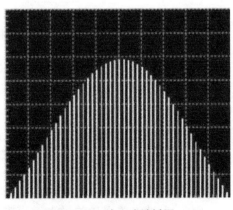

图 1.47　脉宽或波瓣图

1.8 雷达能量是什么

雷达是一种利用无线电波来确定目标的距离、角度或速度的探测系统。它可以用来探测飞机、船舶、航天器、导弹、机动车辆、天气和地形。

雷达中使用的电波是无线电波或微波,它通常是用来探测和跟踪空间对象和弹道导弹,同时当天线以稳定的速度旋转,用一个狭窄的垂直扇形波束扫描当地空域,它可以探测运动目标的高度。

此外,它还能探测机动车、天气和地形。雷达系统中的重要组成——发射机,能够在无线电波范围或微波范围内产生电磁波。

如今,现代雷达在不同的领域得到广泛应用,如天文、空中交通管制、海洋地质观测等。如图 1.48 所示,这是一个圆锥扫描雷达波束。

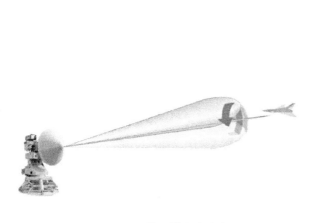

图 1.48 圆锥扫描雷达波束

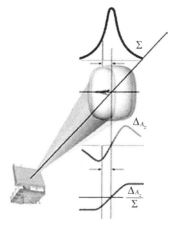

图 1.49 典型的单脉冲雷达波束

如图 1.49 所示为单脉冲雷达波束。单脉冲雷达是一种使用附加的无线电信号编码来提供准确的方位信息的雷达系统。

考虑到在微波范围内使用电磁波的雷达的基本整体信息,如前所述,雷达系统通过发射机发送信号,可以是连续波(CW),也可以是脉冲波(PW)。因此,要了解雷达能量,需要了解电磁波(EM)和其相应的透射波。图 1.50 是雷达原理物理基础的图解。

那么电磁能量是什么?简单来说,电磁能量是能够在空间中以电磁波形式传播的从物体反射或发射的能量的一种形式。例如无线电波、微波(一般雷达波束)、红外线辐射、可见光(我们看到的光谱的所有颜色)、紫外线、X 射线和伽马射线。

总之,电磁能量是用来描述由太阳等恒星释放到太空中的各种不同的能量。

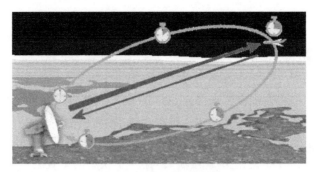

图 1.50 雷达基本原理

这些能量类型包括无线电波、电视电波、雷达电波、热(红外辐射)、光、紫外线(这是导致晒伤的原因)、X 射线、短波、微波、伽马射线。

不同的电磁能可实现的功能不同(如光波使物体对肉眼可见;热波使分子运动和升温;X 射线具有穿透能力,可以穿透人的身体,对人的身体结构进行拍照),但是它们有一些共同之处。

它们都以波的形式传播,就像海滩上的海浪或声波,也由微小的粒子构成。科学家们不确定这些波和粒子是如何相互关联的。电磁辐射以波的形式传播,这一事实让我们可以通过波长来测量不同种类的电磁波。这是我们区分辐射种类的一种方法。

虽然太阳释放出各种各样的电磁辐射,但大气层阻止了其中的某些成分。例如,臭氧层阻止了许多有害的紫外线辐射,这就是为什么人们如此关心臭氧层空洞的原因。

人类已经学会了如何利用各种不同的电磁辐射,以及在需要的时候如何利用其他类型的能量来制造电磁辐射。然而,电磁能是一种物理现象,它的效用和益处被人们不断地以新的和创造性的方式加以利用。就像所有新的、不断改进的能源被使用一样,它的安全性永远是人们关注的热点。

在物理学中,电磁辐射是指电磁场中的波或其量子、光子(见图 1.51),通过空间传播(辐射),携带电磁辐射能。

经典的电磁辐射由如图 1.52 所示的电磁波组成,它是电场和磁场的同步振荡。

在真空中,电磁波以光速传播,通常用 c 表示。在均匀、各向同性的介质中,这两个场的振荡相互垂直,并且垂直于能量和波的传播方向,形成横波(见图 1.53)。

如图 1.54 所示,电磁波在电磁波谱内的位置(例如,电磁波谱是电磁辐射及其各自波长和光子能量的频率范围)可以由其振荡频率或波长来表征。

不同频率的电磁波有不同的名称,因为它们有不同的来源和对物质的影响。频率递增和波长递减的顺序是:无线电波、微波、红外辐射和可见光(见图 1.55);紫外线和 X 射线(见图 1.56);伽马射线(见图 1.57)。

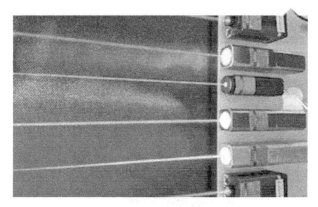

图 1.51　手机能量辐射示意图

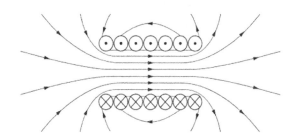

图 1.52　电磁波示意图

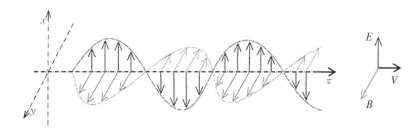

图 1.53　线性极化正弦波传播

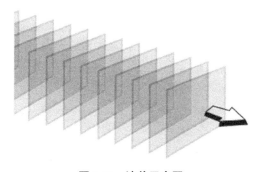

图 1.54　波前示意图

图 1.55　可见光示意图

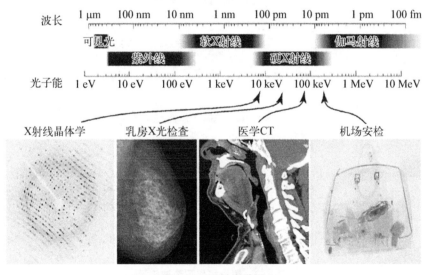

图 1.56　X 射线谱图

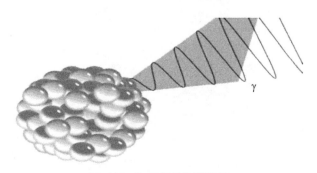

图 1.57　伽马射线辐射描述

　　注：可见光光谱是指电磁光谱中肉眼可见的部分。在这个波长范围内的电磁辐射被称为可见光。人眼一般对 380～740 nm 的波长有反应，就频率而言，这对应于 430～770 THz 附近的波段。

　　注：X 射线构成 X 光辐射，是一种高能电磁辐射。大多数 X 射线的波长在 0.01～10 nm，对应的频率在 30 PHz～30 EHz（$3 \times 10^{16} \sim 3 \times 10^{19}$ Hz），能量在 100 eV～100 keV。X 射线的波长比紫外线短，通常比伽马射线长。

　　伽马射线，gamma 辐射（符号 γ），是由原子核放射性衰变产生的穿透性电磁辐射，如图 1.58 所示。它由波长最短的电磁波组成，因此能提供最高的光子能量。在核爆炸的裂变过程中会释放出伽马射线。

图 1.58　核爆炸图

　　到目前为止，我们一直在讨论二坐标（2D）雷达，如图 1.59 所示，其中显示了二坐标雷达旋转余割平方天线方向图的典型图。三坐标（3D）雷达提供了三维雷达覆盖，不像更常见的二坐标雷达只提供距离和方位，三坐标雷达还提供仰角信息。

图 1.59　典型的二坐标雷达图示　　　　　图 1.60　典型的三坐标雷达图示

　　三坐标雷达应用主要包括气象监测、防空和监视等，如图 1.60 所示，其中显示了一个典型的三坐标雷达的示意图，包括一个垂直电子束控制组合和机械水平运动的笔形波束。

长期以来，人们对三坐标雷达提供的信息需求很大，特别是在防空和拦截方面。拦截机在进行拦截前必须被告知爬升的高度。在单波束三坐标雷达出现之前，这是通过提供距离和方位角的搜索雷达和能够检查目标以确定高度的测高雷达实现的。它们的搜索能力很差，因此被引导到主搜索雷达最先发现的特定方位。

实现上述场景中的技术分为两类：

(1) **定向波束**雷达通过扫描模式引导窄波束来构建三坐标图像。例如 NEXRAD 多普勒天气雷达，它使用一个准波状天线和 AN/SPY - 1 无源电子扫描阵列雷达，在 Ticonderoga 级导弹巡洋舰和其他装备宙斯盾战斗系统的舰艇就得到了采用。

(2) **堆积波束**雷达以两个或两个以上的仰角发射和/或接收多束无线电波。通过比较各波束返回的相对强度，可以推算出目标的仰角。多波束雷达的典型例子是航路监视雷达。

关于雷达能量的这一节基本上是从整体的角度进行概述。如需要更详细信息，可参考其他技术教科书中的雷达原理部分或在互联网上搜索。

1.9　电磁能量的传播和脉冲容积

雷达以离散脉冲的形式发射能量流或"波束"，从雷达天线约以光速传播出去。每个脉冲能量的体积将决定有多少目标被照射。这直接决定了有多少能量（功率）返回到雷达。雷达天线的形状、传输能量的波长以及雷达发射时间的长短决定了每个雷达脉冲的形状和体积。

WSR - 88D 雷达发射狭窄的锥形脉冲束，每个脉冲类似一个截断的锥形。雷达脉冲体积如图 1.61 所示。

雷达波束的角度被定义为传输能量的区域，其边界为最大功率的 1/2(3 dB)。最大功率沿波束中心线向外减小。这些雷达的"半功率"点导致角宽度小于 1°，但实际物理宽度随范围的增大而增大。因此，物理长度保持不变，这样脉冲体积随着范围的增加而增加(图 1.62)。

由于发射功率是固定的，因此雷达脉冲功率密度随发射距离的增大而减小。脉冲传输过程中可获得目标距离信息。

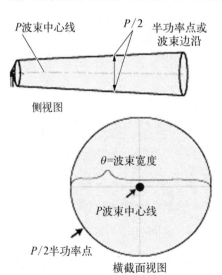

图 1.61　雷达脉冲体积描述

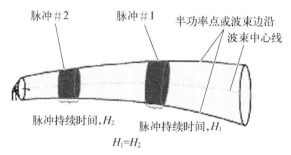

图 1.62 脉冲体积增大范围示意图

本质上来说,电磁波是通过电场和磁场的振荡传播的。变化的电场产生变化的磁场,变化的磁场产生变化的电场。因此,电磁波是自传播的,并不需要依靠介质。

同时,波描述了能量如何从一个地方转移到另一个地方而没有任何物质被转移的机制。只有扰动才会被传播。波以确定的速度传播,这是由它们传播的性质决定的。例如,一根弦(例如吉他弦)上的扰动会沿着这根弦传播。图 1.63(a)和(b)显示了脉冲沿弦运动的画面。

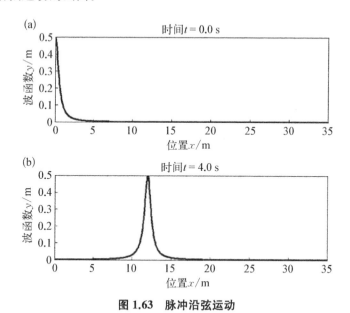

图 1.63 脉冲沿弦运动

(a)脉冲沿弦移动 0 s 后(原点)的波位置;(b)脉冲沿弦移动 4.0 s 后的波位置

随着脉冲的传播,弦向上或向下运动,能量以动能和势能的形式转移,如图 1.64(a)和(b)所示。描述一个波的重要参数是它的振幅 a、波长 λ、周期 T、频率 f 和传播速度 v。周期和频率互为倒数,如式(1.16)所示:

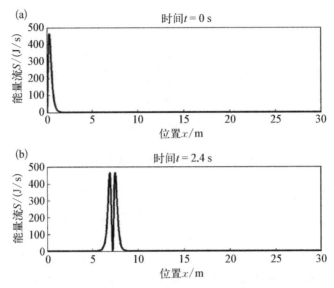

**图 1.64　在 _t_＝0 s 时电磁波沿弦传递的能量(a)和
在 _t_＝2.4 s 时电磁波沿弦传递的能量(b)**

$$f = \frac{1}{T}, \ T = \frac{1}{f} \tag{1.16}$$

通过介质的传播速度是恒定的,它取决于其波长和频率或周期,如式(1.17)所示:

$$v = f\lambda = \frac{\lambda}{T} \tag{1.17}$$

图 1.65 显示了一个正弦波沿着一根弦传播。仔细研究该图,确定波的振幅、波长、周期、频率和速度。

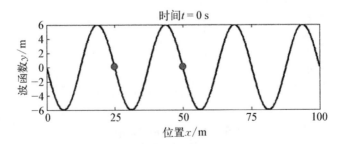

图 1.65　沿着弦传播的正弦波

注意,当弦的某些部分上下运动时,扰动的形状向前推进,弦的每个部分都进行简谐运动。

从图 1.65 中看得,

振幅 $A = 6.0$ m；

波长 $\lambda = 25.0$ m；

周期 $T = 20.0$ s；

频率 $f = 0.050$ Hz；

速度 $v = 1.25$ m/s。

对水的扰动会产生水波。图 1.66 显示水波从左向右传播，然后传播到较浅的水中，传播速度变慢，传播方向发生变化。这种现象叫做折射。

图 1.66　从左入浅水的水波

注意，在图 1.66 中，频率不变，但速度和波长减小了，这种波的弯曲称为折射。考虑到波的特性，电磁波可分为以下几种情况：

（1）横波。

（2）电磁波是通过电场和磁场的振荡传播的。变化的电场产生变化的磁场，变化的磁场产生变化的电场。因此，电磁波是自传播的，不需要介质就可以传播。

（3）可以穿越真空；速度为 $c = 3 \times 10^8$ m/s。

（4）当电磁波被原子发射或吸收时，以能量量子计算，如式（1.18）所示：

$$E = hf \tag{1.18}$$

式中　E——光子的能量（J），电子伏特 $1\ \text{eV} = 1.6 \times 10^{-19}$ J。

　　　　f——电磁波的频率（Hz）。

　　　　h——普朗克常数（J·s），$h = 6.626\ 068\ 76 \times 10^{-34}$ J·s。

注意，与电磁波有关的粒子称为光子。式（1.18）描述了单光子的能量形式。图 1.67 是以横向电磁（TEM）的形式描述的电磁波。电磁波谱如图 1.68 所示。

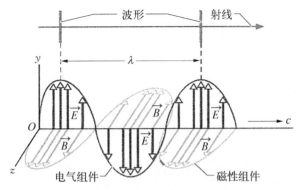

图 1.67　典型电磁波示意图

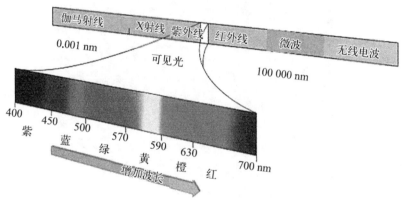

图 1.68　电磁波谱

前进的电磁波是一种自我维持、携带能量的波动,它能自由地传播。来自太阳的光在到达地球之前只在太空中(没有介质)传播 8.3 min。每一种电磁辐射(无线电波、微波、红外线、紫外线、X 射线和伽马射线)都是一张振荡的电场和磁场相互感生的网络。一个波动的电场(电荷受到力)产生一个磁场(移动的电荷受到力),它垂直于自身,围绕在周围并向外延伸。这个扫向空间中更远的磁场是变化的,因此产生了一个向外扩散的垂直电场。所有电磁波在真空中都以光速传播:

$$c = 2.997\ 924\ 85\ \text{m/s}$$

即光在 3.3×10^{-10} s 内传播 1 m。

"传输能量和动量只有两种基本机制:粒子流和波流。甚至这两种看似对立的概念也微妙地交织在一起——没有粒子就没有波,没有波就没有粒子。"

考虑到上面对电磁波和能量的描述,可知光子也具有波的性质。波是一种通过某种振动传递能量而不传递任何物质的机制。波的一个特性是当波通过孔径时(图 1.69),可以观察到衍射/干涉。然而,在类似于光的双缝干涉的实验中,当一束电子入射到双棱镜上,并在屏幕上被检测到时,就会观察到干涉图形。当几个电子撞击屏幕时,等效双缝形成的图形如图 1.70 所示。

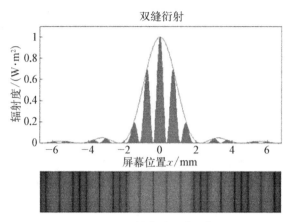

图 1.69　双缝夫琅禾费衍射

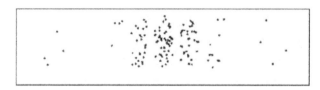

图 1.70　2 000 个电子通过等效双缝时所形成的图形

对于涉及 80 000 多个电子的长时间曝光,可以清楚地观察到一个非常独特的双缝衍射图形,如图 1.71 所示。

如图 1.71 所示,随着越来越多的电子撞击屏幕,一个双缝干涉图形就会形成。

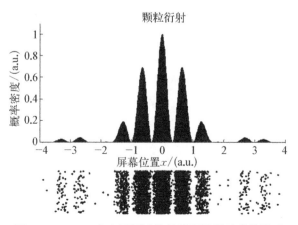

图 1.71　80 000 个电子通过等效的双缝所形成的图形

当电子撞击荧光屏上的一个点时,它们是单个粒子,但荧光屏上这些点的分布呈现出一种只能被归结为波现象的干涉图形。因此,可以得出结论,电子具有这种双重性质——它们表现为粒子或波。由于只知道电子撞击的概率,因此无法预测单个电子会到达屏幕的哪个位置。这种行为是量子世界的典型行为,也是非决定论和决定论之间相互作用的一个很好的例子。

粒子表现出波的特性,但我们还发现光波也具有粒子属性。在光电效应中可以观察到电磁波的粒子属性——当足够频率的光撞击金属表面时,该表面就会发射出电子。为了说明电子从表面发射,光被模拟成光子的粒子流。每个光子的能量是 $E = hf$。

所以,机械波与电磁波不同,它需要物质介质的存在,以便完成能量从一个位置到另一个位置的传递。然而,电磁波是一种能在外太空的真空中传播的波。声波属于机械波,而光波则是电磁波。

1.10　雷达距离方程

假设功率 P_r 返回接收天线,由式(1.19)给出,形式为

$$P_r = \frac{P_t G_t A_r \sigma F^4}{(4\pi)^2 R_t^2 R_r^2} \tag{1.19}$$

式中　P_t——发射功率;

G_t——发射天线的增益;

A_r——接收天线的有效接收面积,也可以表示为 $G_r \lambda^2 / 4\pi$,式中,λ 是电磁波的波长,G_r 是接收天线的增益;

σ——目标的雷达截面积或散射系数;

F——传播因子;

R_t——发射机到目标的距离;

R_r——目标到接收机的距离。

通常发射机和接收机在同一位置时,$R_t = R_r$,并且 $R_t^2 R_r^2$ 可以用 R^4 代替,其中 R 为距离。可得

$$P_r = \frac{P_t G_t A_r \sigma F^4}{(4\pi)^2 R^4} \tag{1.20a}$$

由式(1.20a)可知,接收功率随着距离的四次方而下降,这意味着从远处目标接收的功率相对很小。

附加的滤波和脉冲积累对脉冲多普勒雷达的性能有轻微的改变,会影响探测

距离和降低发射功率。

上面 $F=1$ 的方程是对无干扰的真空中传输的简化。传播因素考虑了多路径和阴影的影响,并取决于环境的细节。在实际情况下,路径损耗效应也应该考虑。

总之,雷达距离方程(RRE)为工程师评估雷达截面积(RCS)减少的变化和所产生的效果提供了最有用的理论依据。雷达方程的完整形式还需要考虑如下因素[34]:

(1)雷达系统参数;

(2)目标参数;

(3)背景效果,如杂波、噪声、干扰;

(4)传播效应,如反射、折射和衍射;

(5)传播介质,如吸收和散射。

此时的雷达方程可以用来估计雷达系统性能,尤其是雷达截面积的大小对雷达性能的影响至关重要。

复杂目标(如飞机或舰船)的雷达截面积随方位或频率的变化而变化,因此单个数字不能充分描述目标的雷达截面积。正如表 1.5 列出的微波频率下各种不同目标的雷达截面积"示例"值,这些都是为了显示雷达"看到"的共同目标的相对"大小"。

表 1.5 雷达截面积[35]的"示例"值

目　　标	截面积/m^2
常规无人机导弹	0.1
小型单引擎飞机	1
小型战斗机或四人喷气式飞机	2
大型战斗机	6
中型轰炸机或中型喷气式客机	20
大型轰炸机或大型喷气式客机	40
大型喷气式飞机	100
直升机	3
小型开放的船	0.02
小游船	2
警察巡逻车	10
船,擦地角大于零	排水量以 m^2 表示
小型敞蓬运货汽车	200
汽车	100

目　　标	截面积/m^2
自行车	2
人	1
大鸟	10^{-2}
中型鸟类	10^{-3}
大昆虫（蝗虫）	10^{-1}
小昆虫（苍蝇）	10^{-5}

因此，在减小雷达截面积的研究领域，对雷达方程及其影响的了解是极其必要的。幸运的是，这个方程基于非常简单的几何原理，如前所示。

此外，雷达距离方程不仅能估算雷达的距离，而且对雷达设计和更好地理解影响雷达性能的因素也很重要。雷达距离方程的简单形式如式(1.20a)。

然而，如果用于发射和接收天线，通常情况下，使用式(1.20a)，然后可以假设 $G_t = G = 4\pi A/\lambda^2$，其中，$\lambda$ 是雷达波长，以 m 为单位。从而，得出新方程(1.20b)：

$$P_r = \frac{P_t G^2 \lambda^2 \sigma}{(4\pi)^3 R^4} = \frac{P_t A_e^2 \sigma}{4\pi \lambda^2 R^4} \tag{1.20b}$$

式中　P_r ——接收信号功率，W；

　　　G ——天线增益；

　　　σ ——雷达目标截面积，m^2；

　　　λ ——雷达波长，m；

　　　P_t ——峰值功率，W；

　　　A_e ——发射天线的有效孔径，m^2；

　　　R ——距离，m。

当接收到的信号是最小可检测信号时，雷达探测距离 R_{max} 达到最大。最小可检测信号是一个受接收机噪声限制的统计量。可以写成：

$$S_{min} = kT_0 B F_n (S/N)_1 \tag{1.21}$$

式中　k ——玻尔兹曼常数；

　　　T_0 ——标准温度(290 K)；

　　　kT_0 ——4×10^{-21} W/Hz；

　　　B ——接收机带宽，Hz；

　　　F_n ——接收机噪声数值；

　　　$(S/N)_1$ ——可检测信号的最小信噪比。

通过对多个回波信号脉冲积累,可提高接收回波信号的功率,S_{min}除以$nE_i(n)$可将其纳入雷达方程,其中$E_i(n)$为n个脉冲所能达到的合成功率。因为平均功率P_{avg}比峰值功率更能反映雷达的能力,通过关系式,可得

$$P_{avg} = P_t \tau f_p \tag{1.22}$$

式中　τ——以秒为单位的脉宽;

　　　f_p——以赫兹为单位的脉冲重复频率。

因此,适用于距离计算的雷达方程形式为

$$R_{max} = \left[\frac{P_{avg}G^2\lambda^2\sigma n E_i(n)}{(4\pi)^3 kT_0 F_n (B\tau) f_p (S/N)_1 L_S} \right]^{1/4} \tag{1.23}$$

雷达系统损失L_S(大于1)已经包括在内。对于大多数雷达设计了一个匹配滤波接收器(一个滤波器,最大限度地输出信噪比)。式(1.22)中$(S/N)/nE_i(n)$为每脉冲所需信噪比$(S/N)_n$。

图 1.72 显示了所需信噪比$(S/N)_1$与检测概率和虚警概率的关系。检测概率通常被认为是 0.90,但有时也被引用为 0.50 或 0.80。它的选择通常是用户的特权。虚警P_{fa}的概率为[35]:

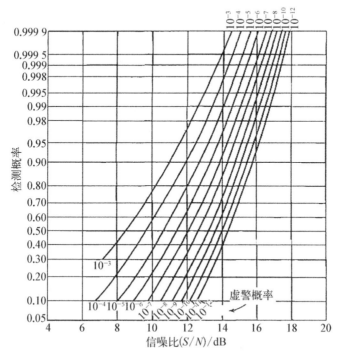

图 1.72　噪声中正弦波检测概率作为信噪比 (功率)和虚警概率[35]的函数

$$P_{\text{fa}} = \frac{1}{BT_{\text{fa}}} \tag{1.24}$$

式中　B——接收端带宽，Hz。

　　　T_{fa}——指虚警之间的平均时间。

　　　P_{fa}——倒数为 ns，即虚警数。误报时间是 T_{fa}，通常指的是雷达的性能而不是误报概率或误报次数。

图 1.73 是一个积累改善因子 $nE_i(n)$ 的函数图 n。当一个天线波束宽度 θ_B 以每分钟 ω_{nt} 的速度旋转，而脉冲重复频率是 f_p 的话，一个目标返回的脉冲数为

$$n = \frac{\theta_B f_p}{6\omega_{nt}} \tag{1.25}$$

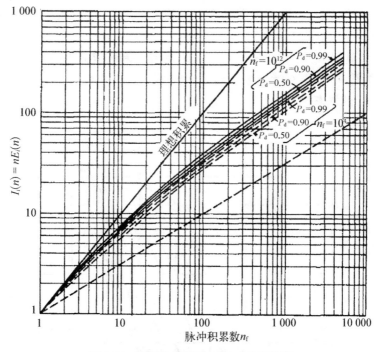

图 1.73　积累改善因子 $nE_i(n)$ 的函数图

P_d 为探测概率，$n_f = T_{\text{fa}}B$ 为虚警数，T_{fa} 为虚警间平均时间，B 为带宽

如果不考虑造成系统损失的因素，可能会导致计算范围与实际范围之间存在相当大的差异。损失包括：

（1）发射机和接收机的连接天线的传输线路的损耗。

（2）双工器、旋转接头和其他微波部件的损耗。

（3）波束形状损失，说明雷达方程采用的是最大辐射方向的增益，而不是天线

扫描目标过程中产生的变化增益。

(4) 信号处理损失。

(5) 由于发射机功率和接收机噪声系数降低而导致的损耗。

所有因素造成的系统损失可能从 10 dB 到 20 dB 或更大。16 dB 的损失会使雷达探测距离下降一半。

1.11　雷达方程的其他形式

距离计算采用雷达方程;但是在雷达设计中,它也是用于评估权衡取舍的基础。然而,上述雷达方程的简单形式(式(1.19)、(1.20a)和(1.20b))不够完整,必须加以扩展。不同功能的雷达都有特定的要求或约束,这都会导致雷达方程的形式略有不同,下面给出了一些例子。

1.11.1　监视雷达方程

$$R_{\max}^4 = \frac{P_{av}A_e\sigma E_i(n)}{4\pi k T_0 F(S/N)_1 L_S} \cdot \frac{t_S}{\Omega} \tag{1.26}$$

式中　$R_{\max}$——雷达的最大作用距离;

　　　　P_{av}——平均功率;

　　　　A_e——天线的有效接收面积;

　　　　σ——目标的雷达截面积;

　　　　$E_i(n)$——对 n 个脉冲积累的合成功率;

　　　　t_S——扫描时间或重访时间,s;

　　　　k——玻尔兹曼常数 1.38×10^{-23} J/K;

　　　　T_0——标准温度为 290 K;

　　　　F_n——每个脉冲的接收机噪声系数;

　　　　$(S/N)_1$——单个脉冲在指定探测概率和虚警概率条件下检测一个指定的目标时的最小信号噪声比;

　　　　L_S——系统损耗;

　　　　Ω——立体角范围(球面度)的雷达覆盖。当监视雷达采用旋转扇形波束的波束宽度是 θ_e,立体角 $\Omega = 2\pi\sin\theta_e$。

1.11.2　跟踪雷达方程

式(1.20a)和式(1.20b)均属于基本的跟踪雷达方程,其中 $n/f_p = t_0$ 是信号累积时间。

1.11.3 地表杂波距离方程

该类型的方程为

$$R_{\max} = \frac{\sigma n_e}{(S/C)_0 \sigma^0 \theta_a (c\tau/2) \sec \psi} \tag{1.27}$$

式中 n_e——有效的脉冲积累数；

σ^0——单位面积表面杂波的雷达截面积；

$(S/C)_0$——对于单个脉冲来说，在指定检测概率和虚警概率条件下，检测指定目标所需的最小杂波比；

θ_a——方位角波束宽度（单位为弧度）；

ψ——斜掠角或斜掠角；

τ——脉宽，以秒为单位。

注意，大量的处理被用来检测杂波中的目标。但重要的是理解基本概念。如第 1.12 节中"海杂波抑制"和第 1.13 节中的"雨杂波"。

1.11.4 体杂波雷达方程

该类型的方程为：

$$R_{\max}^2 = \frac{\sigma G n_e}{\left[(S/C)_0 \eta (\pi^3/4)(c\tau/2)\right]} \tag{1.28}$$

式中 η——反射系数的单位，指的是体积杂波或单位体积杂波的雷达截面积。正如我们定义的反射率 η 是每单位体积杂波的雷达截面积。

1.11.5 噪声干扰雷达方程（监视）

该类型的方程为

$$R_{\max}^2 = \frac{P_{\mathrm{avg}} E_i(n)}{G_{\mathrm{SL}} L_{\mathrm{S}}} \cdot \frac{\sigma}{(S/N)_1} \cdot \frac{t_{\mathrm{S}}}{\Omega} \cdot \frac{B_j}{P_j G_j} \tag{1.29}$$

式中 B_j——干扰带宽，Hz；

P_j——干扰器功率，W；

G_j——干扰机天线增益；

G_{SL}——天线副瓣增益；

L_{S}——系统损耗；

Ω——雷达覆盖的立体角区（steradians）；

P_{avg}——平均功率，W；

$E_i(n)$——脉冲积累的效率；

$(S/N)_1$——对于单个脉冲来说，在指定检测概率和虚警概率条件下，检测指定目标所需的最小信噪比；

t_S——扫描时间，s。

该方程假设干扰噪声进入增益为 G 的天线旁瓣。干扰进入主波束时，$G_{SL} = G$。干扰功率 P_j 分布在带宽 B_j 上，由增益为 G_j 的天线辐射出去。

1.11.6 噪声干扰雷达方程(跟踪)

该方程为

$$R_{max}^2 = \frac{P_{avg}G^2 E_i(n)t_0}{4\pi G_{SL}} \cdot \frac{\sigma}{(S/N)_1} \cdot \frac{B_j}{P_j G_j} \tag{1.30}$$

式(1.30)中的所有变量都是前面定义过的值，$t_0 = n/f$ 表示以秒为单位的信号累积时间。当干扰噪声通过主波束进入雷达时，$G_{SL} = G$。要了解更多关于干扰信号比(J/S)的细节，见第 1.14 节。

1.11.7 自卫距离方程

这是从一个目标接收到的雷达回波信号超过接收到的干扰噪声功率的范围。它也被称为交叠范围。通过设置 $G_{SL} = G$，设置 $(S/N)_i = S/J$，并调用 R_{max} 自筛选范围 R_{ss}，可以从式(1.29)或式(1.30)(取决于应用)中得到自卫范围。所需的信噪比的值来自接收机噪声，所以常被认为是相同的。

1.11.8 气象雷达方程

该类型的方程为

$$\overline{P_r} = \frac{2.4 P_r G \tau r^{1.6}}{R^2 \lambda^2 L_S} \tag{1.31}$$

将平均回波信号功率 $\overline{P_r}$ 与降雨量 $r(mm/h)$ 联系起来。它假设降雨均匀地充满雷达分辨单元。P_r 表示接收信号的平均功率，单位是瓦特。

1.11.9 合成孔径雷达方程

该类型的方程为

$$\frac{S}{N} = \frac{2P_{avg}\rho_a^2 \sigma^0 \delta_{cr} \delta_r}{\pi f k T_0 F_n R S_w L_S \sin^2 \psi} \tag{1.32}$$

式中 δ_r——距离分辨率，m；

δ_{cr}——测量的横向距离分辨率,m;

F_n——接收机噪声系数;

S_w——条带带宽,m;

T_0——标准温度为 290 K;

L_S——系统损失;

σ^0——每个单元面积的表面杂波的雷达截面积;

f——雷达频率,Hz;

k——玻尔兹曼常数=1.38×10^{-23} J/K;

P_{avg}——平均功率,W;

ρ_a——雷达天线效能;

R——距离,m;

ψ——斜掠角。

该式将一个分辨率单元(有时称为像素)的信噪比与位于以距离 R 为中心的条带内的距离分辨率 δ_r 和横向距离分辨率 δ_{cr} 联系起来。上述方程考虑了横向距离分辨率和条带的联合限制,从而避免了距离模糊或横向距离模糊。

1.11.10 高频超视距雷达方程

该类型的方程为

$$R_{max}^2 = \frac{P_{avg}G_tG_r\lambda^2\sigma F_p^2 T_c}{(4\pi)^3 N_0(S/N)_1 L_S} \qquad (1.33)$$

式中 P_{avg}——平均功率;

G_r——雷达接收天线增益;

G_t——发射天线增益;

λ——波长,m;

σ——目标的雷达截面积,m^2;

F_p——传播因子;

T_c——相干处理时间;

N_0——单位带宽的噪声功率;

$(S/N)_1$——对于单个脉冲来说,以指定的检测概率和虚警概率检测目标所需的最小信噪比;

L_S——系统损耗。

该式给出了发射天线增益 G_t 和接收天线增益 G_r,因为超视距雷达通常使用两种不同的天线进行发射和接收。传播损失由 F_v(小于单位数)表示,T_c 为相干的处理时间。接收机的单位带宽 N_0 的噪声功率(W/Hz)是由外部噪声决定的。

1.12　海杂波抑制

如前所述,大量的处理是用来帮助检测杂波中的目标。如今这些处理都发生在数字域,所以需要掌握一些基本概念。

海杂波效应的改善与灵敏度时间控制(STC)密切相关。因此可利用灵敏度时间控制技术来解决距离效应,这项技术可以在脉冲发射后立即将雷达接收增益调低,然后以与 R^4 近似成比例的速率上升,直到达到最大增益。STC 有时也称为扫掠时间常数,这个术语强调增益的时变性质。不断变化的放大器增益(也称为灵敏度)可以应用于任何放大阶段——射频、中频和视频——以及信号数字化之后。而无论放在哪个放大阶段,都各有优缺点。事实上,它通常是分别被优化,并应用于接收机的几个不同阶段。

对于正常目标,如雷达方程所示,回波信号功率随 $1/R^4$ 变化。然而,海面的情况无法被看成常规目标,因为其有效雷达截面积(RCS)随距离的变化而变化。假设在一个完全平坦的地面上有一片海域,那么在任何时刻,该海域的有效照明面积将受到雷达天线波束宽度和距离单元长度的限制,如图 1.74 所示。

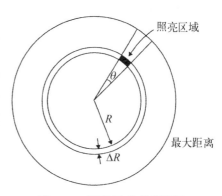

图 1.74　距离/方位单元面积

此时被雷达"照射"的海洋面积是:

$$A_S = K \times \theta \times R \times \Delta R \tag{1.34}$$

式中　K——一个无关常数;

　　　θ——雷达天线的波束宽度;

　　　R——范围单元的范围;

　　　ΔR——距离单元增量。

因为被照射的海洋面积与距离 R 成正比,所以海洋的有效 RCS 也与 R 成正比。与常规目标不同,海洋的 RCS 随距离增加而增加,而常规目标的距离与 RCS 无关。

然而,杂波的其他主要成分(降水,如雨)的 RCS 也有随距离增大的趋势,且与距离的平方成正比。

对于海杂波,假设地球是平的,其 RCS 与距离成比例意味着雷达方程中的 R^4 项简化为 R^3,因此 RCS(σ)可用 $R \times \sigma_S$ 表示,而其中的 σ_S 是固定的,可有效地表示特定海况($R=1$)时的 RCS。

雷达方程的表示：

$$P_r = \frac{kP_t G^2 \sigma}{R^4} = \frac{kP_t G^2 R \sigma_S}{R^4} = \frac{kP_t G^2 \sigma_S}{R^3} \tag{1.35}$$

所有的物理量参数均如前面所定义。

如果使用 STC 遵循标准的 R^4 准则分析海杂波，意味着杂波会随着距离的增大而越来越占主导地位。因此，每当海杂波占优势时，应用的 STC 应该根据 R^3 变化来补偿。因此海军雷达通常需要对海杂波控制。然而，地球毕竟是圆的，在雷达地平线以外的距离，没有海杂波，因为在该距离上雷达波束没有照射海面，此时 STC 则需要改为 R^4，实际的地平线取决于雷达天线的高度。

海杂波的标准 STC 曲线如图 1.75 所示。根据雷达的具体设计，手动控制调整海杂波曲线的形状。较低的设置近似于 R^4 曲线，较高的设置近似于 R^3 曲线。

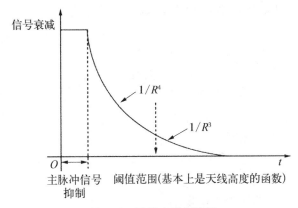

图 1.75 灵敏度时间控制

切换到自动海杂波抑制通常会引入额外的处理，需要根据实际回波有效地改变曲线的形状。

用户也可以保留一些手动控制，便于系统更有效地实现从标准 R^3 到 R^4 的转换。

使用扫描-扫描相关，也称为旋转-旋转相关，是减少海杂波影响的另一种方法。对于连续的扫描，海杂波的峰值不太可能出现在相同的范围和方位，因此，采用数字处理来消除仅在一次扫描中可见的反射信号显示，可以显著减少杂波。

当然，这种方法也可能消除想要的微弱信号。

1.13 雨杂波

雨杂波和其他类型的降水杂波（如冰雹和雪）在长距离和宽角度的情况下，具有连续返回的特点。它不同于海杂波,海杂波往往是"尖尖"的——由特定的瞬时海浪产生的尖峰——雨杂波有一个非常平滑的总体响应。如图 1.76 所示,由于降水杂波导致的雷达总回波水平普遍升高,会掩盖其他目标。例如,在一大片雨杂波上,反射信号会突然上升,在很大范围内保持高位,然后突然下降。这种情况可通过适当地降低受影响区域的增益阈值,减轻这种杂波的影响。

图 1.76　无快速时间常数的降雨杂波

　　在数字信号处理之前,消除杂波通常是通过一个微分模拟电路来完成的。通过对信号进行时间微分,在降雨地区的开始和结束处,微分信号的幅度很大(意味着信号变化很大),而在降雨地区的信号几乎保持不变时,微分信号接近于零。

　　目标回波随着距离的变化而急剧升降,变化过程非常明显,而雨水带来的影响则要小很多。图 1.77 说明了这一点。

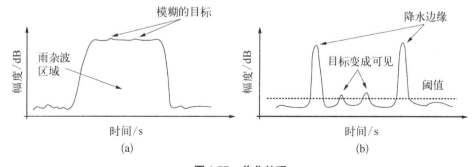

图 1.77　差分处理

(a) 差分前信号;(b) 差分后信号

　　如今,现代雷达可以使用各种数字方法来优化阈值,以便能够在降雨中看到小目标,包括那些差异化目标。用户的降雨控制系统通过特有的算法来调节相应阈值的高低,以获得最佳效果。雨杂波控制过程有时被称为快速时间常数(FTC)控制。

　　这充分说明,像雨杂波的边缘和正常目标反射这类信号的快速变化因子,比变化较慢的因子(如大面积降雨)更能产生较大的处理信号。

　　STC 有时被理解为慢时间常数,因为与 FTC 的应用相比,接收信号的有效增益在时间上移动相对较慢。要想安全、成功地操作雷达,需要对增益、降雨(FTC)和海面(STC)进行手动控制。更多细节可以在 Alan Bole 等人的书中找到。

1.14 干信比：恒功率(饱和)干扰

考虑有源电子对抗(ECM)系统，本节从 J 的单向距离方程和 S 的双向距离方程推导 J/S。而使用 ECM 的原因是防止、延迟或混淆雷达对目标信息的处理。

根据定义，电子对抗可以是干扰或欺骗。因为几乎所有类型的主动电子对抗都被称为"干扰"，相对于雷达中目标信号，雷达中 ECM 信号的计算通常是指干扰信号比("J-to-S"比，干信比)。因此，本节使用常用术语，"干扰机"指 ECM 发射机，"干扰"指 ECM 发射信号，无论是欺骗还是隐藏。

表 1.6 包含了本节所建立的方程式的摘要。

表 1.6　干扰信号比(J/S)

干扰信号比(单基地)	*保持 R 和 σ 在相同的单位中		
$J/S = (P_j G_{ja} 4\pi R^2)/(P_t G_t \sigma)$ (比率形式)*或：	目标增益因素(dB)		
	$G_\sigma = 10\log \sigma + 20\log f_1 + K_2$		
$10\log J/S = 10\log P_j + 10\log G_{ja} - 10\log P_t - 10\log G_t - 10\log \sigma^* + 10.99 + 20\log R^*$	K_2值(dB)		
注(1)：无论是 f 项还是 λ 项是这些方程的一部分	单位	f_1/MHz	f_1/GHz
	m²	$K_2 =$	$K_2 =$
如果使用前面章节中开发的简化雷达方程：	ft²	-38.54	21.46
$10\log J/S = 10\log P_j + 10\log G_{ja} - 10\log P_t - 10\log G_t - G_\sigma + \alpha_1$		-48.86	11.14
注(2)：$-G_\sigma$ 中的 $20\log f_1$ 项与 α_1 中的 $20\log f_1$ 项相互抵消了			
干扰信号比(双基地)	单向自由空间损失(dB)		
R_{Tx} 是雷达发射机到目标的距离。见注(1)	α_1 或 $\alpha_{Tx} = 20\log(f_1 R) + K_1$		
	K_1值(dB)：		
$J/S = (P_j G_{ja} 4\pi R_{Tx}^2)/(P_t G_t \sigma)$ (比率形式)*或：	距离		
	(单位)	$K_1 =$	$K_1 =$
$10\log J/S = 10\log P_j + 10\log G_{ja} - 10\log P_t - 10\log G_t - 10\log \sigma^* + 10.99 + 20\log R_{Tx}^*$	NM	37.8	97.8
	km	32.75	92.45
如果使用前几节中推导的简化雷达方程：见注(2)	m	-27.55	32.45
$10\log J/S = 10\log P_j + 10\log G_{ja} - 10\log P_t - 10\log G_t - G_\sigma + \alpha_{Tx}$	ft	-37.87	22.13

干扰更恰当的说法应该称为隐藏或掩蔽。一般情况下,隐蔽用 ECM 淹没雷达接收机,隐藏目标。隐蔽(干扰)通常使用某种形式的噪声作为发送 ECM 信号。在本节中,隐蔽被称为"噪声"或"噪声干扰"。

1.14.1　干扰

欺骗更应该被称为伪装。欺骗是利用电子对抗(ECM)技术伪装虚假目标信号,使雷达接收机接受并认定为真实目标。"J"表示干扰信号强度,无论它来自噪声干扰机还是来自欺骗干扰系统。

基本上,有两种不同的类型干扰敌方雷达的方法:

(1) 自卫 ECM;

(2) 支援 ECM。

在实际应用中,自卫电子干扰通常是欺骗干扰,支援电子干扰通常是噪声干扰。顾名思义,自卫电子干扰是用于保护其所在平台的干扰方法。图 1.78 的上半部分显示自卫 ECM(DECM)。

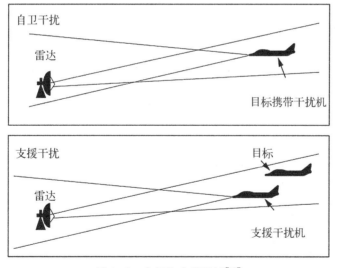

图 1.78　自卫和支援干扰[37]

图 1.78 的下半部分展示的是随队干扰,这属于支援干扰的特殊情况。如果随队平台足够接近目标,J-to-S 计算与 DECM 相同。

支援 ECM 是从一个平台辐射的 ECM,用于保护其他平台。图 1.79 展示了两种情况的支援干扰——远距支援干扰(SOJ)和近距支援干扰(SIJ)。

对于远距支援干扰,支援干扰平台是在雷达的远距离处保持一个航迹——通常超出武器射程。对于近距支援干扰,一辆遥控飞行器在非常接近目标雷达

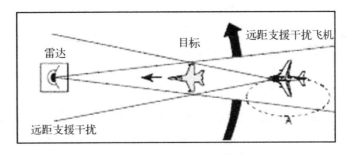

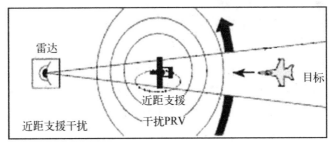

图 1.79　支援干扰[37]

的轨道上运行。显然,远距支援干扰目标所需的功率远大于近距支援干扰同一目标所需的功率。将 ECM 纳入雷达方程时,最感兴趣的数值是"J-to-S"和烧穿距离。

"J-to-S"为 ECM 信号(J)的信号强度与目标回波信号(S)强度之比,表示为"J/S",本节中始终以 dB 为单位。J 通常(但不总是)必须超过 S 一定数量才有效;因此,J/S 计算的期望结果是一个正数。烧穿距离是指当目标回波信号刚好可以被雷达检测到时雷达到目标的距离。

"J-to-S"的意义有时被误解。ECM 的有效性不能用"J-to-S"的直接数学函数描述。效能所需的"J-to-S"的数值是特定 ECM 技术和它所对抗的雷达的功能。不同的 ECM 技术对同一雷达可能需要不同的"J-to-S"。当"J-to-S"足够有效时,在一个给定的范围内增加它并没有太多效果。由于现代雷达有复杂的信号处理和 ECCM 能力,在某些雷达中,过多的"J-to-S"会导致信号处理器忽略干扰或启动特殊的抗干扰模式。然而,增加"J-to-S"(或干扰机功率),在烧穿之前允许目标更接近威胁雷达,这是可控的,所以本质上来说功率是越大越好[37]。

重要提示:如果信号 S 为连续波(CW)或脉冲多普勒(PD),且对干扰 J 进行幅度调制,则式中使用的 J 必须从峰值上降低。减少的数量取决于干扰信号所覆盖的带宽的多少。为了得到确切值,积分必须在带宽上进行。但是,作为经验法则:

(1)如果调制频率小于跟踪雷达的带宽,则将 J/S 降低 10 log(占空比)。

（2）如果调制频率大于跟踪雷达的带宽，则将 J/S 降低 20 log（占空比）。

例如，如果干扰信号是频率为 100 Hz 的方波（50% 占空比），而接收机的干扰带宽是 1 kHz，那么 J/S 将从最大值下降 3 dB。如果占空比是 33%，那么下降值将是 4.8 dB。如果 50% 和 33% 占空比的干扰信号以 10 kHz（反之则以 100 Hz）的速率衰减，根据经验，接收机看到的干扰信号会分别从最大值下降 6 dB 和 9.6 dB，因为 10 kHz 衰减率大于 1 kHz 接收器带宽。

1.14.2　抗干扰单基地雷达干信比

图 1.80 是雷达干扰可视化图。图 1.80 的物理概念显示了与图 1.78 相同的单基地雷达和与图 1.80 相同的干扰机（发射机）到雷达（接收机）。换句话说，图 1.80 只是前面两个概念的结合，其中只有一个雷达的接收机。

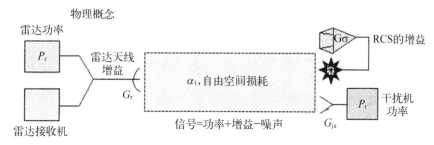

图 1.80　雷达干扰可视化[37]

如图 1.81 所示的等效电路适用于具有自卫或支持电子攻击（EA）的干扰机，这与电子对抗的旧术语非常相似。对于单基地雷达的自卫（或护航），干扰机安装在目标上，雷达接收天线和发射天线是并置的，所以三个距离和三个空间损失因子（波束）是相同的。

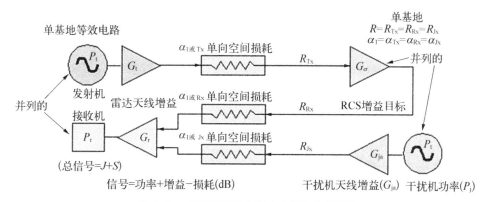

图 1.81　单基地雷达电子攻击等效电路[37]

1.15 干信比(单基地)

接收的来自目标发射的干扰信号的功率(P_{r1} 或 J)与从目标雷达返回的功率(P_{r2} 或 S)的比率为 J/S。由单向距离方程可知:

$$P_{r1} \text{ 或 } J = \frac{P_j G_{ja} G_r \lambda^2}{(4\pi R)^2} \tag{1.36}$$

式中　P_{r1}——在点 1 接收到的功率;

　　　P_j——干扰发射机的功率;

　　　G_{ja}——干扰天线的增益;

　　　G_r——接收天线的增益;

　　　λ——波长;

　　　R——距离(直线距离);

　　　J——干扰信号(接收机输入)。

从双向距离方程,可以得出:

$$P_{r2} \text{ 或 } S = \frac{P_t G_t G_r \lambda^2 \sigma}{(4\pi)^3 R^4} \tag{1.37}$$

式中　P_{r2}——在点 2 接收到的功率;

　　　P_t——发射机的功率;

　　　G_t——发射机天线的增益;

　　　G_r——接收机天线的增益;

　　　λ——波长;

　　　σ——雷达截面积(RCS);

　　　R——距离(直线距离);

　　　S——信号(接收机输入)。

而且,如果 R 和 σ 都是标准单位,可以用式(1.35)和式(1.36)除以式(1.37),得到在单基地条件下的 J/S:

$$\frac{J}{S} = \frac{P_j G_{ja} G_r \lambda^2 (4\pi)^3 R^4}{P_t G_t G_r \lambda^2 \sigma (4\pi R)^2} = \frac{P_j G_{ja} 4\pi R^2}{P_t G_t \sigma} \tag{1.38}$$

将上述方程还原为对数形式,可得

$$10\log J/S = 10\log P_j + 10\log G_{ja} - 10\log P_t - 10\log G_t$$
$$- 10\log \sigma + 10\log 4\pi + 20\log R \tag{1.39}$$

或

$$10\log J/S = 10\log P_{\mathrm{j}} + 10\log G_{\mathrm{ja}} - 10\log P_{\mathrm{t}} - 10\log G_{\mathrm{t}}$$
$$- 10\log \sigma + 10.99\,\mathrm{dB} + 20\log R \tag{1.40}$$

注：f 和 λ 都不是式(1.38)和式(1.40)最终形式的一部分。

1.16　单向空间损耗的干信比计算(单基地)

在前几节中建立的简化雷达方程可以用来表示 J/S。

来自单向距离方程：

$$10\log(P_{\mathrm{r1}}\text{ 或 }J) = 10\log P_{\mathrm{j}} + 10\log G_{\mathrm{ja}} + 10\log G_{\mathrm{r}} - \alpha_1 \tag{1.41}$$

来自双向距离方程：

$$10\log(P_{\mathrm{r2}}\text{ 或 }S) = 10\log P_{\mathrm{t}} + 10\log G_{\mathrm{t}} + 10\log G_{\mathrm{r}} + G_{\sigma} - 2\alpha_1 \tag{1.42}$$

$$10\log(J/S) = 10\log P_{\mathrm{j}} + 10\log G_{\mathrm{ja}} - 10\log P_{\mathrm{t}} - 10\log G_{\mathrm{t}} - G_{\sigma} + \alpha_1 \tag{1.43}$$

$$10\log(P_{\mathrm{r2}}\text{ 或 }S) = 10\log P_{\mathrm{t}} + 10\log G_{\mathrm{t}} + 10\log G_{\mathrm{r}} + G_{\sigma} - 2\alpha_1 \tag{1.44}$$

$$10\log(J/S) = 10\log P_{\mathrm{j}} + 10\log G_{\mathrm{ja}} - 10\log P_{\mathrm{t}} - 10\log G_{\mathrm{t}} - G_{\sigma} + \alpha_1 \tag{1.45}$$

注：为了避免在这些计算中包含额外项,总是将任何传输线损失与天线增益结合起来。G 的 $20\log f_1$ 项消去 G 单位中的 $20\log f_1$ 项,如表 1.7 所示。

表 1.7　目标增益因素和单向自由空间损失的列表

目标增益因素/dB $G_{\sigma} = 10\log\sigma + 20\log f_1 + K_2$				单向自由空间损失/dB $\alpha_1 = 20\log(f_1 R) + K_1$			
K_2/dB	RCS	f_1/MHz	f_2/GHz	K_1/dB	距离		
	(单位)	$K_2=$	$K_2=$		(单位)	$K_1=$	$K_1=$
					NM	37.8	97.8
	m²	−38.54	21.46		km	32.45	92.45
	ft²	−48.86	11.14		m	−27.55	32.45
					yd	−28.33	31.67
					ft	−37.87	22.13

1.17 自卫干扰与双基地雷达的干信比

如图 1.82 所示的半主动导弹是典型的双基地雷达,需要目标具有自卫电子攻击(EA)的能力。在这种情况下,干扰机在目标上,目标对导弹接收机的距离与干扰机对接收机的距离相同,而雷达对目标的距离是不同的。方程如下:

$$\alpha_{Tx} = \text{雷达发射机到目标距离为 } R_{Tx} \text{ 时的单向空间损失} \qquad (1.46)$$

$$\alpha_{Rx} = \text{目标到导弹接收机距离为 } R_{Rx} \text{ 时的单向空间损失} \qquad (1.47)$$

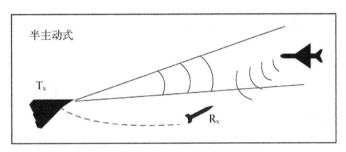

图 1.82 双基地雷达

像单基地雷达一样,双基地干扰和反射目标信号从目标经过相同的路径,通过天线进入接收机。在单基地和双基地 J/S 方程中,公共距离不考虑,所以两个 J/S 方程均只余下了一个 R_{Tx} 或者 $20\log R_{Tx}$ 项。

因此,只有两个距离和两个曲线(图 1.83)是相同的。

由于在单基地的情况下 $R_{Tx} = R_{Rx}$ 和 $\alpha_{Tx} = \alpha_{Rx}$,所以方程中仅仅使用 R 和 α_1。

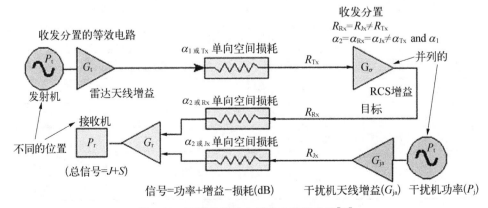

图 1.83 双基地雷达电子攻击等效电路[37]

因此,双基地 J/S 方程中式(1.50)、式(1.52)或式(1.53)和式(1.54)将适用于单基地 J/S 计算,但相反的是,只有当双基地 R_{Tx} 和极小 α_{Tx} 项用于单基地方程中式(1.38)、式(1.40)和式(1.45)中的 R 或 α_1 项。

如图 1.83 所示的等效电路适用于干扰双基地雷达。对于自卫(或随队)干扰与双基地雷达对抗的场景,干扰机在目标上,雷达接收和发射天线在不同的位置,所以对于三个距离和三个空间损失因子(波束),总有其中两个是相同的。

1.18　干信比(双基地)

当雷达的发射天线距离接收天线较远时(图 1.83),从干扰中接收到的功率 (P_{r1} 或 J)与从目标发射到雷达接收到的功率(P_{r2} 或 S)的比值等于 J/S。对于干扰机的效能,J 通常要大于 S。

由单向距离方程,可得

$$P_{r1} \text{ 或 } J = \frac{P_j G_{ja} G_r \lambda^2}{(4\pi R_{Rx})} R_{Jx} = R_{Rx} \tag{1.48}$$

从双向距离方程,可得

$$P_{r2} \text{ 或 } S = \frac{P_t G_t G_r \lambda^2 \sigma}{(4\pi)^3 R_{Tx}^2 R_{Rx}^2} \tag{1.49}$$

因此,假设 R 和 σ 有相同的计量单位,从式(1.48)和式(1.49)中可以得出 J/S 的表达式:

$$\frac{J}{S} = \frac{P_j G_{ja} G_r \lambda^2 (4\pi)^3 R_{Tx}^2 R_{Rx}^2}{P_t G_r \lambda^2 \sigma (4\pi R_{Rx})^2} = \frac{P_j G_{ja} 4\pi R_{Tx}^2}{P_t G_t \sigma} \tag{1.50}$$

将上述方程还原为对数形式,得

$$10\log J/S = 10\log P_j + 10\log G_{ja} - 10\log P_t - 10\log G_t \\ - 10\log \sigma + 10\log 4\pi + 20\log R_{Tx} \tag{1.51}$$

或

$$10\log J/S = 10\log P_j + 10\log G_{ja} - 10\log P_t - 10\log G_t \\ - 10\log \sigma + 10.99 + 20\log R_{Tx} \tag{1.52}$$

注:为了避免在这些计算中包含额外的项,始终将任何传输线损耗与天线增益相结合。f 和 λ 都在式(1.50)和式(1.52)最终形式中。

1.19 双基地干信比计算

单向自由空间损失在前几节中建立的简化雷达方程可以用来表示 J/S。

由单向范围方程可以得到表达式如下:

$$10\log(P_{r1} \text{ 或 } J) = 10\log P_j + 10\log G_{ja} + 10\log G_r - \alpha_{Rx} \qquad (1.53)$$

由双向距离方程可以得到表达式如下:

$$10\log(P_{r2} \text{ 或 } S) = 10\log P_t + 10\log G_t + 10\log G_r + G_\sigma - \alpha_{Tx} - \alpha_{Rx} \quad (1.54)$$

$$10\log(J/S) = 10\log P_j + 10\log G_{ja} - 10\log P_t - 10\log G_t - G_\sigma + \alpha_{Tx} \quad (1.55)$$

注:为了避免在这些计算中包含额外项,总是将任何传输线损失与天线增益结合起来。$-G_\sigma$ 的 $20\log f_1$ 项消去了 α_1 的 $20\log f_1$ 项(表 1.8)。

表 1.8　目标增益因子和单向自由空间损失

目标增益系数 $G_\alpha = 10\log\sigma + 20\log f_1 + K_2 \text{(dB)}$				单向自由空间损失 $\alpha_{Tx\text{或}Rx} = 20\log f_1 R_{Tx\text{或}Rx} + K_1 \text{(dB)}$			
K_2 /dB	RCS (σ)	f_1 /MHz	f_1 /GHz	K_1 /dB	Range	f_1/ MHz	f_1/ GHz
单位	$K_2=$	$K_2=$		单位	$K_1=$	$K_1=$	
					NM	37.8	97.8
	m²	−38.54	21.46		km	32.45	92.45
	ft²	−48.86	11.14		m	−27.55	32.45
					yd	−28.33	31.67
					ft	−37.87	22.13

1.20 标准干信比计算示例(单基地恒功率干扰)

假设一个 5 GHz 的雷达的 70 dBm 信号通过一个 5 dB 损耗的传输线馈给一个 45 dB 增益的天线。一架飞机正在离雷达 31 km 的地方飞行,机尾的 EW 天线有 1 dB 增益,EW 接收机有一个 5 dB 的传输线损失。如果收到的信号超过 35 dBm,飞机上的干扰器则提供 30 dBm 饱和输出。干扰器馈接一条 10 dB 损耗的传输线,该传输线连接到具有 5 dB 增益的天线上。如果飞机的 RCS 是 9 m²,问跟踪雷达接收到的 J/S 是多少?

1.21　毫米波雷达方程

雷达的发射信号和回波信号在雷达方程有了详细的描述。为了提高通道模型的准确性,通常会包括额外的因子来解释损失,如第 1.11.5 节中所讨论的大气吸收,作为距离依赖因子。因此,修正后的雷达方程为

$$S = \frac{P_0 \eta G_\mathrm{t}}{4\pi R^2} \times \frac{\sigma_\mathrm{c}}{4\pi R^2} A_\mathrm{e} = \gamma_1 \gamma_2 \frac{P_0 \eta}{R^4} \tag{1.56}$$

式中,P_0 为雷达发射功率;R 为目标距离,即到目标的距离;G_t 和 A_e 分别为天线增益和有效面积;而 σ_c 为目标的雷达截面积(RCS)。参数 γ_1 和 γ_2 为

$$\begin{cases} \gamma_1 = \dfrac{G_\mathrm{t} A_\mathrm{e}}{4\pi} = G_\mathrm{t}^2 \left(\dfrac{c}{4\pi f} \right)^2 \\ \gamma_2 = \dfrac{\sigma_\mathrm{c}}{4\pi} \end{cases} \tag{1.57}$$

其中,f 为工作频率。图 1.84 中说明了影响雷达信号的参数,这是用于典型汽车场景中的毫米波雷达。关于雷达方程的进一步讨论,请参阅参考文献[38]。此外,毫米波是电磁波,通常定义为频率范围在 30～300 GHz。微波波段刚好低于毫米波波段,通常被定义为覆盖 3～30 GHz 的范围。太赫兹波段刚好在毫米波波段之上,通常被定义为覆盖 300 GHz 到 3 THz 以上的范围。电磁辐射的波长由等效波

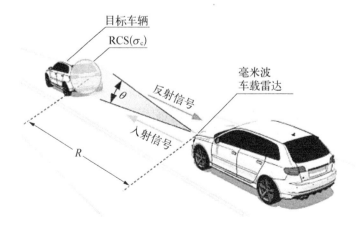

图 1.84　在典型的汽车场景中影响返回信号强度因素的示意图[38]

长计算得到,其中,$c=3\times10^8$ m/s,f 为频率(Hz)。因此,毫米波频段对应的波长范围为 1~10 mm(300~30 GHz)。

毫米波对人员爆炸物探测很有效,因为它很容易穿过普通的衣物材料,从身体和任何隐藏的物品上反射出来。这些反射波前可以通过成像系统聚焦,从而揭示隐藏物体的大小、形状和方向。衍射通常将分辨率限制为 $\lambda/2$ 或更大的光斑尺寸,所以在毫米波波长下很容易获得分辨率小于 10 mm 的光斑尺寸。

大多数物质在反射或发射毫米波时,光谱(频率)几乎没有变化。这意味着毫米波成像系统不能准确地识别爆炸物等特定材料。然而,它们可以形成高分辨率的图像,从而揭示预期的图像差异,确定隐藏物品的形状和位置,这使得高性能和多功能隐藏武器探测成像系统的发展成为可能。

毫米波可用于主动和被动成像系统。主动成像系统主要对人/场景的反射率成像,包括物体的形状和方向的影响。被动式系统测量来自场景的热(黑体)发射,其中包括由场景中的物体[39]反射的环境热发射。

为了使主动和被动人员筛查系统都有效,大多数服装都必须是相对透明的,这样才能检测到隐藏的物品。织物可以看作一层薄薄的介电材料。大多数材料的厚度将远远小于整个毫米波波段的波长。此外,大多数材料在毫米波波段有相对较低的衰减损失。薄(厚度)和低损耗的结合意味着织物只会对毫米波信号造成轻微的吸收和反射损失。Bjarnason 等[40]发表了一些织物衰减测量的文章,覆盖毫米波、太赫兹和红外(IR)频段。这些结论证实了在 300 GHz 以下的频率范围内大多数材料的相对透明度。

与大多数织物相比,人体被认为是良导体,能够强烈地反射和吸收毫米波范围内的波。隐藏对象一般可分为形状和介电性质未知的介质。金属可以被认为是高导电介质的一种极限情况。电介质物体,包括金属、人体和隐藏物体,都会在每个空气-电介质或介质-电介质界面[41]处产生菲涅尔反射。此外,这些反射会被表面的形状、纹理和方向改变。这种复杂性使得直接测量隐藏物体的介电特性变得困难。然而,它确实在反射率上产生了显著的变化,这在主动成像系统中有显著的对比。

被动式系统利用所有发热物体(高于绝对零度)发出的自然热辐射。对于接近室温的物体或人,这些发射光谱的峰值在波长 10 μm 附近,在光谱[42]的长波红外区。红外成像相机通常在这个波长附近工作,或者在更短的波长,更接近可见光。对于较长的波长,例如毫米波波段,这种辐射强度较低,但仍然存在,可用于形成被动毫米波成像系统。这些系统类似于红外成像相机系统,但利用了毫米波的独特特性,包括有效穿透衣物探测隐藏的物体。

无源系统形成毫米波辐射的图像,该毫米波辐射能量来自目标或场景辐射以及其他地方被目标或场景的反射;这种发射随温度直接增加;因此,成像系统经常显示校准到有效温标的成像结果,对比度以温差表示。在图像中噪声也被表征为一种有效的噪声温差。

由于所处环境的不同,从隐藏物体辐射毫米波有些复杂。图像中的目标,包括人体和任何隐藏的物体,根据它们的温度和辐射率辐射毫米波。辐射率高的物体在接近黑体极限的位置辐射,而辐射率低的物体按比例辐射较少。金属和其他好的反射器有低辐射率,而好的吸收器有相对高的辐射率。人体具有中等的辐射率和反射率,因此在主动和被动系统中都很容易被看到。即使图像中不同部分的温度都接近于相同的值,这些目标/场景发射率的差异依然可以提供图像的对比度。

具有中等到高反射率的被动图像中的物体通常包含来自背景的热辐射和反射辐射的信号。在室外,天空代表了一个相对寒冷的背景,而室内的背景是相对温暖的。这些因素可以显著降低被动成像中的热对比度,特别是对于内部运行的系统。被动系统依赖于图像中有效的温度对比,而这种对比会随着系统所处的环境而改变,主动系统主要测量反射率,不受环境的显著影响。

大气中毫米波的衰减特性是很重要的,尤其是在特定波段。电磁波能有效地穿过大气层,而大部分光谱(包括微波、毫米波、红外和光波的许多部分)不会有重大损失。然而,在毫米波波段的几个窄频带内,还会发生水蒸气或其他大气成分显著吸收辐射的现象,因此在太赫兹波段的大部分频段内这个问题也显得尤为重要。

参考文献

[1] Translation Bureau (2013). "Radar definition". Public Works and Government Services Canada. Retrieved 8 November 2013.

[2] McGraw-Hill dictionary of scientific and technical terms/Daniel N. Lapedes, editor in chief. Lapedes, Daniel N. New York; Montreal: McGraw-Hill, 1976. [xv], 1634, A26 p.

[3] Nees, Michael A. (September 2016). "Acceptance of Self-driving Cars: An Examination of Idealized versus Realistic Portrayals with a Self-driving Car Acceptance Scale". Proceedings of the Human Factors and Ergonomics Society Annual Meeting. 60(1): 1449 - 1453. doi: https://doi.org/10.1177/1541931213601332. ISSN 1541 - 9312.

[4] Fakhrul Razi Ahmad, Zakuan; et al. (2018). "Performance Assessment of an Integrated Radar Architecture for Multi-Types Frontal Object Detection for Autonomous Vehicle". 2018 IEEE International Conference on Automatic Control and Intelligent Systems (I2CACIS). Retrieved9 January 2019.

[5] LIDAR — Light Detection and Ranging — is a remote sensing method used to examine the surface of the Earth. NOAA. Archived from the original on May 30, 2013. Retrieved June 4, 2013.

[6] Oxford English Dictionary. 2013. p. Entry for "lidar".

[7] James Ring, "The Laser in Astronomy." pp. 672 - 73, New Scientist June 20, 1963.

［8］Carter, Jamie; Keil Schmid; Kirk Waters; Lindy Betzhold; Brian Hadley; Rebecca Mataosky;Jennifer Halleran (2012). "Lidar 101: An Introduction to Lidar Technology, Data, and Applications." (NOAA) Coastal Services Center (PDF). Coast.noaaa.gov. p. 14. Retrieved 2017 - 02 - 11.

［9］Kostenko, A. A., A. I. Nosich, and I. A. Tishchenko, "Radar Prehistory, Soviet Side," Proc. Of IEEE APS International Symposium 2001, vol. 4. p. 44, 2003.

［10］Christian Huelsmeyer, the inventor. radarworld.org.

［11］Patent DE165546; Verfahren, um metallische Gegenstände mittels elektrischer Wellen einem Beobachter zu melden.

［12］Verfahren zur Bestimmung der Entfernung von metallischen Gegenständen (Schiffen o. dgl.),deren Gegenwart durch das Verfahren nach Patent 16556 festgestellt weird.

［13］GB 13170 Telemobiloscope.

［14］"gdr_zeichnungpatent.jpg". Retrieved 24 February 2015.

［15］"Making waves: Robert Watson-Watt, the pioneer of radar". BBC. 16 February 2017. Hyland, L.A, A. H. Taylor, and L. C. Young; "System for detecting objects by radio," U.S. Patent No. 1981884, granted 27 Nov. 1934.

［16］Howeth, Linwood S.; "Radar," Ch. XXXVIII in History of Communications-Electronics in the United States Navy, 1963; Radar.

［17］Watson, Raymond C., Jr. (25 November 2009). Radar Origins Worldwide: History of Its Evolution in 13 Nations Through World War II. Trafford Publishing. ISBN 978 - 1 - 4269 - 2111 - 7.

［18］Mark A. Richards, Fundamentals of Radar Signal Processing, The McGraw-Hill Companies, Inc. 2005.

［19］Bonnier Corporation (December 1941). Popular Science. Bonnier Corporation. p.56.

［20］ICAO: Global Air Navigation Plan for CNS/ATM Systems, Second Edition — 2002, Chapter 7 Surveillance Systems.

［21］ICAO: Annex 10-Aeronautical Communications, Volume I, Chapter 3, Item 3.2.3: The precision approach radar element (PAR), page 3 - 25 (PDF-page 33).

［22］ICAO: Annex 6-Operation of Aircraft, Part I, Chapter 1, Definitions, page 1 - 1 (PDF-page 25).

［23］ICAO: NON-PRECISION INSTRUMENT APPROACH, in Advisory Circular for Air Oper? ators, November 2012, AC No: 008A - CDFA, page 3.

［24］http://www.radartutorial.eu/06.antennas/Feeding%20Systems.en.html.

［25］http://www.radartutorial.eu/06.antennas/Angle%20of%20the%20Irradiation.en.html.

［26］Radar Modulator. radartutorial.eu; http://www.radartutorial.eu//08.transmitters/Radar%20Modulator.en.html.

［27］http://www.radartutorial.eu/11.coherent/co07.en.html.

［28］http://www.radartutorial.eu//08.transmitters/Crossed-Field%20Amplifier%20%28Amplitron%29.en.html.

［29］"Fully Coherent Radar". radartutorial.eu: .http://www.radartutorial.eu//08.transmitters/

Fully％20Coherent％20Radar.en.html.

[30] http：//www.radartutorial.eu/08.transmitters/Traveling％20Wave％20Tube.en.html.

[31] http：//www.radartutorial.eu/01.basics/Time-dependences％20in％20Radar.en.html.

[32] http：//www.radartutorial.eu/01.basics/Doppler％20Dilemma.en.html.

[33] http：//www.radartutorial.eu/19.kartei/13.labs/karte007.en.html.

[34] Blake, L. V., "Radar Range Performance Analysis", Artech House, Norwood, MA, 1986.

[35] Reference Data for Engineers: Radio, Electronics, Computer, and Communications, Ninth Edition, Wendy M. Middleton, Editor-in-Chief, Ninth Edition, Newnes Publishing Company, Boston USA, Chapter 36, written by Merrill I. Skolnik.

[36] Alan Bole, Alan Wall and Andy Norris, "Radar and ARPA Manual, Radar, AIS and Target Tracking for Marine Radar Users" Third Edition, Published by Elsevier, Butterworth? Heinemann is an imprint of Elsevier, New York, NY, 2008.

[37] Electronic Warfare and Radar System, Engineering handbook 4th Edition, Naval Air Warfare Center Weapons Division, Point Mugu, California Approved for public release, October 2003 published by Avionics Department, US Navy.

[38] Rama Chellappa and Sergios Theodoridis, Academic Press Library in Signal Processing, Volume 7) 1st edition, Published by Academic Press; 1 edition (December 15, 2017), New Your New York.

[39] Jehuda Yinon, "Counterterrorist Detection Techniques of Explosives" 1st Edition, Published by Elsevier Science 3rd July 2007.

[40] J. E. Bjarnason, T. L. J. Chan, A. W. M. Lee, M. A. Celis, and E. R. Brown, "Millimeter-wave, terahertz, and mid-infrared transmission through common clothing," Applied Physics Letters, vol. 85, pp. 519, 2004.

[41] J. A. Kong, Electromagnetic Wave Theory. New York: John Wiley and Sons, 1986.

[42] R. W. Boyd, Radiometry and the Detection of Optical Radiation. New York: John Wiley and Sons, 1983.

第 2 章
电子对抗与电子反对抗

电子战的主要目的是阻止敌方对电磁频谱的利用,并确保己方对电磁频谱的使用权。如果可能的话,获取电磁频谱的主动权是战场上首要的任务。自从最早对无线电通信干扰以来,到目前电子战已经发展出防御敌方电子干扰的反对抗技术。电子对抗(ECM)与电子反对抗(ECCM)的斗争推动了电子战的变革,今天我们将讨论电子反对抗如何发展并改变现代战争的内涵。

2.1 引言

电子战(EW)是指在分析接收到的电磁(EM)信号基础上,阻止敌方使用电磁频谱(EMS)或收集敌方相关情报的作战行动。在陆海空战场上,电子战都能以部队、通信电台、雷达和其他军民用目标为作战对象,利用电磁频谱进行攻击和支援。

在电子战技术中,我们急需发展一些高性能的测量工具,以实现对现代战场的复杂电磁环境进行精确测量和再现。例如,实时频谱分析仪(RTSA)可用来获取、显示战场的威胁信号,并可触发对威胁电磁信号的响应。

值得注意的是,频谱分析仪主要用来测量信号的功率谱,并可获得在量程范围内输入信号振幅与频率之间的关系[1]。

此外,电子战的核心是信号情报(SIGINT),而信号情报是现代情报机构完成日常行动和战略规划决策的重要依据。

在本章中,我们将讨论信号情报如何起作用,特别是在电子战中信号情报的重要性如何体现。

为提升欺骗式电子干扰的效果,使用数字射频存储器(DRFM)可精确复制和再现雷达信号,通过这种方式产生的干扰信号可以被雷达接收机完全相干处理,也就是说它可以被处理成与真实目标相似的信号,导致雷达系统难以区分真假目标,如图 2.1 所示。目前又提出了各种主动式的电子干扰方法,如距离假目标(RFT)

是由数字射频存储器干扰机发射类似于目标回波的信号,但该信号与目标回波距离不同(存在负或正的距离偏移);距离-速度波门拖引技术(R‐VGS)用于干扰在跟踪模式下的雷达,通过误导雷达使其对目标航迹丢批。

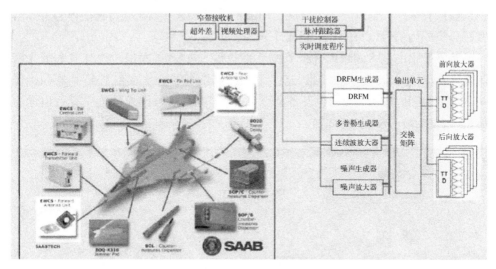

图 2.1　数字射频存储器的组成框图

因此,雷达跟踪器的距离或速度波门必须从目标回波中提取。面对 RFT 和 R‐VGS 等新的干扰威胁,为了保证雷达在干扰条件下依然能够保持良好的性能,必须采取有效的电子反对抗方法。

2.2　信号情报的含义

信号情报指在截获的信号中获取到的情报,它分为三种类型:

(1) 通信情报(COMINT),侦收于通信信号;

(2) 电子情报(ELINT),侦收于一般性非通信的电子信号;

(3) 外国仪器设备信号情报(FISINT),侦收于外国武器系统测试和使用时产生的信号[2]。

根据目标信号的不同类型,信号情报可以由多种方式获取。美国国家安全局(NSA)首先收集原始信号,然后由翻译员、密码学家、分析师和其他技术专家将原始数据转换为全源分析师可以使用的信号类型。

当国家安全部门通过收集、处理和分析得到信号情报后,相应的信号情报将会被传递给情报机构的分析员,用于和其他来源的信息进行补充,从而产生最终的情报。

　　由于当前信号种类和数量繁多,需要做大量的工作来分析所有的信号情报,因此情报的时效性受到很大影响。

　　信号情报的起源可以追溯到第一次世界大战,英军通过拦截德国的无线电通信以获取有关作战计划。于是发展出用加密手段来隐藏无线电传输的内容,因此,密码分析成为信号情报的一个组成部分。

　　信号情报的技术领域也得到了长足的发展。如今,美军通过全球鹰和捕食者等无人机(UAV)收集信号情报,这些无人机都配备了强大的红外传感器和摄像头、光学探测和测距(LIDAR)设备及合成孔径雷达,获取作战环境中有价值的原始情报,供后续分析(见图 2.2)。

　　图 2.2　美国空军全球鹰无人机　　　　　图 2.3　EA‑18G 电子战飞机

　　无人机具有飞行速度慢、飞行高度低的缺点,这使得它们更容易受到防空武器的攻击。EA‑18G 的出现解决了上述问题,如图 2.3 所示。

　　EA‑18G 是 F/A‑18F 的升级版,它已经从一架纯战斗飞机改造为先进的超音速平台。飞行速度和高度都比无人机有显著优势,其配备的传感器可以探测敌方雷达甚至手机信号。

　　信号情报是最有用的信息来源之一,可以为决策者提供全新的视角。

　　总之,电子战一词适用于所有涉及使用电磁频谱的军事行动,通常包括雷达干扰、通信干扰和反电子侦察,以及针对这些技术的对抗措施,还包括通过技术手段来防御激光武器和定向能武器的攻击。电子战的目标是最大限度地提高我方使用电磁频谱的能力,同时扰乱和削弱敌人相应的能力。

　　与信号情报一样,电子战可分为三种类型。

　　(1)电子攻击(EA),指直接使用定向能武器攻击敌人;

　　(2)电子防护(EP),即防御性措施,例如战斗机内置的电子战自我保护(EWSP)装置;

　　(3)电子战支援(EWS),指定位和识别电磁辐射源的行动。

在上述电子战支援的概念中,我们看到了电子战和信号情报存在一定重叠,因为用于电子战支援的系统和设备同时可以收集情报。虽然电子战支援更关注作战环境中的直接威胁,但其获得的大部分数据可用于增强原始信号和辅助信号情报决策。

电子战支援可以分析电磁信号的来源、产生该信号的设备类型以及频率、调制信息等相关数据。例如,电子战支援人员检测到来自战场上的未知雷达信号,通过分析确定该雷达类型,并与已知使用这种雷达的国家以及通常配属的车辆、船舶、飞机等进行比较,最终确定该雷达辐射源的性质,并预测该未知雷达的用途。

目前军事、航空航天工业进入快速发展时期,电子战将成为国防投资和研发的重要领域。随着技术的进步,信号情报的价值将不断提升(图 2.4)[3]。

图 2.4　电子战整体性的抽象描述

此外,如图 2.5 所示,电子战已经发展出了电子战支援、电子对抗和电子反对抗等多个方面,并且电子战在隐身技术的发展中发挥着重要作用。

图 2.5　电子战顶层视图

图 2.6 是根据图 2.5 从电子战角度绘制的雷达所处电磁环境。请注意,虽然这是一个概括描述性的战场环境,但这是一个非常常见的电子战场景。

由于电子战不是利用"电子"进行作战的,所以它并不是严格意义上的"电子"战,而是在整个电磁频谱范围内的电磁战,上述概念在本书第 1 章已经有所阐述,电磁频谱如图 2.7 所示。

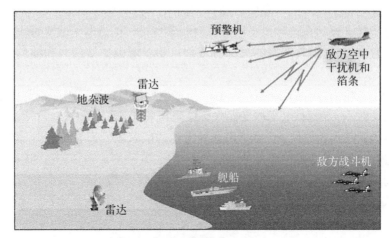

图 2.6　雷达电磁环境

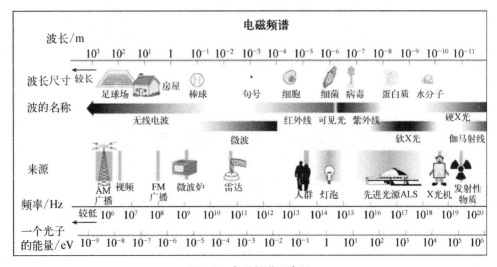

图 2.7　电磁频谱示意图

　　电子战利用敌方在电磁频谱范围内的所有电磁辐射,以获悉敌方的作战流程、意图和能力。其目的是在确保己方有效使用电磁频谱的同时,干扰和破坏敌方通信和武器系统的正常使用。

2.3　电子战支援

　　在军事电子通信领域中,电子支援或电子战支援(图 2.8)描述了电子战之间内涵上的差异。电子支援指探测、拦截、识别、定位、记录电磁信号而采取的作战行动[4],

通过分析电磁信号以识别高等级的实时威胁(例如已锁定战车、舰船或飞机的火控雷达信号)或获取敌方长期作战计划。因此,电子支援涉及电子防护、电子进攻、规避、瞄准和其他战术行动,为指挥员决策提供了所需的信息来源。电子支援数据可生成信号情报、通信情报和电子情报等[5]。

图 2.8　一种典型的军用电子支援探测系统

通过电子战支援所获取的电磁辐射源信息可用作军事行动的重要情报,所以电子战支援也是电子对抗和电子反对抗的重要电子信息来源。一般而言,电子战支援通过电子情报、通信情报等融合成电子战信息。

综上,电子战支援涉及探测、拦截、识别、定位、记录和分析电磁辐射源的行动,在电子战中实现实时的威胁识别。为了在复杂和极端的环境下正常工作,电子支援系统都是针对军事需求专门设计和制造的。

通过被动"监听"电磁辐射收集情报是电子支援系统的基本功能[4]。电子支援可提供的信息有

(1)外国武器系统的基本信息;

(2)外国武器系统技术参数和操作使用数据库;

(3)外国武器系统的作战运用信息。

由于直接接收到雷达发射信号比目标反射回波的功率大很多,因此电子支援侦察平台可以在保持电磁静默情况下检测和分析雷达探测范围以外的雷达信号[5]。美国机载电子支援接收机为 AN/ALR 系列,该系列是一种海事巡逻电子支援系统(如美国海军 P-3 侦察机),通过检测、识别和定位敌方雷达信号使机组人员能够有效地应对威胁,提升飞机的生存能力,如图 2.9 所示。

ALR-97(V)海上巡逻机电子战支援系统应用于以下方面:

(1)领海监测。

(2)主权巡逻。

(3)远程监视。

图 2.9　美国海军 P‑3C 侦察机

（4）监测经济禁区：

① 防止非法移民和人口贩运；

② 防止走私；

③ 环境资源保护；

④ 渔业执法。

注：洛克希德 P‑3 是一种四引擎涡轮螺旋桨反潜海上侦察机，为美国海军在 20 世纪 60 年代研发。

理想情况下的电子侦察和监视设备具有以下特性：

（1）宽频谱范围，因为辐射源频率未知；

（2）宽动态范围，因为辐射源信号强度未知；

（3）窄通带，能够将感兴趣的信号与相近频率上的其他电磁辐射区分开来；

（4）精确的方位角测量能力，以定位辐射源[5]。

当侦收电磁信号的频率范围从 30 MHz 到 50 GHz 变化时[5]，通常需要多个接收机来覆盖整个频段[5]，但战术接收机可以在较小频率范围内接收特定强度信号。

2.4　电子对抗

在第 1.14 节，我们已经简要说明了电子对抗的基本概念，在本节中，将对电子对抗做更深入的了解。

电子对抗是为了干扰和破坏敌方有效使用如图 2.7 所示的电磁频谱而采取的行动。

电子战的第二个主要分支是电子对抗，在这三个分支中，它可能是最著名的。这在一定程度上是因为电子对抗往往被视为"黑箱"，这显示了电子战的一种直观的实现方式。通常情况下，如果一个人理解了黑箱，那么他就理解了电子对抗，但这种观点非常狭隘，因为它忽略了电子对抗的两种具体类型：干扰和欺骗(图 2.10)。

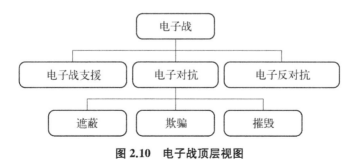

图 2.10　电子战顶层视图

因此，本节将尝试通过一个更为通用的方法来制定一个框架，使黑箱在其中发挥作用。

一般来说，电子对抗的目标是传感器和通信系统，但传感器往往受到更多的关注。主要原因有

(1) 传感器比通信系统更具有直接的威胁。

(2) 传感器只针对敌方目标。

本节重点讨论针对传感器系统的电子对抗。但也有观点认为现代海军严重依赖各种数据链等通信系统，特别是这些数据链是整个指挥和控制的关键，因此也有必要将电子对抗作用于通信系统。

从战略角度来看，利用电子对抗手段对付敌方通信系统是值得商榷的，因为这样做的话，就失去了通过窃听获得有价值信息的机会。然而从战术上讲，干扰敌方的通信系统使其作战行动失败是非常有效的手段。1973 年中东战争期间，埃及人成功地干扰了以色列的 UHF/VHF 无线电信号，这导致以色列的空对地通信完全中断，从而显著降低了他们近距离空中支援能力。

电子对抗所攻击的典型传感器包括远程无源探测器、雷达警戒船、预警机(AWACS)、远程预警雷达装置、地面控制拦截雷达装置、战斗机拦截雷达、雷达或红外制导导弹、无线电和雷达导航设备、电子引爆设备、电子识别设备(如敌我识别(IFF))(图 2.11)、地形跟踪雷达、高炮(AAA)、火控雷达、地对空导弹(SAM)控制雷达等。具体的使用方法取决于战术情况。

注：在第二次世界大战期间，为了解决友军误伤问题，随着雷达的出现发展出敌我识别系统。敌我识别系统是一种基于雷达的军民通用系统，通常用于指挥和控制。敌我识别系统使用一个应答器来监听询问信号，然后发送一个可识别的应答信号。通过应答信号，空中交通管制系统能够识别飞机、车辆或部队的身份，并能确定其方位和距离。

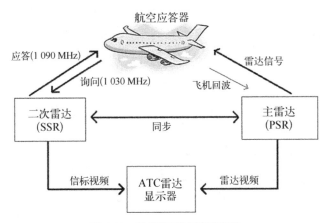

图 2.11 敌我识别系统示意图

图 2.11 给出了空中交通管制（ATC）雷达与其他雷达之间的一个整体上的信息交互及补充关系。具有空管塔（ACT）的空中交通管制中心（图 2.12）的工作方式是，该雷达的地面站由两个雷达系统及其相关的支持组件组成。

空中交通管制雷达的典型天线如图 2.13 所示，应答器在被二次雷达询问时发射信号。在应答器系统中信号强度与目标距离的平方成反比衰减，而不是主雷达中与距离的四次方成反比。

图 2.12 典型空管塔（来源：www. wikipedia.com）

图 2.13 典型空中交通管制雷达信标 ASR‑9 （来源：www.wikipedia.com）

空中交通管制雷达信标系统（ATCRBS，图 2.14）是一种用于空中交通管制的系统，用于加强雷达的监视能力和空中交通管理。它由旋转的地面天线和飞机上的应答器组成。地面天线发出一束窄的垂直波束，当波束扫描到一架飞机时，应答器发出信号,并给出高度和应答码等信息,该信息是分配给每架进入特定区域飞机的四位数代码。随后有关这架飞机的信息被输入系统,在查询时显示在空中管制员的屏幕上。

ATCRBS 获取被监视飞机的信息并将该信息提供给雷达控制人员,协助空中交通管制监视雷达。操作员可以利用这些信息识别来自飞机(称为目标)的雷达回波,并将这些回波与地杂波区分开来。

图 2.14 典型的空中交通管制雷达信标系统
(来源:www.wikipedia.com)

综上所述,将电子对抗做如下总结。电子对抗的基本目的是干扰空中/地面防御系统的传感器,并通过这些传感器影响武器系统的正常工作。简单来说,电子对抗试图增大防御系统所面临威胁的不确定性,威胁的不确定性越大,电子对抗就越有效。换句话说,电子对抗的目标是减少防守方通过其传感器接收到信号的信息含量。

因此,电子对抗的目的是迫使空中/地面防御系统出现错误。图 2.15 形象化地展示电子战系统整体作战示意图。

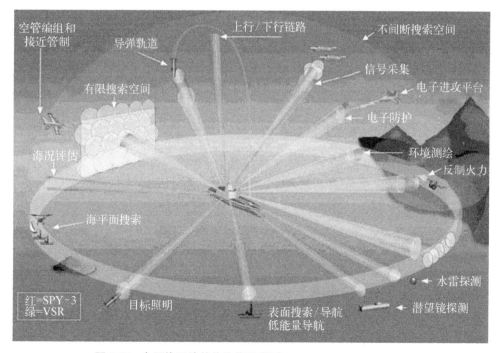

图 2.15 电子战系统整体作战示意图(来源:www.wikipedia.com)

应记住,战场上的快速反应能力是影响生存的关键要素,所以电子对抗不必要完全使防御系统失效,只要能延迟对目标轨迹的确定,造成一时混乱,或者迫使决策者拖延几秒钟,以确保武器穿透敌方的防御系统。

如果要干扰敌方的空中/地面防御雷达,该采取什么样的电子对抗方法呢?

(1) 发射有源信号干扰雷达。

(2) 改变飞机/船舶和雷达之间介质的电特性。

(3) 改变飞机或船舶本身的反射特性。

一般来说,电子对抗有四种基本方法,如图 2.16 所示。

(1) 干扰;

(2) 欺骗;

(3) 操控;

(4) 模仿。

以上四种方法在框图中都进行了定义,并且可以通过多种方式实现。

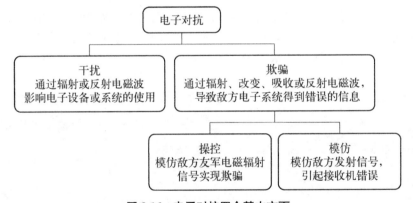

图 2.16　电子对抗四个基本方面

根据技术将电子对抗分为三种类别,如表 2.1 所示。

表 2.1　按技术划分的电子对抗方法

1	瞄准式假目标阻塞干扰有源辐射源
	反跟踪
	扫频
2	中型箔条走廊和随机箔条
	箔条播撒
	平台模拟

续　表

3	反射率调整 RAW(雷达吸波材料)
	反射增强器
	角反射器

除了上面提到的包括欺骗在内的四个方面之外,还有如图 2.17 所示的其他三个方面。

（5）遮蔽;

（6）欺骗;

（7）摧毁。

图 2.17　电子对抗的其他基本方面

图 2.18 为遮蔽电子干扰分类图,并给出了遮蔽干扰的一些概念。

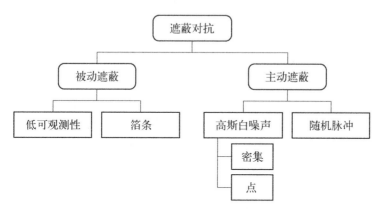

图 2.18　电子对抗遮蔽干扰分类图

图 2.18 中灰色所示为箔条,其特性如下:

（1）大量共振偶极子(金属或金属涂层):① 高反射率;② 最佳长度为雷达波长的 1/2;③ 随风水平移动。

（2）箔条的使用:① 掩蔽,大量箔条云可以产生类似于雨的散射杂波,用来掩护飞机或导弹。② 欺骗,成列播散的小包箔条可以模仿导弹或飞机运动,造成雷达的跟踪错误。

箔条的折射率和密度可分为

(1) 共振偶极子(金属)。

$\sigma = 0.86\lambda^2$(单位：m^2)(每个偶极子的最大横截面)；

λ 为波长(m)。

(2) 方向随机的大量偶极子。

$\sigma = 0.18\lambda^2$(单位：m^2)(每个偶极子的平均横截面)。

(3) 铝箔偶极子(0.001 in[①] 厚,0.01 in 宽,$\lambda/2$ 长)。

$\sigma = 3\,000\,W/f$(单位：m^2)。

W 为重量(lb)[②]。

f 为频率(GHz)。

(4) 在 S 波段,400 lb 大约生成 400 000 m^2 或 56 dBsm。

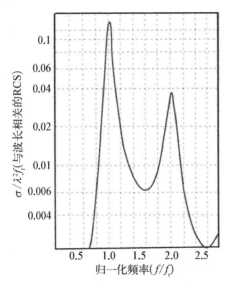

图 2.19　谐振箔条的频率响应

f_r 为箔条谐振频率

箔条属性如下：

(1) 带宽为中心频率的 10%～15%。

(2) 宽带箔条达 1～10 GHz。

$\sigma = 60\ m^2/lb$。

多长度封装的单包偶极子。

(3) 箔条下降速度 0.5～3 m/s。

尼龙(加涂层)约为 0.6 m/s。

铝约为 1.0 m/s。

铜约为 3.0 m/s。

谐振箔条的频率响应如图 2.19 所示。

箔条在电子对抗领域应用非常广泛。为了满足对抗弹道导弹的需要,最大限度地发挥箔条效能,对箔条云的雷达散射截面(RCS)特性进行建模尤为重要。

此外,箔条由播撒到大气中的大量微波反射材料组成,是对抗雷达传感器的无源电子对抗装置。大多数箔条由金属条或金属线组成,称为箔条偶极子,散布在空间中以产生理想类型的雷达回波,可用来伪装进攻的诱饵。在诱饵中,箔条散布在像坦克或飞机等目标附近,当目标移动时,导弹将锁定在箔条云回波上。将箔条抛撒在大的云层中的弹丸或弹药筒被固定在选定的位置,以便在导弹导引头的视野和射程内提供强大的雷达回波。

此外,多波段箔条包的雷达散射截面如图 2.20 所示。

---

① 1 英寸(in)=2.54 厘米(cm)。

② 1 磅(lb)=0.45 千克(kg)。

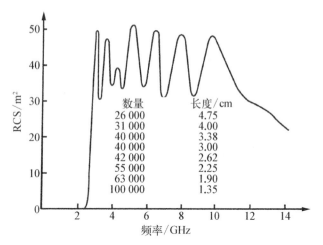

图 2.20 多波段箔条包的 RCS

然而,要想在战术情况下有效地使用箔条来保护飞机,就需要了解小而密集的偶极子云的雷达散射特性。在极端情况下,从飞行器喷射到大气中后,会形成每立方波长数千个偶极子的密度。片刻之后,将降低到每立方波长 100 个偶极子量级的低密度。

与众所周知的"隐身"技术相比,电子战受到越来越多的重视,全面了解电子战相关技术有助于提高战场上的生存率。箔条云通过从军用设备上抛洒数千个小的偶极子,产生虚假的雷达信号,从而使敌人难以正确识别目标,是一种有效的电子战手段。

2.5 电子反对抗

在过去的几十年中,许多电子反对抗技术被描述用来应对有源欺骗干扰。在此,首先根据电子对抗的威胁程度将电子反对抗技术分为两类:一类是用于对抗距离假目标(RFT)的技术;另一类是对抗距离-速度波门欺骗(R-VGS)干扰的技术。其次从不同角度分析比较这些方案的技术优缺点。

1. 对抗距离假目标的技术

脉冲分集技术主要用于合成孔径雷达(SAR),常用来抑制距离假目标干扰[6]。Alamouti 首次在无线通信中使用了应答式干扰,其特点是至少滞后于雷达的一个脉冲并受正交脉冲块影响[7],Akhtar 提出了通过在慢时间域中设置正交脉冲块的设计来应对距离假目标的方案[8-10]。在慢时间域中,假设过程是平稳的(接收信号位置没有显著变化),称为相干处理间隔(CPI)。因此,可以在匹配滤波器的输出中抑制干扰信号。这需要对多个脉冲进行累加以分离假目标。然而，它也可以基于由两个脉冲组成的脉冲组传输，以降低多个脉冲的累加。值得一提的是，大多数脉冲分集方法都假设脉冲块是四个脉冲。

注意，对于相干雷达，采样总时间被称为相干处理间隔。只有雷达的完美相干性才能保证每行样本的数量与时间保持一致[11]。

2. 消除 R - VGS 的技术

一般来说，雷达可以通过不同的技术来实现准确跟踪目标。但是，由于干扰机可以根据接收到的雷达信号对信息进行调制，并使其延迟一定的幅度、频率和相位，从而实现相干干扰，因此必须选择合适的干扰源。这些技术使雷达系统在不受干扰的情况下间断或连续地作用在目标上[6]。

此外，在敌方采取电子战的情况下，我方为有效利用电磁频谱而采取的行动被称为电子反对抗。事实上，雷达具有在单个脉冲内改变频率的能力，这是一种对抗定频干扰的电子反对抗技术，并迫使干扰机进入一种低效率的阻塞模式。

电子战战场是多维的，其强度因国家利益和对潜在威胁的感知而不同。事实上，电子战在维持地区和全世界的平衡，阻止武装冲突上发挥了重要作用。仅仅拥有一定数量的电子支援设备（ESM）或电子对抗设备不足以确保夺取战争的主动权。电子战技术的发展日新月异，电子战系统的更新必须始终紧跟威胁的发展。随着军事技术的不断进步，制导武器性能越来越强，这就要求电子战装备不断更新升级。

图 2.21 是洛克希德·马丁公司先进的非机载电子战（AOEW）主动任务有效载荷（AMP）系统的示意图，该系统位于 MH - 60R 上，作为电子对抗和电子反对抗的一部分，增强了美国海军探测和应对反舰导弹的能力。

图 2.21　洛克希德·马丁公司先进的非机载电子战
主动任务有效载荷系统的示意图

　　电子反对抗是一种降低电子战威胁的技术,其目的是迫使敌人降低电子战的作战效能。与电子对抗一样,电子反对抗同样包括雷达设计和操作员培训两个关键部分。雷达电子反对抗设计者必须了解雷达可能遇到的各种形式的电子对抗,因此,相应的电子对抗情报显得非常重要。同样,雷达操作员也想知道他将面对什么样的电子对抗。但在这两种情况下,详细的情报并不容易获取。因此,设计者必须提供多种选择方案来应对预期的威胁。操作员必须通过培训来识别不同的威胁,并选择合适的应对方案。对抗电子对抗的最有效措施是由训练有素的操作员操作的最新设备。电子反对抗雷达设计可分为三个方面:雷达参数管理、信号处理技术和设计理念。

　　电子反对抗另一个重要方面是设备和操作员之间的关系。训练有素的雷达操作员不能完全被自动探测和数据处理器所取代,他们在对抗环境中扮演着不可替代的角色。自动处理器只能应对预知的干扰信号,也就是说,任何应对这些干扰的措施都必须事先编程到设备中,对未知的新干扰就无能为力。另一方面,人类有能力应对各类变化的情况,并且能比机器做出更准确的判断。因此,一个熟练的操作人员自身的经验和有效的应对手段,是保证雷达正常工作最重要的抗干扰措施。

2.6　电子对抗与电子反对抗

　　通过以下两点可以反映出电子对抗和电子反对抗之间的区别:

　　(1) 干扰敌方雷达工作;

　　(2) 中断敌方通信。

　　电子对抗以飞机和舰船上的传感设备或雷达制导导弹等武器系统为目标,通过有源雷达干扰或释放箔条(飞机释放的小金属条云)以欺骗雷达接收系统,并且可以在飞机上使用雷达吸收涂层来减弱回波信号,或改变飞机的形状来偏转入射雷达波。这些被动式电子对抗称为"目标适应"技术,是隐身技术的核心组成部分。

　　另一方面,电子反对抗是一种防御电子对抗的技术并使其失去效能。电子反对抗可以追溯到第二次世界大战,当时英国人用干扰技术干扰了德国的无线电通信。为了应对这种情况,德国军方增加了无线电信号的传输功率以抑制干扰。如图 2.22 所示,C - 130 飞机装备了先进的电子反对抗设备。

　　如上所述,增加无线电传输功率是最简单的电子反对抗技术,以"烧穿"敌人的干扰。但这个例子只是展示电子反对抗基本功能,接下来让我们来探索抵御电子对抗的一些更复杂的方法。

1. 电子侦察与辐射寻的武器

　　电子侦察传感器可以识别欺骗干扰(如箔条)并消除干扰的影响。称为"反辐

图 2.22 C-130 平台电子反对抗技术实例

射导弹"(ARMs)的"辐射寻的"武器系统则更为先进,这种武器可以侦收辐射源信号并确定其方位。有些辐射寻的武器被设计成如果受到干扰使其无法击中其原始目标时,可重新定向到敌方干扰信号源。另一些则是专门设计来侦察确定敌方辐射源的位置。这几乎就像将柔道原理应用到电子战中,将敌人的电子攻击转向,如果敌人开启干扰设备,同时就暴露了自己的位置,进入被攻击的状态。

2. 跳频扩频

跳频扩频(FHSS)是一种扩频调制技术,即发射机以随机方式在较广的频谱范围内快速切换载波频率。信号频率不断在变化,这使得敌方很难准确干扰信号,而且几乎不可能预测信号下一个频率值。FHSS 通常与加密技术一起使用,以增加无线电通信的安全性。

3. 脉冲压缩

脉冲压缩是一种雷达电子反对抗技术,它包括调制雷达信号发射的脉冲,然后在接收时互相关联。针对不同的目的有不同的脉冲压缩方法,但对于电子反对抗,它是通过线性调频来实现的,也称为"啁啾"。这种技术使雷达信号的频率在载波的单个脉冲内发生改变,就像一只蚱蜢或蟋蟀的声音在一个单独的唧唧声中变化,并因此得名。这种形式的脉冲压缩具有很强的抗干扰能力,常用于有源电子扫描阵列(AESA)雷达系统中,如图 2.23 所示。

图 2.23 新型 AESA 雷达增强了 F-15 的作战能力

有源电子扫描阵列被认为是一种相

控阵系统,它由天线阵列组成,特点是不需要转动天线就可以将发射波束指向不同方向。有源电子扫描阵列主要用于雷达系统。

随着时间的推移,电子战能力变得越来越重要。随着电子对抗和电子反对抗的不断发展,战场将属于那些掌握尖端射频技术的军队。几十年来,布莱利的专家们一直在推动射频技术的发展,美国迫不及待地想检验技术的有效性,帮助军队在 21 世纪取得成功。

2.7 电子反对抗技术推动电子战提升

电子对抗与电子反对抗的竞争推动了电子战的发展。电子战不仅要保证己方使用电磁频谱,还要防止敌方使用电磁频谱。如果可能的话,首先要阻断敌方使用电磁频谱。自从尝试干扰无线电通信以来,目前已经发展出了对抗敌方电子干扰的技术。以下将讨论电子反对抗如何发展和改变现代战争的面貌。

图 2.24 展示了将电子战带入更高层次的电子对抗技术。

从雷达诞生之初,各种形式的对抗技术就用来干扰雷达的使用,这些对抗措施包括:将外来信号引入雷达接收器和处理器的有源干扰,如箔条、诱饵等被动干扰技术,测向(DF)设备、雷达告警器和电子情报接收机等侦收设备和技术,雷达寻的导弹或反辐射导弹,等等。此

图 2.24 电子反对抗技术的概念图

外,目标规避雷达的行动、机动的飞行计划也可以作为对抗雷达的措施。

对抗雷达的技术包括电子和非电子两大类,为了应对这些威胁,雷达在总体设计时就需要考虑各类反对抗的技术和措施。电子反对抗一般是指在现代战争中,用来对抗或降低敌方对我方雷达干扰效能的电子和非电子技术的总称,敌我双方的对抗基本上是以光速进行的[12]。

雷达电子对抗是一个非常广泛的课题。有几本书专门讨论雷达电子反对抗[13,14]或电子战和反对抗的结合[15-18]。

这个主题范围太大,本节中不做详细介绍。本书仅对雷达反对抗措施作概括性的描述,主要包括术语、定义和语义,而不是具体的技术和设备的细节描述。请注意一点,提升电子对抗条件下的生存能力通常被称为电子反对抗。

此外,为了便于理解电子战的概念,我们查阅了《美国野战手册 FM‑1005:作战》[19]来定义某些术语,如图 2.25 所示,这些术语主要涉及与电子战有关的雷达电

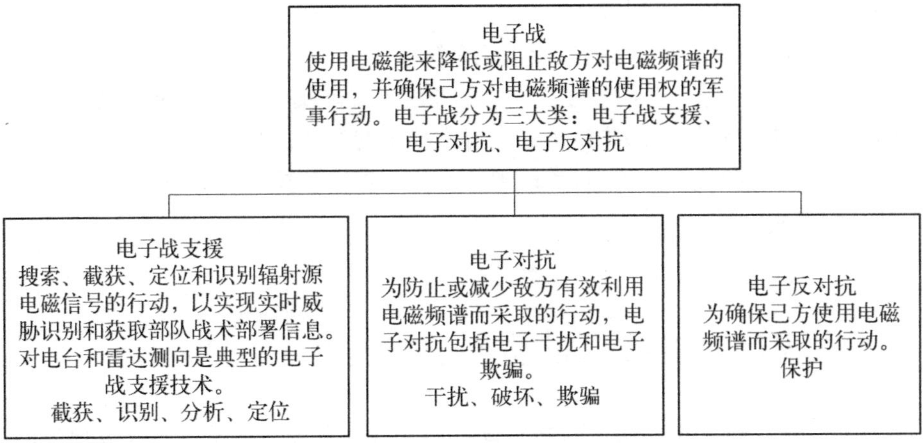

```
┌─────────────────────────────────────┐
│              电子战                   │
│  使用电磁能来降低或阻止敌方对电磁频谱的 │
│  使用，并确保己方对电磁频谱的使用权的军 │
│  事行动。电子战分为三大类：电子战支援、 │
│        电子对抗、电子反对抗            │
└─────────────────────────────────────┘
```

电子战支援 搜索、截获、定位和识别辐射源电磁信号的行动，以实现实时威胁识别和获取部队战术部署信息。对电台和雷达测向是典型的电子战支援技术。 截获、识别、分析、定位	电子对抗 为防止或减少敌方有效利用电磁频谱而采取的行动，电子对抗包括电子干扰和电子欺骗。 干扰、破坏、欺骗	电子反对抗 为确保己方使用电磁频谱而采取的行动。 保护

图 2.25　电子战定义[19]

子反对抗。

　　图 2.25 给出了美国国防部对电子战和相关分类组成的公认定义[7]。如前所述，电子战包括阻止敌方使用电磁频谱并保持我方使用电子频谱所采取的所有行动。

　　电子战的子要素包括电子战支援、无源电子窃听和定位技术、电子对抗、阻止敌方使用电磁频谱的方法和为保持我军使用电磁频谱而采取的行动。

　　对比图 2.25，当作战行动中涉及使用电磁能量与敌交战时，可以用如图 2.26 所示的发挥展示电子进攻技术。

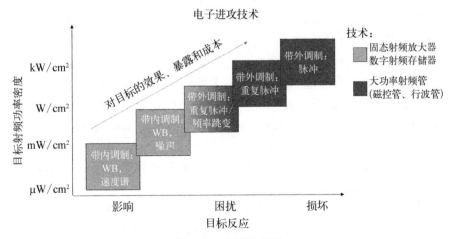

图 2.26　电子技术图

　　近年来，陆续发展了多种 ECCM 技术。表 2.2 列出了 150 多种雷达 ECCM[20]。其中许多都是参考 E.K.Ready[12] 的结论。

表 2.2 ECCM 词条[20]

Acceleration limitation 加速度限制	IF canceler MTI Dicke-fix 中频对消 MTI 宽-限-窄电路
Angle sector blanking 角度扇区消隐	
Angular resolution 角度分辨率	IF Dicke-fix CFAR (zero-crossings) 中频恒虚警宽-窄电路(过零)
Audio limiter 音频限制	
Aural detection 音频检测	Instantaneous frequency Dicke-fix 瞬时频率宽-限-窄电路
Autocorrelation signal Processing 自相关信号处理	
Automatic cancelation of extended targets (ACET) 自动取消扩展目标	Noncoherent MTI Dicke-fix 非相干 MTI 宽-限-窄电路
Automatic threshold variation (ATV) 自动阈值调节	Video Dicke-fix CFAR 视频恒虚警宽-限-窄电路
Automatic tuner (SNIFFER) 自动调谐	Diplexing 双工
Automatic video noise leveling (AVNL) 视频噪声自动调节	Doppler range rate Comparison 多普勒距离速度比较
Back-bias receiver 背偏接收器	Double threshold detection 双门限检测
Baseline-break (on A-scope) 基线中断(A 显)	Electronic implementation of baseline-break technique 电子基线中断技术
Bistatic radar 双基地雷达	
Broadband receiver 宽带接收器	Fast manual frequency shift 快速手动频移
Coded waveform modulation 波形编码调制	Fast time constant (FTC) 快时间常数
Coherent long pulse discrimination 相干长脉冲鉴别	Fine frequency 精准频率
	Frequency agility 频率捷变
Compressive IF amplifier 压缩中频放大器	Frequency diversity 频率分集
Constant false alarm rate (CFAR) 恒虚警	Frequency preselection (narrow bandwidth) 频率预选(窄带宽)
Cross-gated CFAR 交叉恒虚警	
Dispersion fix (CFAR) 色散固定	Frequency shift 频移
IF Dicke-fix CFAR (Dicke-fix) 中频恒虚警宽-限-窄电路	Gain control 增益控制
	Automatic gain control (AGC) 自动增益控制
MTI CFAR MTI 恒虚警	Dual gated AGC 双门 AGC
Unipolar video CFAR 单级视频恒虚警	Fast AGC 快速 AGC
Video Dicke-fix CFAR (Dicke-fix) 视频恒虚警宽-限-窄电路	Gated FAGC 门控 FAGC
	Instantaneous AGC 瞬时 AGC
Zero-crossing CFAR 过零恒虚警	Manual gain control 手动增益控制
Contiguous filter-limiter 相邻滤波限制器	Pulse gain control 脉冲增益控制
Cross-correlation signal processing 互相关信号处理	Sensitivity-time control 灵敏度-时间控制
	Guard-band blanker 管制频带消隐器
CW jamming canceler 连续波干扰消除	High PRF tracking 高 PRF 跟踪
Detector back-bias (DBB) 反馈偏压检波	High-resolution radar 高分辨率雷达
Dicke-fix 宽-限-窄电路	IF diversity 多中频
Clark Dicke-fix (cascaded) 克拉克宽-限-窄电路	IF limiter 中频限制器
	Image suppressor 图像抑制器
Coherent MTI Dicke-fix 相干 MTI 宽-限-窄电路	Instantaneous frequency correlator (IFC-CRAFT) 瞬时频率相关器
	Integration 积分
Craft receiver 接收机工艺	AM video delay line 视频调幅延迟线
Dicke log fix 对数宽-限-窄电路	Integration AM 调幅积累

Coherent IF integration 相干中频积累	Phased array radar 相控阵雷达
Display integration 显示积累	Polarization diversity 极化分集
FM delay line integration FM 延迟线积累	Polarization selector 极化选择器
Noncoherent（video）Integration 非相干（视频）积累	Post canceler log FTC 对消器后对数快速时间常数装置
Pulse integration 脉冲积累	PRF discrimination PRF 鉴别
Video delay-line integration 视频延迟线积累	Pulse burst mode 脉冲猝发模式
Inter-pulse coding（PPM）脉内编码	Pulse coding and correlation 脉冲编码和相关
Jamming cancelation 干扰消除	Pulse compression，stretching（CHIRP）脉冲压缩和展宽
Receiver jittered PRF 重频抖动	
Kirba Fix Kirba 修正	Pulse edge tracking 脉冲边沿跟踪
Least voltage coincidence Detector 最小电压一致性检测	Pulse interference elimination（PIE）脉冲干扰抑制
Linear intrapulse FM（CHIRP）脉间线性调频	Pulse shape discrimination 脉冲形状识别
Lin-log IF 自然对数中频	Pulse-to-pulse frequency shift 脉间频移
Lin-log receiver 自然对数接收机	Pulse width discrimination（PWD）脉冲宽度识别
Lobe-on-receive-only（LORO）隐蔽扫描	
Log fix（also，log FTC）对数修正	Pulse length discrimination（PLD）脉冲长度识别
Logarithmic receiver 对数接收器	
Logical ECCM processing 逻辑 ECCM 处理	Random-pulse blanker 随机脉冲消隐
Main lobe cancelation（MLC）主瓣对消	Random-pulse discrimination（RPD）随机脉冲识别
Monopulse MLC 单脉冲 MLC	
Polarization MLC 极化 MLC	Range angle rate memory 角速度范围记忆
Manually aided tracking 手动辅助跟踪	Range gating 距离波门
Manual rate-aided tracking 手动速率辅助跟踪	Range rate memory 距离速率记忆
	Scan-rate amplitude Modulation 扫描速率放大调制
Matched filtering 匹配滤波	
Monopulse tracker 单脉冲跟踪器	Short pulse radar 短脉冲雷达
Area MTI 区域动目标显示	Side-lobe blanker 旁瓣抑制
Cascaded feedback Canceler 级联反馈消除器	Side-lobe canceler 旁瓣对消
Clutter gating 杂波回波选通	Side-lobe reduction 旁瓣降低
Coherent MTI 相干 MTI	Side-lobe suppression（SLS）旁瓣抑制
Noncoherent MTI 非相干 MTI	Side-lobe suppression by absorbing Material 通过吸波材料抑制旁瓣
Pulse Doppler 脉冲多普勒	
Pseudo-coherent MTI 伪相干 MTI	Staggered PRF 脉冲重复频率参差
Single-delay line 单延时线	Transmitter power 发射功率
MTIC canceler MTIC 取消器	Two-pulse autocor-relation 脉冲自相关
Re-entrant data processor 再入式数据处理	Variable bandwidth receiver 可变带宽接收器
Three-pulse canceler 三脉冲对消器	Variable PRF 可变 PRF
Two-pulse canceler（single delay）两脉冲对消器（单延迟）	Variable scan rate 可变扫描率
	Velocity tracker 速度追踪器
Line MTI cancelation 线性 MTI 对消	Video correlator 视频相关器
Multifrequency radar 多频雷达	Wide-bandwidth radar 宽带雷达
Multi-visual antenna 多视天线	Zero-crossing counter 过零计数器

通过对雷达电子反对抗策略的基本考虑,提出了目前确定的技术方法。主要目标是要消除敌方电子对抗对雷达的影响,但前面已经提到反对抗措施是一个通用术语,包括削弱敌方电子干扰效果的任何行动。它不局限于使用电子的技术或方法,还可以包括战术、部署、作战运用等。

在恶劣的电磁环境中雷达抗干扰措施更多地考虑到电磁兼容性,通过相应的技术和方法降低电子设备受人为或自然干扰的影响。另一个容易被忽视的因素是,自然电子对抗(云、恶劣天气、地面回波和其他杂波)同样需要在电子反对抗中加以考虑。

在这种情况下,电子反对抗采用了一些杂波抑制方法,如动目标指示(MTI)或恒虚警率(CFAR)进行处理。

值得注意的是,动目标指示是雷达的一种工作方式,用来区分目标和杂波。它采用多种技术来发现如飞机那样移动的物体,并过滤掉如山或树那样静止的物体。此外,动目标指示雷达使用低脉冲重复频率来避免测距模糊。

动目标指示采样开始于两个连续脉冲,当雷达发射脉冲结束后立即开始采样,持续采样直到下一个发射脉冲结束[21]。

在下一个发射脉冲的同一位置重复采样(图 2.27),将第一个脉冲(在相同距离下)采集的样本反相,并叠加到第二个样本中形成干涉对消。

如果一个物体的位置在两次采样中发生了移动,那么从物体反射的信号无法对消而保留下来。如果物体是静止的,这两个样本信号将抵消。

需要指出电子反对抗能力是雷达的重要功能之一,但是缺少一种简单而通用的方法来测量评估。Johnston[20] 提出用抗干扰改善因子(EIF)来表示雷达抗干扰效能。但EIF 的主要缺点是它不能衡量整个雷达系统的抗干扰能力。本书研究了一种描述雷达抗干扰能力的新方法。

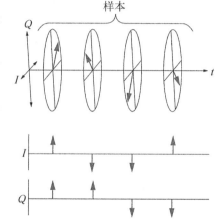

图 2.27　MTI 信号处理过程(来源:www.wikipedia.com)[21]

在此重点研究基本雷达的电子反对抗能力和电子对抗系统、输出目标信号和电子对抗信号功率比的使用、相关辅助因素、多通道雷达系统的抗干扰能力,以及四种防空多通道监视雷达系统的计算实例。

根据定义,电子反对抗改善因子:电子对抗信号需要在带电子反对抗的雷达上产生给定的输出/在没有电子反对抗的情况下产生相同雷达输出所需的电子对抗信号。

因此,它有助于从系统的角度量化电子反对抗的效能。

雷达的电子反对抗效能可以按照以下广义进行分组:

(1) 传感器功能;

(2) 对特定电子对抗的响应;

(3) 与战场/环境相关的部署方式;

(4) 武器系统总效率。

用适当的例子详细阐述上述类型后,可以通过下列方法检查电子反对抗的实施与评估:

(1) 关于搜索、跟踪或武器制导雷达;

(2) 根据文献中明确定义的 ECM - ECCM 矩阵;

(3) 与部署方案中的漏洞有关;

(4) 通过武器系统整体对抗电子对抗攻击的有效性和生存能力,例如导弹基地雷达与传感器、武器系统和内部通信设备。

最后是确定 EIF 总体值。传感器—武器系统—作战这一流程烦琐,再加上系统所涉及的技术和交互的复杂性,使得综合评估成为一项困难的任务。

接下来介绍恒虚警处理。恒虚警检测是雷达系统中的一种常见自适应算法,用于在噪声、杂波和干扰背景下检测目标回波,与统计信号处理有关[22]。

在雷达接收机中,回波信号通常由天线接收、放大、下变频,然后通过检测电路提取信号包络(称为视频信号)。该视频信号与接收到的回波信号功率成正比,包括回波信号和来自接收机内部噪声、外部杂波和干扰等无用功率。

恒虚警电路的作用是确定回波的功率阈值,高于该阈值的任何回波都可能来自目标。如果这个阈值设置太低,那么将检测到更多的目标,而代价是增加假目标的数量。相反,如果阈值太高,则检测到的目标会变少,但假目标的数量也会降低。在大多数雷达中,设置阈值是为了达到所需的虚警概率(或等效为虚警率和虚警间隔时间)。

如果待检测目标的电磁背景环境随时间和空间变化是恒定的,则可以选择一个固定阈值,该阈值由噪声的概率密度函数(通常假定为高斯分布)决定,从而达到特定的虚警概率。此时发现概率是目标回波信噪比的函数。然而,在大多数实际作战环境中,杂波和干扰导致噪声水平在空间和时间上不断发生变化。这种情况下,通过变化的阈值以保持恒定的虚警概率。这就是恒虚警检测。

图 2.28 显示了统计信号处理的过程,统计信号处理是电子工程的子领域,专注于分析、修改和合成信号,如声音、图像和生物测量[22]。

信号处理技术可用于提高传输、存储效率和质量,还可用于增强或检测信号中感兴趣的部分。

在图 2.28 中,左边的信号看起来像噪声,但经过傅里叶变换处理后有五个峰,表明它包含五个明确的频率分量。

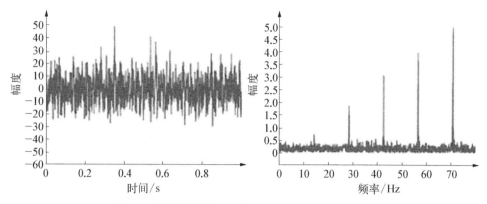

图 2.28　统计信号处理示意(来源：www.wikipedia.com)

图 2.29 为信号传输时的信号处理过程。传感器将信号从其他物理波形转换为电流或电压波形,然后进行处理,以电磁波的形式传输,由另一个传感器接收并转换为最终形式。

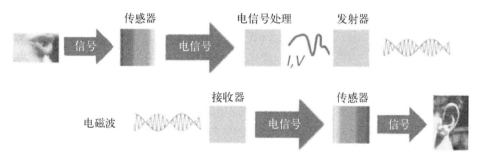

图 2.29　信号处理过程

参考文献

［1］https://www.tek.com/spectrum-analyzer.

［2］https://www.cia.gov/news-information/featured-story-archive/2010-featured-story-archive/intelligence-signals-intelligence-1.html.

［3］https://defensesystems.com/articles/2017/09/06/dod-electronic-warfare.aspx.

［4］Polmar, Norman "The U. S. Navy Electronic Warfare（Part 1）" United States Naval nstitute Proceedings October 1979 p.137.

［5］This article incorporates public domain material from the General Services Administration document Federal Standard 1037C.

［6］Ahmed Abdalla Ali, Zhao Yuan, Sowah Nii Longdon, Joyce Chelangate Bore, Tang Bin, "A study of ECCM techniques and their performance", Conference Paper September 2015, https://www.researchgate.net/publication/308848636.

[7] Alamouti, S. M. "A simple transmit diversity technique for wireless communications," IEEE Journal Selected Areas in Communications, 1998. Vol. 16, No. 8, 1451 – 1458.

[8] J. Akhtar. "An ECCM Signaling Approach for Deep Fading of Jamming Reflectors" 978 – 0 – 86341 – 848 – 8 IET 2007.

[9] J. Akhtar. "Orthogonal block coded ECCM schemes against repeat radar jammers". IEEE Transactions on Aerospace and Electronic Systems, vol. 45, no. 3, pp. 1218 – 1226, 2009.

[10] J. Akhtar. "An ECCM scheme for orthogonal independent range-focusing of real and false targets", In ICR '2007 Proceedings, Massachusetts, USA, pp. 846 – 849, (2007).

[11] J.-M. Muñoz-Ferreras, R. Gómez-García and C. Li, "Human-aware localization using linear-frequency modulated continuous-wave radars" Chapter 5, Page 191, "Principles and Applica-tions of RF/Microwave in Healthcare and Biosensing" book edited by Changzhi Li Mohammad-Reza Tofighi Dominique Schreurs Tzyy-Sheng Jason Horng, published by Academic Press, 2017, New York, NY.

[12] Edward K. Ready, "Radar ECCM Considerations and Techniques" Principles of Modern Radar pp. 681 – 699, Editors Jerry L. Eaves Edward K. Reedy, Chapman & Hall, New Your, NY, and International Thomson Publishing, 1987 Singapore.

[13] S. L. Johnston, Radar Electronic Counter-Countermeasures. Artech House, Dedham, Mass., 1979.

[14] M. V. Maksimov et al., Radar Anti-Jamming Techniques, Artech House, Dedham, Mass., 1979.

[15] L. B. Van Brunt, Applied ECM, EW Engineering, Inc., Dunn Loring, Va., 1978.

[16] J. A. Boyd et al., Electronic Countermeasures, Peninsula Publishing, Los Altos, Calif., 1978.

[17] H. F. Eustace, The International Countermeasures Handbook, 1979 – 1980, EW Communications, Palo Alto, Calif., 1980.

[18] P. Tsipouras, et al., "ECM Technique Generation," Microwave Journal, vol. 27, no. 9, September 1984, pp. 38 – 74.

[19] U. S. Army Field Manual, FM 100 – 5, Operations, Headquarters, Department of the Army, July 1976.

[20] S. L. Johnston, "ECCM Improvement Factors (EIFs)," Electronic Warfare, vol. 6, no. 3, May — June 1974, pp. 41 – 45.

[21] https://en.wikipedia.org/wiki/Moving_target_indication.

[22] Scharf, Louis L. Statistical Signal Processing: Detection, Estimation, and Time Series Analysis. Addison Wesley, NY. ISBN 0 – 201 – 19038 – 9.

第 3 章
雷达吸波材料和雷达截面积

雷达吸波材料(RAM)是一种经过特殊设计和成形的材料,它能够有效吸收来自多个入射方向的射频辐射。RAM 越有效,反射的射频辐射强度就越低。RAM 可以用在电磁兼容性(EMC)和天线辐射方向图的多种测试中,这些测试为了避免测量误差都要求尽可能消除杂散信号(包括反射信号)。本章的另一个主题是目标的雷达截面积,它是在雷达接收天线方向上散射的雷达功率与入射到目标上的功率密度之比。

3.1 引言

如图 3.1 所示的金字塔阵列是最有效的雷达吸波材料之一,每个阵列由具有一定损耗的材料构成,该材料能够吸收通过它的电磁能或声能。

图 3.1 中的涂层有助于保护脆弱的辐射吸波材料。

材料的物理性质:具有在微波频率下表现出电磁损耗的电介质特性。在有损耗的电介质中,吸收的微波能量被转换成热量,进而从电路中去除;因此,对于高功率应用,损耗材料的热导率至关重要。此外,介电损耗量化了电介质材料固有的电磁能量损耗(热损耗)。它可

图 3.1 金字塔吸波材料

以根据损耗角 δ 或相应的损耗角正切 $\tan\delta$ 进行量化。两者都是复平面中的向量,其实部和虚部分别代表电磁场的电阻作用(有损)分量和电抗作用(无损)分量。

采用控制表面反射的方法可以减小雷达截面积。等离子体包络是控制表面反射和散射的方法之一。目标的雷达截面积是衡量目标可探测性的尺度,它与目标

的散射特性有关,取决于入射波频率、目标形状、材料以及目标相对于入射波的方向。由于金属具有高反射特性,雷达很容易探测到含有金属成分的目标,因此,基于低可探测性原理设计目标,减少来自导体表面的反射就变得很重要。除了通过赋形方法实现,还可以使用雷达吸收结构(RAS)、雷达吸波材料或等离子体来实现。

3.2 雷达吸波材料的分类

最常见的雷达吸波材料是铁球漆,它包含涂有羰基铁或铁氧体的微小颗粒。雷达波在这种涂料的交变磁场中产生分子振荡,从而导致雷达能量转化为热量,热量随后被传递到飞机上并消散。

涂料中的铁颗粒是由五羰基铁分解得到的,可能还含有微量的碳、氧和氮。

图 3.2 洛克希德 F - 117A 战斗机

F - 117A(图 3.2)和其他类似的隐身飞机都采用这样一种技术:采用悬浮在两部分环氧涂料中的特定尺寸的电绝缘羰基铁球,每一个微小的球体都通过一种专用的工艺涂上二氧化硅作为绝缘体,然后,在面板制造过程中,当涂料仍然是液体时,以特定的高斯强度和特定的距离施加磁场,从而在铁磁流体内的羰基铁球中产生磁性涂层。

然后涂料固化(硬化),同时磁场保持粒子悬浮,将羰基铁球锁定在它们的磁性涂层中。在已经做过的一些实验中将相反的磁场施加到涂漆面板的相对侧,导致羰基铁颗粒直立排列(它们在三维空间上平行于磁场)。当这些被电隔离的球体均匀分散时,会对雷达来波呈现较强的吸收特性,可见羰基铁球漆是一种有效的雷达吸波材料。

另一种相关类型的雷达吸波材料由氯丁橡胶聚合物贴片组成,其中铁氧体颗粒或导电炭黑颗粒(按固化重量计含有约 0.3%的结晶石墨)嵌入聚合物基体中。这些贴片被用在早期版本的 F - 117A 上,而最新的型号使用了涂漆的雷达吸波材料。F - 117 的涂漆是由工业机器人完成的,因此涂料具有特定的层厚和密度。贴片覆盖在飞机机身上,剩下的缝隙用铁球"胶水"填充。

美国空军引进了一种由铁磁流体和非磁性物质制成的雷达吸波涂料。通过减少电磁波的反射,这种材料有助于降低喷有雷达吸波材料的飞机对于雷达的可见度。以色列纳米光公司也制造了一种使用纳米粒子的雷达吸波涂料[1]。

可用作隐身飞机部分结构的纳米材料主要有[2]

（1）基于碳纳米管的聚合物复合材料：具有高杨氏模量，高强度、高抗冲击性和高热性能，并且可以提供常规复合材料和轻质金属的性能。

（2）具有阻热和阻燃性能的纳米黏土增强聚合物复合材料。

（3）掺入金属纳米粒子的复合材料：这些复合材料所具备的优良的静电放电和电磁干扰屏蔽性能使其成为制造抗雷击结构的未来解决方案。

（4）航空发动机零件的纳米涂层：碳化硅颗粒增强的氧化铝、氧化钇和稳定的纳米氧化锆中的碳化硅纳米颗粒可促进裂纹愈合，与整体陶瓷相比，可提高其强度、抗高温和抗蠕变性。嵌入无定形 Si_3N_4 中的氮化钛纳米微晶可用于耐磨涂层。由晶体碳化物、类金刚石碳化物和金属二硫化物以及 TiN 制成的纳米复合涂层可用于飞机的低摩擦和耐磨应用。含纳米管和纳米粒子（纳米石墨、纳米铝）的聚合物涂层可用于静电放电、电磁干扰屏蔽和飞机表面的低摩擦应用。

（5）用于飞机电子通信部件的纳米材料：磁性纳米粒子（氧化铁纳米粒子，即 Fe_2O_3 和 Fe_3O_4）结合的聚合物薄膜和复合材料可用于各种数据存储。像钛酸钡和钛酸锶钡这样的陶瓷纳米粒子被用于制造超级电容器。

此外，纳米材料具有介于原子和主体材料之间的结构特征。虽然大多数微结构材料与相应的块状材料具有相似的性质，但是纳米尺寸材料的性质与原子和块状材料的性质有显著不同。由于尺寸小，相对于其体积，纳米材料具有非常大的表面积，这使得原子表面或界面很大，产生更多的"表面"相关材料性质。尤其是当纳米材料的长度相当，整个材料都会受到纳米材料表面性质的影响[2]。

此外，隐身技术中使用的隐身材料按如下方式确定。现代航空设计要求小型化、高机动性、自修复（也称为记忆材料）、智能、环保、轻质和隐形，以保证材料具有非凡的机械和多功能特性。

1. 碳纳米管聚合物复合材料

碳纳米管聚合物复合材料具有高杨氏模量、高比强度、高抗冲击性和高耐热性能，可以达到常规复合材料和轻质金属的性能。可用于机体结构的碳纳米管复合材料有碳纳米管/环氧树脂、碳纳米管/聚酰亚胺和碳纳米管/聚丙烯等。

2. 纳米黏土增强聚合物复合材料

该复合材料具有良好的阻热性和阻燃性。

3. 掺入金属纳米粒子的复合材料

这些复合材料所具备的优良的静电放电和电磁干扰屏蔽性能，使其成为制造抗雷击结构的未来解决方案。

许多现代军用飞机都采用了某种表面处理方法，这种方法可以减小雷达截面积，从而将这些飞机改造成"低可探测性"或"隐身"飞机。通常，这些处理方法包括采用能够吸收或传导入射雷达能量的材料，并且包括黏合剂黏合或类似喷漆的过程。电磁辐射吸收和电磁辐射屏蔽材料和结构都是公开的。

这种电磁辐射吸收及电磁辐射屏蔽材料和结构通常用于电磁兼容和电磁干扰测试单元,以消除测试期间的反射和干扰。电磁辐射吸波材料和结构也用于测试高频雷达、天线用的微波暗室。

雷达吸波材料减少了雷达截面积,使目标看起来更小。但是这些材料不仅重量大而且非常昂贵,这是限制它们广泛应用的主要原因。属于雷达吸波材料的有

(1) 铁球漆;

(2) 泡沫吸收器;

(3) 贾曼吸收器。

以上细节展示了纳米材料在航空(国防)隐身技术领域中的潜力。应用于航空领域的纳米技术与隐身技术相结合,具有重量轻、强度高、韧性高、耐腐蚀、易修复、可重复使用、维护量少、经久耐用等优点。因此纳米技术用于保护目标,并且比传统的方式更便宜、更安全。这些技术也有一些缺点,但由于上述原因,可以忽略不计。

2019 年 9 月 29 日的一篇文章讲述了一个有趣的故事。当两架美军 F-35 从柏林航展上起飞后,一部德国的实验雷达"跟踪了它们 100 英里(161 km)"。这家德国雷达制造商声称,利用新一代传感器和处理器,追踪了两架飞机近 100 英里。

美国空军声称 F-35 隐身战机对雷达几乎不可见——这就解释了为什么它会在每架飞机上花费上亿美元(图 3.3)。

图 3.3　两架隐形 F-35 战斗机

这家德国雷达制造商使用了一种新的"无源跟踪雷达(PTR)"技术,该技术可以分析民用通信,如无线电、电视广播以及移动电话基站的电磁辐射如何从诸如 F-35 隐身战机这样的空中目标上反射回来,而这种空中目标本应是 100% 隐形的,但事实似乎并非如此。事实上,这架飞机是带着雷达反射器和 ADS-B 应答机飞行的,这本身有助于完成任务。关于广播式自动相关监视雷达(ADS-B)系统的

介绍，见第 3.3 节的进一步描述。

3.3　ADS - B 系统简介

ADS - B 是空域监视的最新技术。无源雷达系统（PSR）的基本工作流程如图 3.4 所示。

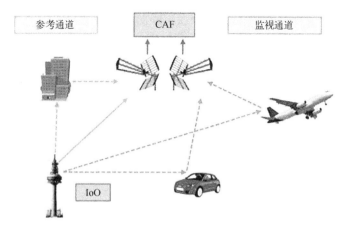

图 3.4　无源雷达系统的基本工作流程

ADS - B 使用一个三角应答器，通常与全球定位卫星结合，将高度精确的位置信息传送给地面控制人员，也可以直接传送给其他飞机。这种传输被称为 ADS - B 输出，它的准确性比使用常规雷达监视更高。这使得空中交通管制员能够减小装有 ADS - B 的飞机之间的间隔距离。

ADS - B 被认为是未来在繁忙空域保持有效空域管理的关键。它在偏远的"无雷达"地区也有优势。在这些地方，配备适当设备的飞机，通过带有连接到显示器的交通接收器，可以在没有常规雷达覆盖的情况下看到其他飞机。这提高了飞机的能见度，降低了空对空碰撞的风险。

ADS - B 使用卫星和应答器技术在 ADS - B 环境中提供以下功能：

（1）更多的飞机可以在同一空域安全运行，从而减少拥堵。

（2）ADS - B 技术可以使飞机的航行更直接，这可以显著节省时间和燃料。

（3）有了合适的设备，驾驶舱内就有可能出现实时的"交通图像"。

（4）ADS - B 增强了飞行安全，能够尽量避免碰撞。

采用 ADS - B 输出的飞机为空中交通管制员提供"精确"的位置和飞行信息数据。三角应答器支持国际民用航空组织（ICAO）的 ADS - B 国际标准 1090ES，该标准可在全球范围内使用。

从基础设施的角度来看,可以说 ADS‐B 的出现时机正好,在一定的时期内,ADS‐B 将取代现有的地面雷达技术。空中交通管制员必须在飞机之间设置明显的间隔距离,以确保飞行安全。现有的地面雷达技术往往有局限性:雷达返回波束的速度较慢,当地的地理环境可能隐藏或掩盖回波,雷达范围和功率的限制,而且安装和维护雷达的成本很高,这对许多国家来说都是挑战。ADS‐B 是一种对国家空中交通管制有吸引力的替代技术。ADS‐B 基础设施由 ADS‐B 网络组成地面站,通常包括 ADS‐B 塔和天线(类似于移动电话天线)。这提供了一个具有成本效益的国家空域解决方案,还能提供准确的数据,减少缺口或盲点。

当装有 ADS‐B 输出的飞机在 ADS‐B 地面站的范围内飞行时,地面站将接收飞机的 ADS‐B 输出信号。与此同时,飞机的 ADS‐B 输出信号也可以直接被其他在作用范围内并配备了 ADS‐B 交通接收器的飞机接收。完整的机载 ADS‐B 运行环境如图 3.5 所示。

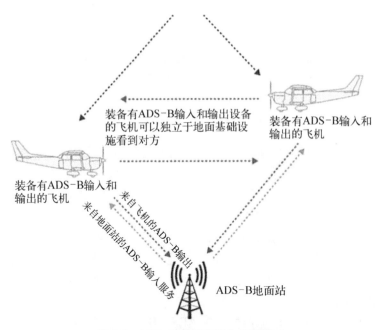

图 3.5　ADS‐B 输出和输入运行模式

请注意,在图 3.5 中,地面服务仅在美国可用(包括天气和交通服务)。

交通接收器中的 ADS‐B 翻译当地空域信息,并使用合适的驾驶舱交通信息显示器提供实时"交通图像",显著增强飞行员的态势感知能力。在可能不存在 ADS‐B 地面站的偏远地区,装有 ADS‐B 输出和 ADS‐B 输入的飞机可以看到其他装有 ADS‐B 输出的飞机。这使得飞机可以独立于空中交通服务运行,而不依赖于任何地面基础设施(图 3.6)。

通过GPS,GNSS,GLONASS或
EGNOS定位飞机的位置

装备有ADS-B 1090ES输出的飞机   向邻近飞机发送的ADS-B输出

图 3.6 ADS-B 输出工作模式

不依赖地面控制器的 ADS-B 监视技术首先在美国阿拉斯加进行了试验。这个地区被选为早期试验场。

美国联邦航空局开展了 ADS-B 和相关的"下一代"技术研究。这是由于在恶劣的操作环境下,商业航空事故发生率很高。飞机配备了 ADS-B、GPS 移动地图,并改进了通信以提高安全性。在阿拉斯加西南部,ADS-B(结合其他措施)帮助减少了 47% 的致命事故。

就 ADS-B 1090ES OUT 而言,国际民航组织关于 ADS-B 的国际标准是 1 090 MHz 或更高,通常是 1090ES(扩展信号),这是用于传输 ADS-B 信息的频率。目前,ADS-B 空域授权要求安装 ADS-B 输出设备,但 ADS-B 输入设备的使用目前由国际民用航空组织(ICAO)自主决定。

ADS-B 已经在 5 500 m 以上的商业航空领域应用了很多年。现在,与客机一样,装配有 ADS-B 的 S 模式应答机的通用航空飞机将使用"扩展信号"来传输 ADS-B 输出数据。扩展信号实际上是应答器传输带宽的扩展部分。它包含一个 ADS-B 信息数据包。这个数据包包含关于飞机及其飞行位置、速度和外形的唯一识别信息。地面站翻译这种扩展信号传输的信息,并可以根据其数据库验证飞机型号。当然,有必要经常检查本国关于转发器使用的具体规定。一般来说,如果目前飞行的空域需要模式 A/C 的应答器,那么很有可能需要使用 ADS-B 1090ES 输出解决方案。

另外一种 ADS-B 系统也被称为用户接收测试(UAT)技术。这是一种独一无二的技术,只有在美国才可以使用。这个系统有局限性,它只能由飞行高度在 5 500 m 以下的飞机使用,并且只在美国领空内有效。UAT 发射机工作频率在 978 MHz,而不是"国际标准"1 090 MHz。

所有转发器都符合 1 090 MHz 标准。由于美国 ADS-B 网络是一个支持 1 090 MHz 和 978 MHz 的双系统,因此可以安装多种配置的 ADS-B 设备。这种双系统意味着 ADS-B 地面站必须在 1 090 MHz 和 978 MHz(UAT)上转播 ADS-B

交通信息。这使得装备了空中交通接收器的飞机可以看到所有的飞机,而不考虑它们自己的 ADS－B 输入/输出设备。地面站广播 ADS－B 信息,称为 TIS－B(交通信息服务广播)和 FIS－B(飞行信息服务广播)——其中包括天气信息,而 FIS－B 仅在 978 MHz (UAT)上广播。

要接收交通信息服务广播(1 090 MHz 或 978 MHz),美国联邦航空局要求首先必须有一个经过认证的 ADS－B 输出。安装一个应答器提供了最简单的升级途径,以确保获得认证的 ADS－B 输出信号。

现在的问题是,为什么会有从现有的地面雷达技术到 ADS－B 技术的创新转变。

答案是美洲、澳大利亚和斐济等国家正在创建 ADS－B 基础设施。在美国,墨西哥湾的石油和天然气平台高度依赖于直升机运输,在这些没有雷达服务的地方,ADS－B 被用来提高能见度。随着 ADS－B 的应用,美国东海岸周围的空域拥堵同样能得到解决。在澳大利亚内陆地区,ADS－B 将首次使飞机直接通过 1090ES 空对空通信保持监视能力。

美国联邦航空管理局估计,如果不改善美国空中交通基础设施(ADS－B 技术是其中的一部分),到 2022 年,美国经济活动的损失将达到 220 亿美元。美国对包括 ADS－B 在内的空中监测基础设施进行全面改造的计划被称为"下一代"。该计划预计到 2018 年将产生积极的环境影响,预计将减少 14 亿加仑的燃料消耗,减少 1 400 万吨的碳排放,并节省 230 亿美元的成本。

虽然这些估计是基于商业飞行而得出的结论,但不可否认,会对 ADS－B 的全球推广产生积极影响。飞行员通过 ADS－B 可以获得更直接的航线,更短的飞行时间,从而节省时间和燃油成本。2019 年 9 月 29 日的一篇文章指出,这类雷达跟踪系统作为一个无源系统,将给类似 F－22、F－35 的一些隐身飞机带来威胁[3]。

整个故事基于这样一个事实:工程师们是从舍内菲尔德塔得到 F－35 计划何时起飞的消息。该公司表示,飞机一起飞,就开始跟踪它们并收集数据,并使用飞机的 ADS－B 信号转发器关联的无源传感器读数。

事实上,无源雷达是一种卓越的反隐身技术。传统雷达使用单个发射机和接收机来研究从飞行物体反射的回波,而无源雷达则使用非合作照射源(如商业广播和通信信号)的反射信号。无源雷达系统是双基地系统,因为它依赖于从不同位置发射的信号:通过计算直接从发射机接收的信号和从飞行物体反射后接收的信号之间的延迟,无源雷达系统能够确定目标的距离。然而,由于该技术在一个发射机和一个接收机中只能计算出时间延迟,因此可以得出的唯一结论是被探测物体位于一个以发射机和接收机为焦点的椭圆上的某个位置,如图 3.7 所示。

通过测量回波的多普勒频移及其到达方向,无源雷达系统可以计算目标的速度和航向。使用多个发射机和接收机并结合其几何形状可以提高定位精度。

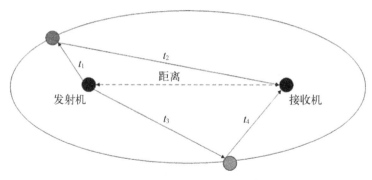

图 3.7　无源雷达系统的概念[4]

正如我们在第 1 章中所描述的,雷达(无线电探测和测距)系统,顾名思义,是用于探测物体并评估它们与单个天线或一组天线之间距离的系统。在这部分内容中,我们将探索两种雷达:有源雷达和无源雷达。这里给出它们的简要定义。

1. 有源雷达

有源雷达是我们大多数人都熟悉的雷达类型。它的工作原理很简单:无线电波从天线发射出来,并从遇到的物体上反射回来。信号被反射回发射机位置,在该处接收天线接收回波信号。当雷达系统的发射机和接收机放在一起时,这种雷达被称为单基地雷达。

一旦接收到回波,就可以通过简单计算传播时间来确定雷达系统和目标之间的距离。射频电磁波在空气中的速度是光速(3×10^8 m/s),由于波的发射和接收之间存在时间差,要考虑目标的往返时间,因此到目标的距离可以用式(3.1)计算。

$$D = t \times \left(\frac{c}{2}\right) \tag{3.1}$$

式中,D 是距离量,以 m 为单位;t 是信号发射和接收时延;c 是光速,约为 3×10^8 m/s。

图 3.8 阐述了有源雷达系统的基本原理。图中,变量 t 是时间延迟,等于信号传输到物体并反射回来的总时间:

$t_{\text{transmitted}} + t_{\text{echo}}$。

更多细节参考第 1 章内容。

图 3.8　射频信号的发射和反射[4]

2. 无源雷达

无源雷达系统依赖于从不同位置发射的信号,而不是使用共用的发射和接收天线,这种雷达系统被称为双基地雷达。

这种雷达的测距是通过计算直接从发射机接收的信号和从目标反射后接收的信号之间的延迟来完成的。

由于该技术只能计算出一个发射机和一个接收机的时延,因此可以得出的唯一结论是被探测对象位于一个以发射机和接收机为焦点的椭圆上的某个位置。

图 3.7 说明了这个概念。在此图中 $t_1 + t_2 = t_3 + t_4$。这对于位于椭圆上的每个对象都是成立的。对于图中的两个对象，接收机接收到的原始信号和反射信号之间的时间延迟完全相同。只有使用多个发射机和接收机，这种雷达系统才能精确定位目标。系统的性能在很大程度上取决于发射机和接收机的数量以及它们的几何特征。

我们继续对 ADS‐B 应答机的讨论，主要介绍无源雷达技术的局限性。首先，它依赖于无线电信号，而在地球的偏远地区这些信号可能不存在。此外，这种技术还不能精确引导导弹，尽管它可以用来引导红外寻的武器接近目标。2019 年 9 月 29 日发表的文章承认了这些局限性，但文章又提到亨索尔特此前表示，无论目标飞机是否安装了雷达反射器（所谓的龙勃透镜），它的无源雷达探测系统都能发挥作用。这些特征——F‐35 机翼根部的小旋钮——可以在美国国防部发布的柏林之旅照片中看到。

图 3.9 展示了安装在 F‐35 右侧的两个雷达反射器。另外两个在另一边。

这些战斗机（即 F‐35）几乎总是挂载雷达反射器飞行，没有四个凹槽的飞机照片（机身上侧两个，下侧两个）特别有趣。例如，2018 年 1 月 24 日拍摄的一些照片，以及美国空军刚刚发布的照片，显示作为美国太平洋战区司令部安全一揽子计划的一部分，10 月部署到日本卡德纳空军基地的 F‐35 飞机，准备在没有龙勃透镜的情况下起飞。图 3.9 和图 3.10 用圆圈指出了龙勃透镜的样子，图 3.10 清楚地显示了飞机两侧的这些反射器，这些反射器导致了该战斗机隐身性能的下降。

雷达反射器

图 3.9 装有雷达反射器的隐身战机 F‐35　　**图 3.10 带有奇怪凸起的 F‐35 图像**

龙勃透镜（见图 3.11）能够显著增加任意散射性能很弱系统的雷达截面积。它的雷达截面积是同样直径金属球雷达截面积的数百倍。

龙勃透镜的优势：

（1）龙勃透镜可以在大的角度范围内提供均匀响应。它是理想的无源应答器，能够突出并引导雷达目标到它附着的载体上面，从而保证高等级的安全性。

（2）龙勃透镜是可用的最有效的无源雷达反射器。

（3）龙勃透镜不需要供电和维护。

更多信息可以参考本书附录 A。

当 F‐35 进行海外部署飞越友好国家时，你可能会注意到它光滑的机身上有些奇怪的东西。

F‐35 的每一个角度和表面都经过精密加工以阻挡雷达波，所以像图 3.10 中的这些小凸起会破坏迄今为止已耗资约 4 000 亿美元的武器系统的隐身性能。

图 3.11　龙勃透镜图

然而，美国的隐身战斗机（见图 3.9 和图 3.10），如 F‐22 和 F‐35，其中的龙勃透镜被进行了改进，以躲避俄罗斯雷达的探测。

美国空军一直在对抗俄罗斯对其飞越叙利亚上空的 F‐22 隐身战斗机的侦察，这些侦察使得俄罗斯雷达系统能够发现这些隐身战机。

为了挫败俄罗斯雷达的侦察，美国采用了这种违反常理的解决方案，在隐身战机上安装一种叫做"龙勃透镜雷达反射器"或"龙勃反射器"的装置。

这种装置增加了 F‐22 的雷达截面积（关于雷达截面积的描述见下一节）——在俄罗斯雷达上看起来像一块钢板——所以在雷达看来，F‐22 看起来和普通的第四代喷气式战斗机没什么区别。

如果雷达屏幕上的飞机不是 F‐22，俄罗斯雷达操作员就不会花费过多的时间跟踪这架飞机并推断它的作战能力。

一些专家称，龙勃透镜是目前最有效的无源雷达反射器，它不需要供电或维护。图 3.12 显示了 F‐35 隐身战机上的奇特凸起。

美国空军还在其洛克希德·马丁公司的 F‐35 隐身战斗机上安装了龙勃透镜。

美国媒体透露，在东欧爱沙尼亚（波罗的海国家之一）附近活动的一些空军 F‐35 配备了龙勃透镜，目前正在俄罗斯雷达范围内进行空中巡逻。

图 3.12　影响 F‐35 隐身能力的改装

由于俄罗斯在东欧的雷达系统与它在叙利亚的雷达系统相似，反射器也会欺骗欧洲的俄罗斯雷达操作手，让他们相信他们发现的飞机不是隐身战斗机。

由于反射器放大了 F‐35 的 RCS，该设备阻止了俄罗斯测试他们雷达防御这种超音速隐身飞机的能力。自 2010 年以来，美国空军似乎一直在测试 F‐35 和 F‐22 上的龙勃透镜（见图 3.13）[5]。

图 3.13　美国空军 F－35A 在日本横田空军基地起飞

3.4　雷达截面积

雷达截面积 σ 是反射物体的一个特定参数,取决于许多因素,单位为 m^2。雷达截面积的计算仅适用于简单物体。简单几何体的表面积取决于几何体的形状和波长,或者更确切地说,取决于物体的结构尺寸与波长的比值。如果在目标上的所有入射雷达能量都被均匀地反射到各个方向,那么雷达的截面积就等于发射机看到的目标的截面积。实际上,一些能量被吸收,反射的能量并不是均匀地分布在各个方向。因此,雷达截面积是很难估计的,通常通过测量来确定。例如,图 3.14 展示了 B－26 飞机在 3 GHz 频率下实验测出的雷达截面积,它是方位角的函数。

目标雷达截面积取决于:

(1) 飞机的几何形状和外部特征;

(2) 雷达的照射方向;

(3) 雷达发射机频率;

(4) 使用的材料类型。

使用隐身技术来减小雷达截面积可以增加目标的生存能力和降低军用飞机的目标探测能力。但是这种隐形技术依赖于所使用的雷达频率,对像 P－12 或 P－18 这样的甚高频雷达没有影响。在科索沃战争期间,塞尔维亚防空部队就曾经使用过这两种雷达。

请注意,如图 3.15 所示的 P－12 NP 是苏联的雷达,苏联在甚高频雷达的发展上取得了相当大的成功。苏联陆军和空军的各种甚高频雷达设备可满足 P－8、P－12,P－18 雷达设备的需求。其中之一是移动改进型 NP,一个安装在两个大型卡车中的 P－12 版本[7]。

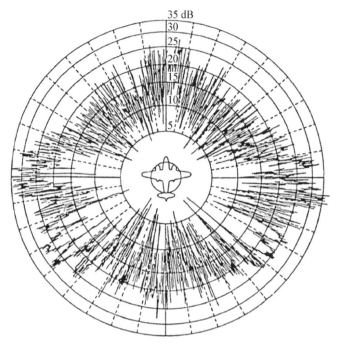

图 3.14　B - 26 飞机在 3 GHz 频率下实验测出的雷达截面积[6]

图 3.15　P - 12 NP 的天线车

图 3.16　P - 18 雷达

P - 18 是一种工作在甚高频范围内可快速移动的雷达,由两辆全地形卡车(乌拉尔)和两个支架组成。这种雷达主要用于东欧和第三世界国家的防空导弹(斯德瑞拉和伊格拉),它也用于较大的导弹系统,例如 SA - 2 导弹[8]。

3.4.1　雷达截面积的计算

雷达截面积是对目标在雷达接收机方向反射雷达信号能力的度量,即目标在雷达方向上的后向散射密度与目标截获的功率密度之比的度量。由于能量是以球形（$4\pi r^2$）分布的，雷达可以接收到其中的一小部分能量。

雷达截面积 σ 定义如下：

$$\sigma = \frac{4\pi r^2 S_r}{S_t} \tag{3.2}$$

式中　σ——被测目标在雷达接收机方向反射雷达信号的能力，m^2；

　　　　S_t——目标截获的功率密度，W/m^2；

　　　　S_r——距离 r 处散射功率密度，W/m^2。

目标的雷达散射截面积可视为目标反射信号强度与横截面积为 $1\,m^2$ 的完美光滑球体反射信号强度的比较。

表 3.1 列出了和形状有关的后向散射式。

表 3.1　几何物体的雷达散射截面

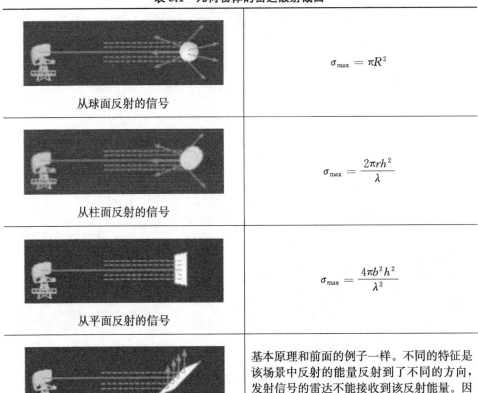

从球面反射的信号	$\sigma_{max} = \pi R^2$
从柱面反射的信号	$\sigma_{max} = \dfrac{2\pi r h^2}{\lambda}$
从平面反射的信号	$\sigma_{max} = \dfrac{4\pi b^2 h^2}{\lambda^2}$
从倾斜面反射的信号	基本原理和前面的例子一样。不同的特征是该场景中反射的能量反射到了不同的方向，发射信号的雷达不能接收到该反射能量。因此采用的是发射机和接收机空间分离的双基地雷达

3.4.2　点目标的雷达截面积

一些目标由于其尺寸和方向而具有较大的雷达截面积，因此反射了大部分入射功率。表 3.2 显示了点目标的雷达截面积。

表 3.3 列出了典型目标的雷达截面积的估计值。

表 3.2　点目标的雷达截面积

目　　标	雷达截面积/m²	雷达截面积/dB
鸟	0.01	−20
人	1	0
游艇	10	10
汽车	100	20
卡车	200	23
角反射器	20 379	43.1

表 3.3　典型目标的雷达截面积

序　　号	典型目标类型	雷达截面积/m²
1	典型汽车	100
2	B - 52	100
3	B - 1(A/B)	10
4	F - 15	25
5	苏- 27	15
6	游艇	10
7	米格- 29 A/B	5
8	苏- 30MKI	4
9	米格- 21	3
10	F - 16 A/B	5
11	F - 16 C/D	1.2
12	普通人	1
13	F - 18 E/F	1
14	阵风战机	1
15	B - 2	0.75
16	台风战机	0.5
17	战斧巡航导弹	0.5

续　表

序　号	典型目标类型	雷达截面积/m²
18	A-12/SR-71	0.01
19	普通的鸟	0.01
20	F-35	0.005
21	F-117	0.003
22	昆虫	0.000 1
23	F-22	0.000 1

资料来源：http://www.globalsecurity.org/military/world/stealthaircraft-rcs.htm。

　　从表3.3可以看出,现代隐身飞机的雷达截面积已经大大降低,但还没有降为零。图3.17也展示了一些隐身飞机的雷达截面积与近似面积。

　　因此,雷达探测这些隐身飞机的能力被低雷达截面积削弱,但没有完全消除。很明显,这些隐身飞机也会被足够强大的雷达捕捉到,但距离比那些非隐身飞机被探测到的距离小得多。

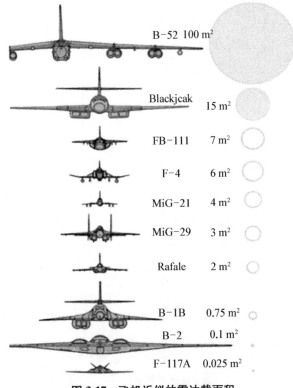

B-52 100 m²

Blackjcak 15 m²

FB-111 7 m²

F-4 6 m²

MiG-21 4 m²

MiG-29 3 m²

Rafale 2 m²

B-1B 0.75 m²

B-2 0.1 m²

F-117A 0.025 m²

图3.17　飞机近似的雷达截面积

3.5　减小雷达截面积

　　先进侦察系统的发展降低了武器平台的效率。因此,通过减小可探测性来提高武器平台的生存能力,对于设计人员来说是一个非常重要的课题,降低可探测性的方法受到了诸多关注。就雷达特征而言,有四种基本的雷达截面积缩减技术(RCSR):赋形、雷达吸波材料、无源对消和有源对消。在这四种方法中,赋形和雷达吸波材料是最有效的。赋形通常只适用于仍处于设计阶段的系统,它很少能用于已经在生产中的装备。可以使用雷达吸波材料来补救赋形效率不高的情况。对于低频雷达截面积缩减来说,有源对消似乎是最有效的,因为在低频情况下,吸收体的使用和赋形是非常困难的。缩减方法往往是窄带的,并且只在有限的空间区域内有效,必须根据平台的任务和预期威胁来选择方法。

　　虽然本书中关注的是雷达特征,但也必须考虑其他特征(如红外、声、磁、光),并且平衡所有的特征和威胁,以便进行特征控制;然而,其他的这些问题超出了本书的讨论范围。

　　本章研究控制雷达截面积的方法以及如何合理选择这些方法。雷达截面积缩减技术通常分为四类[9]:

　　(1) 目标赋形;

　　(2) 材料和涂层选择;

　　(3) 无源对消;

　　(4) 有源对消。

　　每一种方法的应用都涉及其他性能的折中。例如,从空气动力学的最佳状态来改变飞机的形状是有限制的。从雷达散射截面积的角度来看,尖锐角度设计可能是可取的,但它们会降低飞机的机动性和操作性。直到现在,缩减方法也往往是窄带的,并且只在有限的空间区域有效,必须根据平台的任务和预期威胁来选择缩减方法。在一定的频率和角度范围内,采用减缩方法将雷达散射截面积保持在规定的阈值水平以下。

　　本节中的雷达截面积缩减技术基本原理概述了电磁散射和雷达回波特性,以及如何控制或修改这些特性,重点是原理和基本概念。更详细的信息可参见大卫·詹恩的著作[9]。

　　自第二次世界大战以来,隐身或雷达截面积缩减和控制的概念一直是人们感兴趣的话题。人们最初试图通过使用木材和其他复合材料作为飞机材料来降低飞机的可探测性,因为它们对雷达波的反射比金属低。后来人们认识到赋形和涂覆雷达吸波材料是减少雷达截面积的主要技术。

结论和应用范围：

（1）雷达截面积缩减技术在战时是非常有用的，但是它极难实现，因为只有极少数的装备采用了隐身技术。

（2）国防研究与发展组织、电子集团等研究部门一直致力于如何有效缩减雷达截面积的工作。

（3）必须提高本国战斗机的雷达截面积缩减技术，增强其防御能力。

（4）电子和通信部门非常重要。

尽管隐身飞机的最初设想是在SR‐71上，但是通过赋形实现雷达截面积缩减却直接用在了隐身战机如F‐22、F‐35和F‐117中。在它们机翼的主、下垂端和尾部的边缘也有类似的角掠。此外，机身和舱盖表面是光滑的，侧面有斜坡。表面的形状（如门和接缝）为锯齿波形。飞机尾部的垂直翼型是倾斜的，包括一个蛇形的发动机导管，其发动机的前部被抹去。最后，所有的武器都存放在飞机内部。

这些飞机常规外形的改变导致了相当大的雷达截面积缩减效应。图3.18展示了雷达截面积缩减的结论和应用范围。

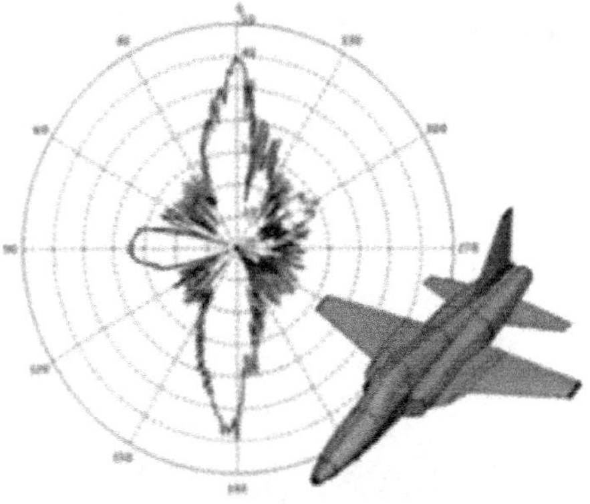

与上述四种不同雷达截面积缩减技术形成对比的是，美国使用自20世纪50年代以来一直使用的涂层和喷漆材料被集成为第四代飞机的一部分，例如洛克希德公司的SR‐71（图3.19），这些材料被称为雷达吸波材料，可以实现飞机低雷达截面积设计。

雷达吸波材料在减轻安装在飞机表面的天线之间的耦合效应和串扰作用方面也很有用。侦察飞机（如U‐2，图3.20）和F‐117隐身战机都使用了雷达吸波材料，

图3.18　雷达截面积缩减结论和应用范围

图3.19　SR‐71侦察机

图 3.20　U‑2 侦察机

并将其集成到框架结构中以减少雷达截面积。

　　随着时间的推移,人们建立了非常丰富的关于飞机结构散射行为的知识库,并确定了在这些结构的总体散射特性中起重要作用的参数。例如,在正常入射时平板和空腔会产生大量的雷达回波。类似地,战斗机的进气和排气系统被认为是增大飞机前视和后视雷达截面积的重要因素,而它的垂直尾翼则从侧面的其他角度影响雷达信号。

　　多年来发展的数值分析技术可用于定量估计不同部分飞机结构的散射特性。这促进了具有最佳雷达截面积的飞机平衡设计。这类飞机包括洛克希德公司的 F‑117A(图 3.21)、罗克韦尔公司的 B‑1(图 3.22)和诺斯罗普·格鲁曼公司的 B‑2 (图 3.23)。

图 3.21　F‑117 隐形战斗机

图 3.22　B‑1 轰炸机

　　通过避免高雷达回波的形状和角度,可以减小正面雷达截面积。多次反射是除了入射波的形状和极化方向之外的另一个重要因素。如果电磁波进入一个长且封闭的理想导电体,经历多次反射,也可能导致朝向雷达源的大散射场。

　　通过在外壳的内表面涂上雷达吸波材料或重新设计外壳形状,可以减少与雷

图 3.23　诺斯罗普·格鲁曼公司的 B－2 轰炸机

达回波有关的场。例如,弯曲的进气管可以显著增加反射,从而衰减入射能量而不对其空气动力学性能产生任何不利影响。这种空腔尤其应该具有大的横截面纵横比。如图 3.19 所示的 SR－71 发动机进气管是这种多反射低雷达截面积设计的一个例子。读者可以参考 H. Singh 和 R.M. Jha 的著作[10]来了解更多细节信息。

　　此外,值得一提的是,设计隐身结构背后的某种目的是通过目标赋形,将目标反射表面的形状设计成能够将能量反射到远离辐射源的地方,通常是创造一个关于目标运动方向的"静锥区"。由于能量反射,这种方法对无源(多基地)雷达无效,这些类型的雷达在本书第 1 章介绍过,在这里仅作简要说明。

　　无源雷达(PR)系统也被称为无源相干定位(PCL)和无源隐蔽雷达(PCR),这一类雷达系统通过处理环境中非合作源(如商业广播和通信信号)的反射来探测和跟踪目标。这是"双基地雷达"的一个具体例子,后者还包括合作和非合作雷达发射机的研发。

　　双基地雷达(图 3.24)在第 1 章中有描述。这类雷达系统包括一个发射机和一

图 3.24　双基地雷达系统

个接收机,两者之间的距离相当于预期的目标距离。相反,发射机和接收机并置的雷达称为单基地雷达。一个包含多个空间上不同的单基地雷达或双基地雷达部件并具有共享覆盖区域的系统称为多基地雷达。许多远程空对空和地对空导弹系统使用半主动雷达寻的,这也是一种双基地雷达。

注意:寂静哨兵的无源相干定位技术提供精确、实时、全天候的探测和跟踪,是空中监视、导弹跟踪和国土安全应用的理想选择。寂静哨兵采用完全无源的创新方法,它跟踪目标而不产生任何射频辐射,使用来自全球调频广播和电视(模拟和数字)发射机的已有信号。这种几乎无法被探测的监视系统没有任何安全问题和环境影响。与传统雷达系统相比,寂静哨兵的采购、运行和维护成本较低(图 3.25)。

图 3.25 无源相干定位系统

寂静哨兵系统隐蔽性强,性能稳定,具有高度精确的位置和速度测量能力,以及三维跟踪功能。模块化、灵活的、网络化的货架式(COTS)设计有助于新旧系统的集成。寂静哨兵系统结构紧凑,易于部署,可用于各种监视应用。

寂静哨兵具有以下优势:

(1)填补主动监视雷达覆盖范围的空白(如低海拔、复杂地形);

(2)同时覆盖更大高度的大量空域;

(3)可以秘密部署;

(4)实时更新每架探测到的飞机的目标位置和速度;

(5)可用于提示主动跟踪雷达;

(6)采购和运行成本低于传统雷达系统,因为它是基于 COTS 的;

(7)轻松受益于性能的提高和 COTS 组件成本的降低;

(8)无源传感器系统是主动对空监视传感器套件的一个重要附件。

作为最近对"目标成像"(TI)和"自动目标识别"(ATR)研究的一部分,伊利诺伊大学厄巴纳-尚佩恩分校和佐治亚理工学院的研究人员在美国国防高级研究计划局和北约 C3 机构的支持下,已经阐明可以使用无源多基地雷达建立飞机目标的合成孔径图像。使用不同频率和位置的多个发射机,可以为给定目标建立傅里叶空间中的密集数据集。重建目标的图像可以通过快速傅里叶逆变换(IFFT)来完成。赫尔曼、穆林、埃尔曼和兰特曼[11]发表了基于模拟数据的报告,这些报告表明低频无源雷达(使用调频无线电传输)除了提供跟踪信息外,还可以提供目标分类信息。

这些自动目标识别系统利用接收到的能量来估计目标的雷达截面积。当目标穿过多基地系统时,在各种方位角下的雷达截面积估计值与可能的目标雷达截面积模型库进行比较,以确定目标分类。在最新的研究中,埃尔曼和兰特曼构建了一个调整的飞行模型,以进一步完善雷达散射截面积估计[11]。

3.6 跟踪低可探测飞机的方法

正如到目前为止我们所描述的,第五代战机是围绕隐身技术设计的,通过雷达截面积缩减技术来缩小雷达截面积,从而使战机尽可能地隐身。

事实上隐身技术并不像隐身斗篷那样完全不可见,它只是延迟了探测和跟踪的时间。

如果 F-22 携带外部燃料箱——就像它在"转场任务"中经常做的那样——

图 3.26 飞行状态的 F-22 隐身飞机

这时它并不是隐身结构。此外,在和平时期,这架飞机的腹部经常安装一个龙勃透镜装置,以增强其雷达截面积(图 3.26)。也就是说,即使是战斗配置的 F-22 也不是敌方雷达完全看不见的,这与普遍的看法是相反的。任何其他有尾翼面的战术战斗机大小的隐身飞机,如 F-35、PAK-FA、J-20 或 J-31,也都不是完全隐身的[12]。

正如 3.11 节中所讲的,隐身技术涉及的技术措施很少,主要有
(1) 目标赋形;
(2) 材料和涂层选择,如吸波材料;
(3) 无源对消;
(4) 有源对消。

因此,任何外部设备都可能使隐身飞机对瞄准该飞机的雷达波束可见,例如F-22,其外部燃料箱容易受到雷达波束的探测。

此外,物理定律本质上要求战术隐身飞机必须进行优化,以对抗更高频率的波

段,如 C 波段、X 波段、Ku 波段(参见本书第 1 章对这些波段的描述)和 S 波段的高频段。一旦频率超过某一阈值并引起共振效应,在低可探测飞行器的信号中就会出现"阶跃变化"。通常,当飞机上的一个特征(如尾翼)小于特定频率波长的 8 倍时,就会发生共振。

实际上,如果小型隐身飞机的尺寸或重量不能满足雷达吸波材料涂层要求,那么它们就不得不根据自己的最佳频段进行权衡。

因此,在较低频段工作的雷达,如民用空中交通管制雷达,大概率能够探测和跟踪战术隐身飞机。然而,像 B-2 这样的大型隐身飞机,缺乏容易引起共振效应的特性,相对于 F-35 或 F-22 更能有效对抗低频雷达。然而,通常情况下,这些低频雷达并不提供美国国防部官员所说的能将导弹引向目标所需的"武器质量"级的跟踪精度。

然而,美国空军官员称,"即使你能用空中交通管制雷达看到一架低可探测攻击机,没有火控系统你也无法击落它"。

到目前为止,正如本节开头所述,俄罗斯、中国和其他国家正在研发先进的超高频和甚高频波段预警雷达,这些雷达使用更长的波长,以此来提示其他传感器,并为战斗机提供一些敌方隐身飞机的位置信息。但是,甚高频和超高频波段雷达的问题是,长波雷达的分辨率很低。这意味着跟踪精度达不到将武器对准目标所需的精度。

传统上,用低频雷达引导武器受到两个因素的限制。第一个因素是雷达波束的宽度;第二个因素是雷达脉冲的宽度。这两个限制都可以通过信号处理来克服。相控阵雷达——特别是有源电子扫描阵列(AESA)——解决了方向或方位分辨率的问题,因为它们可以通过电子方式控制雷达波束。此外,AESA 可以产生多个波束,并可以根据宽度、扫描速率和其他特征来调整波束的形状。

事实上,一些行业专家认为,高速数据链和低频相控阵雷达的结合可以生成武器质量级的跟踪精度。

美国海军和洛克希德公司可能已经解决了这个问题。该部门公开讨论过将诺斯罗普·格鲁曼公司的 E-2 预警机(图 3.27)作为其 NIFC-CA 作战网络的中心节点,以对抗敌人的空中和导弹威胁。2013 年圣诞节前,美国海军空战主管少将迈克·马纳齐尔在美国海军学院详细描述了这一概念。

在 NIFC-CA "空中"架构下,APY-9 雷达将作为一个传感器,通过 Link-16 数据链为 F/A-18E/F 战斗

图 3.27　E-2 预警机

图 3.28　SM-6 弹道导弹

机提示 AIM-120 AMRAAM 空对空导弹。此外，APY-9 还将作为一个传感器，引导 SM-6 导弹（图 3.28）从宙斯盾巡洋舰和驱逐舰上发射，通过 NIFC-CA"海上"结构的协同作战能力数据链，打击位于舰载 SPY-1 雷达探测范围之外的目标。事实上，海军已经演示了 NIFC-CA 导弹实弹发射，使用 E-2D 的雷达引导 SM-6 导弹对抗超视距射击。根据定义，APY-9 正在生成武器质量级的跟踪精度。

这实际上意味着隐身战术飞机必须与 EA-18G 这样的电子攻击平台并肩作战。

这也是为什么五角大楼一直支持美国在电子战和网络战方面的投资。正如一位空军官员解释的那样，隐身和电子攻击总是有协同关系。因为探测是关于信噪比的，低可探测降低了信号，而电子攻击增加了噪声。他说："任何应对 A2/AD 威胁的长远计划都要兼顾这两个方面。"

正如我们通过公开新闻所看到的那样，美国国防部已经向洛克希德·马丁公司的 F-22 和 F-35 隐身战机投入了数十亿美元，我们听到的和本书中描述的新闻中都出现了低频无源雷达如何探测隐身飞机的细节。五角大楼和国防部官员承认，在甚高频波段工作的雷达可以探测甚至跟踪大多数低可探测飞机，但是传统观点一直认为这种系统不能提供武器质量级的跟踪精度——它们不能将导弹导向目标。就连一名美国海军官员也问道："如果看到了威胁，却无能为力，这样也可以吗？"

今天，技术的发展可能已经弱化了过去甚高频雷达的弱点。随着信号处理和增强技术的发展，加上一种带有大弹头的导弹和集成在机载系统上的末制导系统，甚高频雷达也可用于对抗战术隐身飞机。虽然低频雷达不会直接杀伤，但通过导弹制导系统增强后，它们会杀伤和瞄准目标。可以用已有的数字信号处理技术来克服包括雷达波束和雷达脉冲宽度在内的制约精度的因素（参见附录 C），如果我们考虑到人工智能及其子系统机器学习的优点，它们将会得到进一步提高[13]。

注：波束的宽度与天线的尺寸直接相关。早期的低频雷达，如图 3.29 所示的苏联制造的部署在叙利亚战场前线的 P-14，采用巨大的半抛物面天线产生窄波束。

后来的 P-18 使用了一种紧凑的、可折叠的八木阵列天线，它是一种携带多个天线的床架状框架（图 3.30）。

尽管如此，早期的低频雷达在确定目标的高度、距离和方向方面仍有局限性。此外，这些雷达产生的波束在方位角上有几度宽，在俯仰角上有几十度宽。

图 3.29　部署在叙利亚战场前线的 P‑14 防空系统

图 3.30　P‑18 系统

　　甚高频雷达的另一个限制是它们的脉冲宽度长,脉冲重复频率低,导致距离分辨率差。20 μs 的脉冲宽度对应大约 19 600 英尺(5 974 m)的距离。距离分辨率是脉冲对应长度的一半,在这种情况下,距离在 10 000 英尺(3 048 m)范围内的目标不能被精确确定。根据一位名叫迈克·皮耶特鲁查的官员和一位曾驾驶过麦克唐纳·道格拉斯公司的 F‑4G 和波音公司的 F‑15E 的空军电子战军官的说法,这种距离极近的两个目标不能被区分为单独的两个目标。

早在 20 世纪 70 年代,信号处理技术已经用于提高距离分辨率,关键是脉冲频率调制的过程;这也是皮耶特鲁查先生所说的"它接收一个脉冲,并在脉冲输出时对频率进行调制",这被称为"啁啾声",因为这就是它听起来的声音。当脉冲被接收时,它通过一个特殊的芯片处理,这个芯片对它进行解压缩。更多细节可参见戴夫·马约姆达的著作[14]。

3.7 破解隐身

正如本章前几节所述,塞巴斯蒂安·斯普林格在 2019 年 9 月 29 日发表的标题为《破解隐身,一家德国雷达供应商声称在 2018 年从一个小农场追踪到了 F-35 飞机》的文章中,解释了一家德国公司如何使用无源雷达技术跟踪两架第五代隐身飞机。所有这些问题在上一节都有一定程度的解释,这里我们做进一步阐述。

隐身飞机,如 F-22 或 F-35 等第五代喷气式飞机都装备有龙勃透镜雷达反射器,用来使雷达探测低可探测飞机。这些装置安装在飞机上,当飞机不需要避开雷达时就可以使用:在转场飞行期间,当飞机与空中交通管制机构合作使用转发器时;在不需要隐蔽的训练或作战任务中;或者更重要的是,当飞机接近敌人时,其地面或飞行雷达需要将它作为情报收集的传感器。

这就是为什么在叙利亚大量部署的俄罗斯雷达和 ELINT 平台会引起以色列对初步具备作战能力(IOC)的 F-35 的担忧。

初步具备作战能力声明是在海军第一个 F-35C 中队和攻击战斗机中队(VFA)147 在美国海军卡尔·文森号(CVN-70)上进行航空母舰资格认证,并获得飞行安全作战认证,之后在几周时间里与海军的测试团体合作,以证明其能够操作和维护新型隐身战斗机之后做出的。

在美国海军宣布攻击战斗机中队 VFA-147 具备作战能力之前,该中队必须证明几件事。战斗机联队准将马克斯·麦考伊告诉《USNI 新闻》:"该中队所有飞行员都必须有资格在岸上作战,能够从文森号航母起飞作战;飞行员必须证明他们能够进行一系列操作;维护人员必须证明他们可以让新飞机持续飞行;海军必须证明它可以通过一个成熟的后勤系统来保障这个中队(图 3.31)"。

戴夫·马朱姆达这样一位拥有丰富隐身飞机飞行经验的空军官员,在 2018 年 11 月 8 日的《国家利益》杂志第 15 期上写了一篇题为《俄罗斯有朝一日如何击落一架 F-22、F-35 或 B-2 隐身轰炸机》的文章,他接着解释了文章背后的理论,"技术上可行并不意味着战术上可行"[15]。

随着华盛顿和莫斯科之间紧张局势的加剧,俄罗斯军方警告美国,它有能力瞄准

图 3.31　三架 F‑35C 闪电二号

隐身飞机,如洛克希德·马丁公司的 F‑22 战斗机、F‑35 战斗机和诺斯罗普·格鲁曼公司的 B‑2 轰炸机。这些飞机可能在叙利亚上空被 S‑400(北约称之为 SA‑21)和最近抵达的 S‑300V4(北约称之为 SA‑23)防空和导弹防御系统击落(见下文的描述)。然而,西方国防官员和分析人士对此表示怀疑,并指出 F‑22 和 F‑35 都是专门设计用于对抗俄罗斯研发的武器。

俄罗斯国防部发言人伊戈尔·科纳申科夫少将对俄罗斯国家媒体说:"部署在叙利亚赫梅姆和塔尔图斯的俄罗斯 S‑300 和 S‑400 防空系统的作战范围可能会使对方空中目标感到意外。俄罗斯防空系统的操作人员来不及确定空袭的来源,但必须立即做出反应。任何关于'隐身'飞机的幻想都将不可避免地被令人失望的现实所粉碎。"

然而,尽管莫斯科方面大胆宣称其 S‑400 和 S‑300 V4 防空系统具备反隐身能力,事实上,即使俄罗斯的低频搜索和截获雷达能够探测和跟踪战术隐身飞机,如 F‑22 和 F‑35 等(图 3.32),在 C 波段、X 波段和 Ku 波段工作的火控雷达也不能瞄准低可探测喷气式飞机,除非在非常近的距离。隐身不是——也从来不是——看不见,但它确实对探测造成了大大的延迟,这样战斗机或轰炸机就可以在敌人做出反应之前攻击目标并离开。

战术隐身飞机必须进行优化,以对抗更高频率的波段,如 C 波段、X 波段和 Ku 波段——这是一个简单的物理问题。一旦频率超过某个阈值并引起共振效应,低可探测飞机的信号就会发生"阶跃变化"。通常情况下,当飞机上的某个特征(如尾翼或类似物)小于特定频率电磁波波长的 8 倍时,就会发生这种共振。战术隐身飞机的尺寸或重量不能满足雷达吸波材料涂层要求,那么它们就不得不根据自己的

(a) F-22   (b) F-35

图 3.32　隐身战斗机 F‑22 和 F‑35

最佳频段进行权衡。

这意味着在较低频段工作的雷达(如部分 S 波段或 L 波段)能够探测和跟踪某些隐身飞机。最终,为了对抗低频雷达,需要设计一种更大的隐身飞机,就像诺斯罗普·格鲁曼公司的 B‑2 或 B‑21 这样没有很多能引起共振效应的机身特征的大型隐身飞机。但是在超高频和甚高频波段,设计者并没有试图让飞机隐身——相反,工程师们希望创造一个雷达截面,与低频雷达固有的背景噪声融合在一起。

低频雷达可以用来提示火控雷达。此外,其他国家已经开始努力研发较低工作频率的目标指示雷达。然而,那些低频火控雷达仅仅存在于理论上,离投入使用还有很长的路要走。

"隐身就是'延迟探测',而且这种延迟越来越短。地对空导弹(SAM)雷达正在将它们的频率转移到美国隐身能力较弱的较低频段。"波音公司 F/A‑18E/F 和 EA‑18G 的高级项目经理马克·格蒙不久前对这篇文章的作者戴夫·马约姆达说[16]。

预警雷达工作在甚高频频段,这一频段隐身能力有限。这些雷达与地对空导弹雷达联网来给地对空导弹雷达提供搜索指示。

但是低频雷达本身并不能提供武器质量级精度的跟踪轨迹,这是引导导弹瞄准目标的需要。于是提出了各种各样使用低频雷达的技术来达到这种目的,但是没有一种技术被证明是可行的。几年前,美国空军上校迈克尔·皮耶特鲁查在《航空周刊·空间技术》发表的一篇文章中,向戴夫·马约姆达描述了一种可能完成此壮举的方法。然而,美国空军官员对此技术不屑一顾。一位拥有丰富隐身飞机作战经验的空军官员解释说:"技术上可行并不意味着战术上可行。"

与此同时,现役的 F‑22 战机飞行员表示:"讨论具体的 SAM 反击策略是非常机密的"。然而,F‑22 完全有能力对抗目前或计划部署的任何俄罗斯地对空导弹系统。

此外,上述题为"破解隐身"的文章并非唯一。2001 年 11 月 30 日,在第 121 卷第 63 期《科技》网络版中,陶悦撰写了一篇文章《B-2 隐身轰炸机的探测以及"隐身"和侦察监视简史》,他声称"手机探测到了隐身轰炸机"。主要的美国空军隐身轰炸机和战斗机如图 3.33 所示。

F-117　　　　　　　　　　　　　　　　　　B-2

F-35

图 3.33　美国空军的隐身飞机

6 月初,新闻中充斥着这样的标题。报纸把它们放在头版顶端,杂志用彩色图表印刷,电视网络在它们的晚间新闻广播作头条报道。

这样的故事令人无法抗拒。隐身技术是美国在冷战后世界军事优势的最有力的象征。尽管其他国家也在研究类似技术,但迄今为止没有一个国家像美国一样成功。移动电话这样普通的东西破坏了美国军工联合体的象征,这实在是太讽刺了,媒体绝对无法抗拒这样的故事。几乎在所有的报道中,这项技术都被描述为创新性的和革命性的,很多人拿大卫和歌利亚的故事类比。

然而,一周之内,这个故事几乎从媒体上消失了。美国军方没有启动任何应急计划来应对这一威胁。

我们不禁要问:"发生了什么?"在本书的第 4 章,我们将详细讨论隐身技术。为了推进这一部分,我们先来谈谈隐身技术的概述。

隐身技术是在洛克希德·马丁公司传奇的臭鼬工厂研发的,该工厂曾生产过以下飞机:诸如美国第一架喷气式战斗机 P-80 这样的机型;U-2 型高空侦察机,它因拍摄 1962 年安装在古巴的苏联核导弹而闻名;SR-71,仍然是有史以来最快的喷气式飞机；F-117，一架吸引了全世界注意力的隐身战机。

　　甚至在隐身战斗机的存在被公开之前，就有传言在航空航天和国防界流传。汤姆·克兰西在他的小说《红色风暴崛起》中介绍了隐身战机，描述了华约组织和北约组织之间的常规战争。生产汽车、轮船和飞机精确比例模型的特思特沃斯公司甚至根据声称看到的 F-19 出售了一款模型，F-19 是推测出的这种新型飞机的名称。

　　当 F-117 被公开宣布时，令人惊讶的不仅仅是它的名字。这架飞机本身看起来就不像一架现代喷气式战斗机。F-117 没有采用光滑的、为超音速性能而优化的空气动力学外形，而是采用了多个块状的平坦表面。它的机翼向后掠得非常厉害，使得飞机难以产生足够的升力起飞。

　　这是有原因的。最开始的隐身技术采用的涂层比飞机上常用的铝材反射的雷达波更少。事实上，已经服役 30 年的 SR-71 侦察机就是利用雷达吸波涂层来降低被发现的概率。但是没有完美的雷达吸收器。臭鼬工厂更进一步改造了 F-117，这样雷达波束就可以被反射到不同于它产生的方向。

　　20 世纪 70 年代的计算能力有限，飞机被设计成平面来减少所需的计算次数。每一个平坦的表面都会增加一个额外的雷达反射方向，所以使用的表面数量保持在最小。这使得飞机在所有三个轴上的空气动力学都不稳定，所以飞行员需要电传操纵能力来控制飞机。封闭的炸弹舱、特殊的飞行员座舱盖、所有接头处的特殊密封以及发动机的特殊冷却通风口也有助于提高飞机的隐蔽性。

　　F-117 的雷达信号大约是常规飞机的百分之一，这使得它在雷达上看起来只比一只鸟大一点。继 F-117 之后的 B-2 隐身轰炸机得益于更强大的计算能力，其轮廓形状进一步减少了雷达信号。最新列装美军舰队的 F-22，使用了更先进的外形设计。

　　然而，反隐身是一项艰巨的任务，从技术上讲，需要更复杂、更先进的无源雷达系统，如单基地或双基地雷达，甚至是传统的无源系统，如前几节所述。

　　隐身技术的发展需要多年的研究和巨大的计算能力。对抗它同样是一项艰巨的任务。在海湾战争中，F-117 隐身战斗机飞行超过 1 300 架次，没有一架被击落。直到 1999 年南斯拉夫军队在科索沃击落了一架隐身飞机，才有第一架隐身飞机在战斗中消失。然而，这一壮举并没有被复制。

　　其实，从一开始，人们就认识到隐身并不是无懈可击的。隐身不仅依赖于它不被雷达探测到的能力，还依赖于它不被其他手段探测到的能力。这就是为什么隐身飞机在战斗中通常不使用雷达，也不发送任何无线电信号。然而，引擎虽然被冷却以减少红外辐射，但仍然比周围空气散发更多的热量，这一弱点使得俄罗斯制造的 SA-3 红外空对空导弹能够锁定在南斯拉夫上空的飞机。此外，隐身飞机在明亮的天空会比较显眼，这使得它们只能在夜间使用。

　　不过,这些问题可以通过限制隐身战机在有利军事形势下的使用来解决。更严重的问题是飞机表面固有的缺陷。无论它们制造得多么精确,在飞行过程中,由于大气摩擦,它们都会自然消解。空气中的灰尘和雨水对它的影响更大。尽管有特殊的技术来修复刻痕、划痕和密封接缝,将一个零件连接到另一个零件上,但这些都是由维修人员在时间压力下完成的,以便让每架飞机进行另一次攻击。所有这些使得隐身飞机总是会反射一定数量的雷达波。

　　此外,从"洛克庄园系统"(洛克庄园研究有限公司是一家英国公司,总部设在汉普郡罗姆西的洛克庄园)看破解隐身不是问题。这家英国公司主要从事通信、网络和电子传感器的研究和开发业务。

　　今年夏天发布的隐身探测系统是由位于汉普郡罗姆西的英国国防公司洛克庄园研究公司开发的。该系统不探测隐身飞机排放物,相反,它通过探测反射回来的雷达波来攻击隐身系统本身。

　　麻省理工学院航空航天学教授约翰·汉斯曼解释说:"有些隐身飞机,如F-117,具有专门为单基地雷达或常规雷达设计的低雷达截面积。对于双基地雷达来说它们不是隐身的。"

　　传统的单基地雷达把发射机和接收机放在同一个位置,这样当发现飞机时就可以很容易地定位。双基地或多基地雷达会将接收机与发射机放在不同的位置,这使得计算飞机的位置更加困难。

　　然而,隐身飞机确实会反射一些雷达波,但远离发射机方向,双基地雷达恰好可以接收这些反射波,进而探测隐身飞机。

　　问题就变成了规模和协调的问题。隐身飞机只有在理想的对准状态下才是可见的,这样发射机发射的信号就能被隐身飞机反射到接收机上。然而,隐身飞机在飞行和空中作战过程中,容易受到攻击的角度组合是极少的。

　　洛克庄园系统通过计算创造性地解决了这一问题。为了解决第一个问题,每隔几英里(1 英里＝1 609 米)就建造一个雷达,其成本高得令人望而却步。然而,雷达只是无线电波的一种应用,在今天的无线时代,无线电波围绕着我们。特别是在工业化国家,手机信号塔每隔几英里,有时甚至每隔 100 英尺(30.48 米)就有一个。电话公司还能准确定位信号塔的位置,并将电话线与信号塔连接起来,方便通信。

　　实际上,洛克庄园的研究人员已经设想使用手机信号塔作为一个极其密集的雷达发射器和接收器网络,通过通信链路相互连接。与单独的雷达站点相比,手机信号塔的绝对数量使得探测容易得多。

　　BBN 大学的首席科学家格雷戈·杜克沃斯在一个与雷达非常相似的水下声学领域做研究,他说:"很多隐身技术都与雷达波定向有关。它对单基地雷达非常有效。然而,如果你有双基地雷达,特别是大量的辐射源,那么你就可以从很宽的角度激发目标,你在许多地方有多个接收机,基本上就具备绕过隐身目标的定向能力。来自发射塔的入射波很有可能会被反射到一个或多个接收机。"[17]

在绕过隐身飞机的定向功能后,该系统将移动信号塔的所有数据汇集在一起。到目前为止,这都是不可能的。然而,不断增强的计算能力和先进的信号处理技术使得对所有信号进行分类并形成连贯的雷达图像成为可能。具有讽刺意味的是,计算机技术的发展最初使隐身成为可能,而现在它的进一步发展又使探测隐身飞机成为可能。

给定一个移动网络、大规模的并行计算机和洛克庄园软件,就可以获得一架飞机的哪些信息?事实证明信息是相当多的。

汉斯曼说:"如果你能得到一个雷达回波,并且能充分处理它的话,你就能从回波信号中得到各种信息。例如,如果你观察返回信号的多普勒频移,就可以得到飞机的速度。如果你足够敏感,就可以看到频率的影响,如发动机旋转或结构振动。如果你有几个接收机或不同的成像角度,就可以重建目标的图像。"[17]

这些数据进一步降低了隐身技术的有效性。即使是单基地雷达,隐身技术也总会返回一个小信号,这个信号小到以至于它通常被雷达显示器或操作员过滤掉。然而,有了速度和形状信息,以及专门设计用来探测隐身飞机的软件,将飞机和空中的鸟分开就变得相当容易了。

森西公司是一家专门研究航空运输和防空的公司。该公司研究员厄尼·洛克伍德说:"我对这一进展并不感到意外。为了提高目标的生存能力,我和我的一些同事也研究了新型双基地战场雷达技术。我们还向罗马实验室提交了一份使用多状态技术的提案。"[17]

国防研究人员和国防工业专家似乎也认同这项技术的可靠性。一些人认为这是雷达技术的自然发展。

格雷戈·杜克沃斯说:"在水下,他们已经使用了多基地系统,因为目标的反射特性使它们无法自然地将物体反射回来。这并不是因为他们尝试过,就像隐身技术一样,而是因为物理学让他们自然而然地去做。"

杜克沃斯还在手机信号塔和电视传输之间做了类比。

杜克沃斯说:"电视有了很大的改进,梳状滤波器也变得更好了。不过,在老式电视机上,当飞机飞过你的房子时,飞机的反射波最终会干扰你的天线,你会在屏幕上看到线条和伪像。在某种程度上,隐身飞机不能吸收电磁波,但其残余部分仍会与飞机发生相互作用,从而形成可检测的干扰模式。"

电视的比喻特别贴切,因为洛克希德公司一直在致力于一个项目,这个项目的运作原理与洛克庄园的反隐身系统相同。在这个名为"寂静哨兵"的项目中,调频电台和甚高频电视广播被用来提供密集的无线电波网络,与隐身飞机相互作用。虽然调频和甚高频发射塔比手机发射塔要少,但每个单独的发射塔的传输能力更强。台站数量越少,对系统的计算要求也越低[17]。

所以现在的问题是：反隐身的影响是什么？这项反隐身技术的影响有多深远？和所有军事技术一样，这取决于具体的应用。

麻省理工学院安全研究项目的副主任兼首席科学家欧文·科特解释说："即使这个系统工作正常，如果你不能击落飞机，它也没有用。在红外或雷达锁定飞机之前，你必须想办法将导弹引向非常接近目标的地方。"[17]

"这不是移动技术，"他继续说道，"你的手机信号塔在固定的位置。虽然几乎不可能将它们全部摧毁，但它们像常规雷达一样容易受到干扰。隐身可能是一种半衰期非常短的技术。然而，面对塞尔维亚和伊拉克这些技术还无法与我们匹敌的敌人，我认为隐身技术的使用寿命要长得多。作为概念，这种双基地技术听起来不错。然而，实际的实施又是另一回事。"

不过，科特博士看到了一个成功系统的一些长期影响。他说："进攻优势不会持久。通常有一个相对便宜的防御手段来应对新的进攻技术。我们可能会发现自己离载人运载平台越来越远，而更加关注巡航导弹、战术弹道导弹和精度令人难以置信的短程导弹。"[17]

这项技术被广泛认为是可行的，洛克庄园声称已经在开发原型。然而，双基地雷达既不是奇迹，也不是让几十年的隐身研究变得一文不值的灾难。这是矛与盾之间的又一场战役。

3.8　S-300V4

S-300(北约报告名称 SA-10)是由金刚石公司生产的一系列俄罗斯远程地对空导弹(SAM)系统。最初的 S-300P 版本如图 3.34 所示。

图 3.34　S-300 防空导弹系统

图 3.35　拦截弹道导弹

图 3.34 是 2009 年 5 月 9 日在红场游行中的 S-300 防空导弹系统照片。

S-300 系统是苏联防空部队为防御飞机和巡航导弹而开发的,如图 3.35 所示。后来的改进型被开发出来用于拦截弹道导弹。苏联于 1979 年首次部署 S-300 系统,设计用于大型工业和行政设施、军事基地的防空以及对敌方攻击机的空域控制。

该系统是全自动的,尽管金刚石公司基于 S-300P 初始版本生产的系统也可能需要人工观察和操作。

该系统的组件可能在中央指挥所附近,也可能远在 40 km 之外。每台雷达为中央指挥所提供目标指示。指挥所将从相距 80 km 的目标指示雷达接收到数据并进行比对,过滤假目标,在如此遥远的距离上,这是一项艰巨的任务。中央指挥所具有主动和被动目标探测模式。

S-300 被认为是目前部署的最强大的防空导弹系统之一。S-300 系统的一个进化版本是 S-400(北约报告名称 SA-21),它从 2004 年开始服役[18]。

3.9　S-400

S-400 以前被称为 S-300PMU-3,是一种防空武器系统,在 20 世纪 90 年代由俄罗斯金刚石中央海军设计局开发。作为 S-300 家族的升级,自 2007 年以来,它一直在俄罗斯武装部队服役。2017 年,S-400 被《经济学人》描述为"目前制造得最好的防空系统之一"。根据 SIPRI 高级研究员西蒙·韦泽曼的说法,S-400 是最先进的防空系统之一[19]。

30K6E 是一个管理 8 个模块的管理系统。55K6E 是一个基于乌拉尔-532,301 的指挥和控制中心。91N6E 是安装在 MZKT-7930 上的具有抗干扰保护的全景雷达探测系统(射程 600 km)。S 波段系统可以跟踪 300 个目标。6 个营的 98ZH6E 地对空导弹系统(一个独立的战斗系统)可以自行跟踪不超过 6 个目标,如果它们在 40 km 的射程内,还可以再增加 2 个营。92N6E(或 92N2E)是一种多功能雷达,射程为 400 km,可跟踪 100 个目标(图 3.36)。

图 3.36　集成 92N6A 雷达的 S-400 照片

拖车上的 5P85TE2 发射器和 5P85SE2 发射器(最多 12 个发射器)用于发射。48N6E,48N6E2,48N6E3,48N6DM,9M96E,9M96E2 和超远程 40N6E 由俄罗斯总统命令授权。俄罗斯政府称,S-400 利用了一个主动电子扫描阵列[19]。

将俄罗斯制造的 S-400 和美国末段高空区域防御(THAAD)系统进行比较,如图 3.37 所示,可以说美国制造的 THAAD 是一个有效的导弹防御系统,其拦截弹道导弹的拦截高度和射程超过其对手。

然而,严格来说,它是一种反导系统,只能在非常大的高度(至少 4 050 km)打击目标,这使得它对战斗机或远程战略飞机毫无用处。它不是 S-400 或爱国者那样的防空导弹。

一个国家要想有效防御飞机和导弹将不得不购买两个昂贵的美国系统爱国者和 THAAD,而俄罗斯的 S-400 同时具备两者的功能。

图 3.37　末段高空区域防御系统

一位国防工业的消息人士说:"S-400 还可以在 60 km 的距离内打击难以对付的弹道目标,其击落高速目标的能力几乎相当于 THAAD(速度约为 17 km/s)。"[20]

3.10　S-500

S-500,如图 3.38 所示的"普罗米修斯"(Prometheus),也称为 55R6M"胜利者-M"[21],是一种俄罗斯地对空导弹/反弹道导弹系统,旨在取代目前正在使用和补充 S-400 的 A-135[22]导弹系统(即俄罗斯反弹道导弹系统)。金刚石-安泰防空公司正在开发 S-500。最初计划在 2014 年投产,之后计划在 2020 年部署。就其特点而言,它非常类似于美国的末段高空区域防御系统。

图 3.38 俄罗斯 S-500 攻击巡航导弹

图 3.39 飞行状态下的"泰坦二号"
洲际弹道导弹

S-500 是新一代地对空导弹系统,用于拦截和摧毁洲际弹道导弹(图 3.39),以及高超音速巡航导弹(图 3.40)和飞机,用于防空对抗空中预警以及干扰飞机。反弹道导弹的预期射程为 600 km,防空的预期射程为 400 km,S-500 能够探测并同时攻击 10 个以 5 km/s 到 7 km/s 速度飞行的高超音速弹道目标。

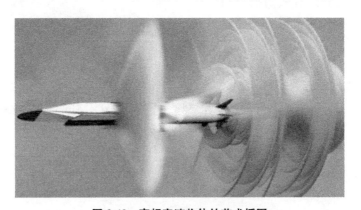

图 3.40 高超音速物体的艺术插图

它能有效对抗射程 3 500 km 的弹道导弹,雷达作用半径为 3 000 km。它能够防御的其他目标包括无人驾驶飞行器、低轨卫星和从高超音速飞机、无人驾驶飞机、高超音速轨道平台发射的空间武器(图 3.40)。

它还旨在摧毁超音速巡航导弹和其他速度更快的目标。

该系统将具有高度的机动性和快速部署能力。专家们认为,该系统的能力可以在飞行中段和末段影响敌人的洲际弹道导弹,但金刚石-安泰防空公司的报告称,外部目标指定系统(RLS Voronezh-DM 和导弹防御系统 A-135 雷达 Don-2 N)将能够在飞行的早中段拦截敌人的弹道导弹,这是 S-500 项目的最后阶段之一。它的响应时间小于 4 s(相比之下,S-400 的响应时间小于 10 s)[21]。

作为先进的新一代武器系统,高超音速武器对导弹防御系统来说都是一个巨大的威胁。

由于这些物体以超音速(5~15 Ma)飞行和机动,用现有的任何雷达系统跟踪它们都是不可能的任务。目前在美国武器系统内,还没有一个可靠的应对措施。

该作者(Zohuri)发表了一篇题为《未来战场的新武器——由高超音速驱动》的论文,指出速度是新的隐身技术,并与该论文的合著者一起提出了一种新的防御机制[23]。

3.11 美国对抗俄罗斯的隐身战斗机和轰炸机

随着美国新一代战机如第五代 F-35 隐身飞机的出现,俄罗斯采取了新的措施,针对这种飞机建立了新的有效防空系统。

作为莫斯科日益复杂的反介入/区域封锁(A2/AD)(图 3.41)能力的一部分,俄罗斯的空中防御可能看起来令人生畏,但这些系统保护的区域远非不可穿透的保护罩或一些分析人士所称的"铁穹"。

图 3.41 俄罗斯 A2/AD 系统

诚然,分层和一体化的防空系统无法使用传统的第四代战机(如波音 F/A-18E/F 或洛克希德·马丁 F-16)进行攻击,但这些系统有一个致命弱点,对于大面积防空可能在人员和物资方面变得过于昂贵。俄罗斯防空部队仍将难以有效对抗第五代隐身飞机,如洛克希德·马丁公司的 F-22 或 F-35(图 3.42)。

图 3.42　一架 F-35Bs(JSFs)从美国军舰上起飞

CNA 公司专门研究俄罗斯军事事务的科学家迈克·考夫曼在接受《国家利益报》采访时表示:"就建立可行的空中防御系统对抗第五代战机而言,很明显俄罗斯正试图解决隐身问题。俄罗斯的先进雷达、各种有能力的导弹和系统试图将大量数据整合起来,形成更强大的防空力量,这将越来越多地把西方空军分成两个梯队。在未来,当这些系统扩散到中国、伊朗和其他地区大国时,将会有一些系统能够在高端战斗中渗透并在先进的防空系统中生存下来,这些系统的任务是轰炸 ISIL 或其继任者"。

考夫曼指出,俄罗斯制造的先进防空系统,如 S-300,S-400 和即将推出的 S-500 系列,都配有探测和跟踪低可探测飞机(如 F-22 和 F-35)的系统。那只是物理上的一个功能(见第 4.5 节)。莫斯科面临的问题是,尽管俄罗斯工作在甚高频、超高频、L 波段和 S 波段的预警和跟踪雷达能够探测甚至跟踪战术隐身飞机,但这些系统无法提供武器质量级的跟踪精度。"俄罗斯投资了低频预警雷达,并进行了一些很好的改进,但它能利用这些来合成一幅好的图像,并对其进行处理,从而研制出一种跟踪低可探测飞机的雷达么?"考夫曼反问道。

物理上要求战术隐身飞机必须进行优化,以对抗更高频率的波段,如 C 波段、X 波段和 Ku 波段,火控雷达使用这些波段来产生高分辨率的跟踪轨迹。工业界、空军和海军官员都认同,一旦频率超过某个阈值并引起共振效应——这通常发生在 S 波段的高频段——低可探测飞机的特征就有"阶跃变化"。

通常,当飞机上的一个特征——例如尾翼——小于特定频率波长的 8 倍时,就会产生共振效应。实际上,如果小型隐身飞机的尺寸或重量不能满足雷达吸波材料涂层要求,那么它们就不得不根据自己的最佳频段进行权衡。这意味着隐身战术战斗机将出现在工作频段较低的雷达上——例如 S 波段或 L 波段,或者更低的频段。像诺斯罗普·格鲁曼公司的 B-2 或即将上市的 B-21 这样的大型隐身飞机没有多少能引起共振效应的机身特征,因此,它们更能有效应对低频雷达。

对俄罗斯来说,解决瞄准低探测飞机的问题是他们继续努力的方向——但莫斯科方面是否解决了这个问题值得怀疑。俄罗斯在空中防御的大力投资告诉我们,对其地面部队的主要威胁来自美国的空中力量。因此,考夫曼指出,对抗隐身技术是俄罗斯国防的首要任务之一,俄罗斯为此投入了大量资源。

然而,根据一家德国雷达制造公司最近的报告显示,他们使用新设计的无源雷达系统跟踪 F-35 隐身战斗机数百英里,那么问题来了,美国的隐身战斗机和轰炸机是否能够生存下来,对抗俄罗斯新研发和正在研发的 S 系列地对空导弹系统,如 S-300、S-400 和 S-500。因此,在这种情况下,"隐身是真的隐身吗"是作者在这里强调的主题。

正如在本章 3.4 节中提到的,为了隐身,我们需要减少飞行物的雷达截面积,并研究控制雷达截面积的方法以及在实施这些方法时的考虑因素。雷达截面积缩减技术一般可分为四类:

（1）目标赋形;

（2）材料和涂层选择,如辐射吸波材料;

（3）无源对消;

（4）有源对消。

在上述四个步骤的基础上还可以增加一个步骤作为第五步,那就是利用高超音速功能的优势。这种优势至少在马赫数 5 到 15 之间的某个位置起作用,因为这种优势在新的武器系统中得到了增强[23]。

然而,将隐身技术集成到一代飞机上的代价是速度退化。参见第 4.4 节了解更详细的信息。

俄罗斯已经尝试了许多不同的方法来对抗隐身技术。其中之一是试图开发一个紧密的综合防空网络,多个雷达试图从不同的方向探测同一架飞机——但这些努力的效果如何仍是一个悬而未决的问题。考夫曼说:"能够看到一架飞机或它的一部分是很好的,但要获得足够的精度让导弹接近目标是主要的挑战。"

虽然俄罗斯和中国还没有解决这个问题,但很明显,随着时间的推移,隐身技术已经不再是优势了,尽管解决问题的成本可能并不低。最终,俄罗斯将会找到解决隐身问题的方法,因为进攻和防守之间的周期性斗争将会无限地持续下去——这只是一个时间问题。

参考文献

［1］http://www.popsci.com/technology/article/2010-07/stealth-paint-turns-any-aircraft-radarevad ing-stealth-plane.

［2］ Swapnil Vasant Ghuge and Prof M. BN. Fanisam，"COMPOSITE MATERIAL AND NANOMATERIALS ON STEALTH TECHNOLOGY"，Scientific Journal Impact Factor (SJIF)，ISSN (PRINT)：2393 8161 & ISSN (ONLINE)：2349 9745.

［3］ https://www. c4isrnet. com/intel-geoint/sensors/2019/09/30/stealthy-no-more-a-german-radar-vendor-says-it-tracked-the-f-35-jet-in-2018-from-a-pony-farm/? utm _ source twitter. com& utm_medium social&utm_campaign Socialflow+DFN.

［4］ https://www.nutaq.com/blog/active-vs-passive-radar.

［5］ https://www. foxnews. com/tech/missing-japanese-f-35-poses-major-security-headache-for-us-if-it-falls-into-russian-or-chinese-hands.

［6］ M. Skolnik，"Introduction to radar systems"，2nd Edition，McGraw-Hill，Inc 1980. http://www.radartutorial.eu/19.kartei/11.ancient/karte046.en.html.

［7］ http://www.radartourial.eu/19.kartei/11. August/karte 046.en. html.

［8］ http://www.radartutorial.eu/19.kartei/11.ancient/karte049.en.html.

［9］ David C. Jenn，"Radar and Laser Cross Section Engineering"，Second Edition，Published by American Institute of Aeronautics and Astronautics，Inc (AIAA)，Education Series，Reston，Virginia 2019.

［10］ Hema Singh and Rakesh Mohan Jha，"Active Radar Cross Section Reduction，Theory and Applications"，Cambridge University Press，published in 2015.

［11］ http://www.ifp.illinois.edu/~smherman/darpa/.

［12］ https://medium.com/war-is-boring/how-to-detect-a-stealth-fighter-d504f0cb8fbb.

［13］ B. Zohuri and F. M. Rahmani，"Artificial Intelligence Driven Resiliency with Machine Learning and Deep Learning Components"，International Journal of Nanotechnology & Nanomedicine，26 Aug 2019，Volume 4，Issue 2 pp. 1 – 8.

［14］ https://aviationweek.com/defense/ways-track-low-observable-aircraft.

［15］ https://nationalinterest.org / blog / buzz / how-russia-could-someday-shootdown-f-22-f-35-or-b-2-stealth-bomber-35512.

［16］ https://news.usni.org/2014/04/21/stealth-vs-electronic-attack.

［17］ http://tech.mit.edu/V121/N63/Stealth.63f.html.

［18］ https://en.wikipedia.org/wiki/S-300_missile_system.

［19］ https://en.wikipedia.org/wiki/S-400_missile_system.

［20］ https://www.defenseworld.net/feature/20/Battle_of_the_Air_Defense_Systems__S_400_Vs_ Patriot_and_THAAD#.XZu7dWdYZhE.

［21］ https://en.wikipedia.org/wiki/S-500_missile_system.

［22］ https://en.wikipedia.org/wiki/A-135_anti-ballistic_missile_system.

［23］ B. Zohuri, P. McDaniel, J. Lee, and C. J. Rodgers，"New Weapon of Tomorrow's Battlefield Drive by Hypersonic Velocity" Journal of Energy and Power Engineering 13(2019)，177 – 196.

第 4 章
隐身技术

纵观历史,战争规则一直都在不断变化,技术、战略、战术和武器等因素一直是决定着主导战场的战争法则。那么第六代战斗机的出现又将带来什么新的变革呢?目前如 PAK‐FA、F‐22 或 F‐35 等联合攻击战斗机都还没有完全投入使用,有人可能会质疑现在就考虑这些问题是否为时过早?军事技术革命驱动军事竞争样式的变革,"兵者,国之大事,生死之地,存亡之道,不可不察也",这个问题值得我们研究和深思,那么未来战场上又有哪些新技术武器可以发挥关键作用呢?

4.1 引言

2019 年 9 月 30 日,《每日邮报》的 Stacy Liberatore[1] 报道说,一部架设在某马场的"德国实验性雷达"跟踪了两架从航展返航的美国 F‐35 隐身战斗机近百余英里(图 4.1)。美国空军称 F‐35 隐身战斗机每架均耗资过亿美元,雷达几乎无法探测。但某德国雷达制造商声称,他们采用了新一代的新型传感器和处理器,成功跟踪了这两架隐身战斗机近百余英里。战斗机隐身技术主要是利用雷达吸波材料或

图 4.1 正在起飞的 F‐35

采用减小雷达截面积的赋形设计,降低战斗机对雷达的反射回波,而该德国公司声称他们创新使用了一种新的"无源雷达"系统,通过分析目标对民用通信辐射信号(如广播和电视以及移动电话基站信号)反射特性来发现目标。

德国雷达制造商声称,2018年有两架从亚利桑那州的卢克空军基地飞往德国参加柏林航展的F-35战斗机。航展期间这两架飞机从未升空,这意味着位于机场角落的无源雷达无法对它们进行测试,然而,这家德国雷达制造商并未放弃,直到他们得知战斗机正准备返航,就立即在附近的小马场上架设起这台名为"TwInvis"的无源雷达,成功地探测并跟踪到了F-35战斗机。

诸如利用无源雷达观察跟踪以F-35为代表的第五代隐身战斗机的此类事件,好像是"飞机与雷达之间的猫捉老鼠游戏",而对于雷达制造商来说,可以利用新型传感器技术来获取更多优势。如果对F-35这类隐身战斗机可进行跟踪的报道是真实的话,那么美国空军声称的战斗机价值上亿美元的隐身性能可能将大打折扣。

事实上,任何技术措施都存在与之相应的对抗措施,且现代技术进展如此迅速,每种创新技术只会持续一段时间,然后就会出现另一种新技术取而代之。众所周知,俄罗斯和中国正在努力发展新技术。事实上,最新一代的萨姆地对空导弹如S-400和S-500有能力跟踪和击落任何高速隐身战斗机,如F-22和F-35(图4.2)。

 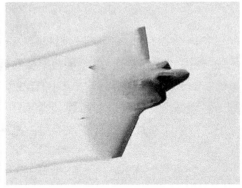

(a) F-22 猛禽   (b) F-35 闪电

图4.2 美国空军第五代战斗机

这意味着新一代地对空导弹系统的雷达具有高精度的跟踪系统,能够跟踪这些飞机并击落它们。这种S-400和S-500的雷达跟踪隐身战斗机的能力和上述德国雷达制造商声称的跟踪F-35战斗机的无源雷达如出一辙。自从Hensoldt在柏林Schonefeld机场的停机坪上建立了一个站点以来,TwInvis与F-35之间的故事一直被媒体所关注,该无源雷达系统可以发现以前无法检测到的目标。据媒体报道该系统装在一辆面包车或SUV中,天线可折叠,是防空领域潜在的游戏规则改变者。图 4.3 为 TwInvis 无源雷达跟踪系统提供的空中态势图,该系统覆盖整个德国南部领空。

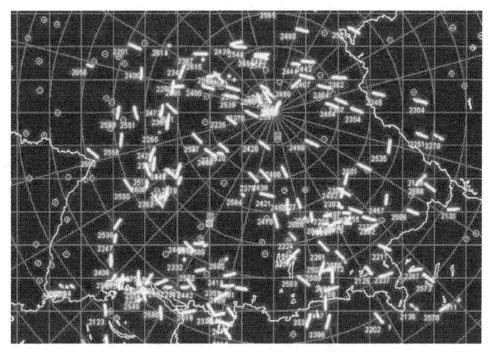

图 4.3　TwInvis 无源雷达跟踪系统提供的空中态势图

在系统展示中,公司工程师围绕在一个 TwInvis 的大屏幕周围,展示了一架欧洲战斗机在附近进行的空中特技表演轨迹。而此时其最感兴趣的两架 F-35 仍然停在停机坪上(图 4.3)[2]。随着空展结束,Hensoldt 仍密切关注着机场上戒备森严的 F-35 的任何动向。当各参展商开始撤离时,看起来他们想利用 F-35 返航时对其侦察的愿望即将落空,但有人提出还可以在机场外围的一个马场上架设另一部 TwInvis 的雷达。

随后当工程师们从 Schonefeld 塔台得知一架 F-35 起飞升空后,该雷达利用来自飞机 ADS-B 应答器信号并关联无源传感器信号,成功跟踪到它们并收集数据。Hensoldt 的工程师还声称,波兰与德国边界距离机场约 70 km,但一些信号很强的波兰调频信号仍覆盖到德国境内,这也改善了在柏林展览期间的 TwInvis 对战斗机的信息校准。

去年秋天,德国国防部在德国南部发起了一场为期一周的“测量运动”,旨在通过 TwInvis 将整个地区的空情可视化。此外,值得注意的是,在此后一年半时间里,法国、德国、西班牙等国家在欧洲下一代战斗机上强调的隐身性能计划也悄然发生了变化。

4.2 第五代战斗机(1995—2025 年)

第五代战斗机是目前"下一代"战斗机的通用名称。虽然没有明确的定义,但这一表述广泛接受。区别于第四代战斗机,具备隐身外形、先进的航电系统以及全数字综合飞行系统等已成为第五代战斗机的代表特征。

为了进一步隐藏这些战斗机的雷达截面积特征,它们被保存在一个内部机库里。目前,当其他人还在讨论包括美国洛克希德 F-35 和俄罗斯 T-50 PAK-FA (图 4.4)在内的第五代战斗机仍正在开发中时,美国空军洛克希德公司于 2005 年推出的 F-22,仍然是目前为止唯一投入使用的第五代战斗机。

目前印度和俄罗斯正在开发的 FGFA 是以俄罗斯的 PAK-FA 为基础的。PAK-FA 是俄罗斯空军的第五代战斗机,PAK-FA 也为印度空军开发 FGFA 奠定了基础,FGFA 将是一台用于攻击任务的具有隐身功能和先进航空电子设备的双引擎战斗机。

FGFA 将根据印度的要求量身定做,并在俄罗斯版本的基础上有 40 个改进。印度将投资 40 亿美元开发 FGFA,并希望生产 100 多架这样的战斗机。印度和俄罗斯将努力开发 FGFA 并共享关键技术。

中国成都飞机工业集团公司为中国空军研制的歼-20 战斗机是一种单座双发第五代隐身战斗机(图 4.5)。

图 4.4 T-50 PAK-FA   图 4.5 2016 年中国航展上的歼-20

歼-20 由 20 世纪 90 年代的 J-XX 计划发展而来,于 2011 年 1 月 11 日进行了首飞,并在 2016 年中国国际航空航天展览会上正式亮相。2017 年 3 月开始投入使用,2017 年 9 月进入战斗训练阶段,2018 年 2 月正式成立第一支歼-20 作战部队。歼-20 是继 F-22 和 F-35 之后的世界上第三种列装的第五代隐身战斗机。目前中国共有 14 架,战斗机以数字编号。

　　第四代战斗机这一术语用于概括 20 世纪六七十年代发展至今的出现在第五代战斗机之前的各类战斗机。第四代战斗机类型包括美国 F-16 战斗机(图 4.6)、F/A-18(图 4.7)、歼-10(图 4.8)和米格-29 战斗机(图 4.9)等。第四代战斗机是第一批使用数字自动控制系统的战斗机,以实现先进的飞行机动性能,这意味着飞行员可以实现任意队形的飞行(图 4.10 为 F-117 隐身战斗机)。日本也加入了第五代战斗机的研究行列,如三菱公司生产的 X-23(原 ATD-X)(图 4.11),就是一种用于测试先进隐身战斗机技术的实验机型。

图 4.6　F-16

图 4.7　F/A-18

图 4.8　歼-10

图 4.9　米格-29

图 4.10　F-117

图 4.11　X-23

ATD‐X 由日本国防部技术研究所(TRDI)研究开发,项目主要承包商为三菱重工。2016 年 4 月 22 日首飞,该飞机被认为是日本第一架国产隐身战斗机。ATD‐X 是"先进技术示范者‐X"的缩写,在日本大多称之为 shinshin(心神),意思是"人的思想"或"富士山"[3],这个名字本身是日本自卫队的早期代号,目前还没有被正式使用。

如图 4.12 所示为目前不同国家现有的所有第五代战斗机。其中,F‐22 和F‐35 两种战斗机尺寸如图 4.13 和图 4.14 所示。

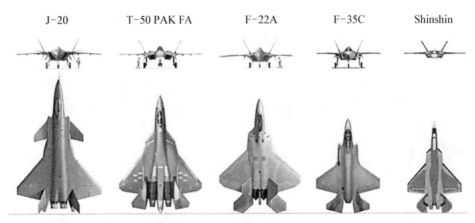

| J-20 | T-50 PAK FA | F-22A | F-35C | Shinshin |

图 4.12 现有的第五代战斗机

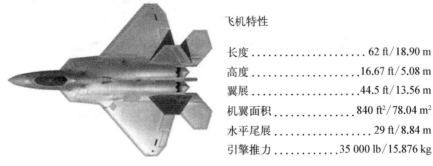

飞机特性

长度 . . . . 62 ft/18.90 m
高度 .16.67 ft/5.08 m
翼展 .44.5 ft/13.56 m
机翼面积 . . . . 840 ft²/78.04 m²
水平尾展 . . . . 29 ft/8.84 m
引擎推力 . . . . .35 000 lb/15.876 kg

图 4.13 公开文献中 F‐22 的参数

就 F‐35 而言,其已公开的尺寸:总长度为 51.2 英尺(15.61 m),翼展为 35 英尺(10.67 m),高度为 14.3 英尺(4.36 m);最高时速为 1.6 马赫或 1 930 km/h,最大G 值为 7G,战斗半径为 518 英里(834 km)。

(1) 制造这架飞机的洛克希德·马丁公司称其隐身能力"前所未有"。它的机身设计、先进材料和其他特性使它"几乎无法被敌方雷达探测到"。

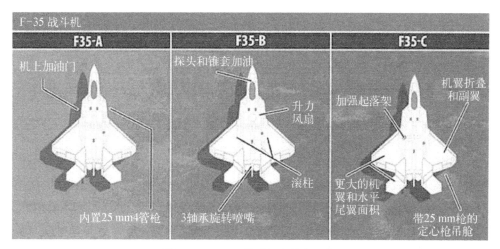

图 4.14　F-35 战斗机规格和配置

（2）F-35B 战斗机由 30 多万个部件组成。

（3）战斗机周围有六个分布式合成孔径传感器系统,其中两个在下面,两个在飞机顶部,最后两个在机头的两侧。这些红外摄像机将实时信息和图像输入飞行员的头盔,使他们视野不受机身的任何遮挡。

（4）所有型号的战斗机是在洛克希德·马丁公司位于得克萨斯州沃思堡的一个 1 英里长的生产线上建造的。

（5）制造每架 F-35B 需要 58 000 个工时。

（6）F-35 可以从陆地起飞,也可以通过甲板斜坡滑跃起飞。

（7）最大推力超过 4 万磅,最大航程为 900 海里。

（8）具有两种着舰方式,一种是在甲板上垂直降落,也可以通过甲板阻拦着舰。

提高战斗机的杀伤力和生存能力是战斗机换代的一个基本要求,相较于上一代战斗机,第五代战斗机采用了鼻尾低可观测技术,这些技术使得其他第五代战斗机几乎不可能被探测到,通过在机身各个方面安装多光谱传感器来提高态势感知能力,可使飞行员直接获取 360°全方位视野,这极大增强了战斗机的攻击能力,而对手甚至不知道威胁已悄然逼近。

正如我们在上述报告中所看到的,随着现代电子战技术的迅猛发展,第五代战斗机使用的如雷达吸波材料和低雷达截面积等隐身技术也已显得过时。因此,考虑到低可探测性的“隐身”技术被认为是第五代战斗机的主要指标,导致现在这些第五代战斗机甚至没有完全被应用就看起来需要封存或停产了。

4.3 计划中的第六代战斗机

第六代喷气式战斗机(图 4.15)是一种概念化的战斗机,其设计比目前正在使用和开发的第五代战斗机更为先进。目前已有数个国家和地区宣布发展第六代战斗机的计划,其中包括美国、中国、英国、俄罗斯、意大利、日本、德国、西班牙和法国。

美国空军和海军预计将在 2025—2030 年部署他们的第一批第六代战斗机。美国空军计划开发和购买一款名为空中主宰(Penetrating Counter Air, PCA)的第六代战斗机,以取代其现有的 F-15 等传统战斗机,并补充在役的 F-22 战斗机。美国海军也正在推行一项类似的计划,名为"下一代空中霸主",同样旨在补充规模较小的 F-35 战斗机,并取代部分如 F/A-18E/F 等现有战机。

在美国,以研究军事尖端科学技术和重大军事战略而著称的兰德公司,建议美国军方应避免参与开发第六代战斗机的联合计划(图 4.16)。兰德公司研究发现,在以前的联合项目中,相较于正常项目来说,特殊需求不但导致成本上升,在飞机设计上也需进行一定的妥协。

图 4.15 第六代喷气式战斗机概念图

图 4.16 第六代联合战斗机概念图

值得注意的是,人工智能(AI)和超级人工智能(SAI)等技术兴起,机器学习(ML)和深度学习(DL)功能不断增强,随着第六战斗的代战斗机的到来,战争游戏规则发生了哪些深刻的变革[4,5]? 也许现在考虑这些问题还为时过早,甚至连JSF、PAK-FA 或 F-22 等飞机都没有完全投入使用。当代军事竞争主要是由正在进行的军事技术革命驱动的。未来战场上使用的武器将在军事斗争中发挥重要作用。哪些武器可以在未来发挥关键作用? 为了便于读者进一步探索,书中提供了一些关于电子炸弹或电磁武器系统的研究论文和链接。

第六代喷气式战斗机目前是概念性的,预计将于 2025—2030 年在美国空军和海军服役,新一代战斗机将实现以人工智能为基础的自主飞行模式,有望减少对训练有素的飞行员的需求(图4.17)。其技术特点可能包括无人驾驶能力、优于1 000 km作战半径(不中途加油情况下)和定向能武器等。定向能武器是本书的一个主题,其中之一是电子炸弹[6]。

本书旨在探讨电子炸弹的技术和潜在能力以及其与其他形式电磁武器的特点比对。

电子战进攻性行动包括定向能武器。定向能武器是一种利用某种方式在物体表面产生极高的能量密度,从而使敌方的人员和电子设备、武器等受到伤害,产生强大杀伤力的武器。这种武器是对电子战[7,8]的发展和补充。

比较最近的四个联合项目[F-35战斗机,T-6A Texan II教练机(见图4.18),E-8侦察机(见图4.19)和MV-22鱼鹰运输机(见图4.20)]和最近的四个单一项目[C-17 III运输机(见图4.21),F/A-18E/F战斗机,F-22战斗机和F-45教练机(见图4.22)],在近9年里,联合项目的成本上升了65%,而单一服务项目的成本只上升了24%。

图 4.17　第六代飞机

图 4.18　美国 T-6A Texan II 型飞机

T-6 Texan II是由雷神公司制造的单引擎涡轮螺旋桨飞机。目前 Pilatus PC-9和T-6的教练机已经取代了空军的 Cessna T-37B Tweet 和海军的 T-34C Turbo Mentor 教练机。T-6A被用于美国空军进行飞行员和作战系统军官的培训,美国海军和海军陆战队进行初级和中级海军飞行军官培训,加拿大皇家空军(CT-156哈佛 II)、希腊空军、以色列空军和伊拉克空军进行基本飞行训练。T-6B是美国海军飞行学员的初级教练机。T-6C被用于墨西哥空军、英国皇家空军、摩洛哥皇家空军和新西兰皇家空军的训练。

诺思罗普·格鲁曼(Northrop Grumman)公司的E-8联合监视目标攻击雷达系统(Joint Surveillance Target Attack Radar System,Joint STARS 联合星)是美国空军用于地面监视、战斗管理以及指挥控制的空中神经中枢(图4.19)。它可以追踪地面车辆和空中飞机,收集图像并将图片转发给地面和空中战区指挥官。这种飞机由现役空军和国民警卫队共同操作,并携带经过专门训练的美国陆军人员作为机组人员。

图 4.19 美国空军 E-8C 联合星

图 4.20 MV-22 鱼鹰倾转旋翼机

图 4.21 C-17 III

图 4.22 T-45A 苍鹰教练机

请注意,美国 MV-22 鱼鹰是一种多任务倾转旋翼机,具有垂直起降(VTOL)和短距起降(STOL)能力,同时具备传统直升机和涡轮螺旋桨飞机的远距离和高速巡航性能(图 4.20)。

波音 C-17 III 是一种大型军用运输机,它是波音公司为美国空军而开发的,其前身是道格拉斯 C-74 和 C-124 II 军用运输机(图 4.21)。C-17 通常执行战术和战略空运任务,运送部队和货物;其他作用包括医疗后送和空投任务。它的设计是为了取代洛克希德 C-141,并履行洛克希德 C-5 的一些职责,分担运输 C-5 的超大货物。请注意,道格拉斯的 T-45A 苍鹰教练机是英国航空航天(BAE)系统陆基训练喷气式飞机的改进版本(图 4.22)。T-45A 被美国海军用作航空母舰舰载机的训练器。

以上介绍了战斗机的一些基本情况,不同飞机的世代图如图 4.23 和图 4.24 所示。第一代包括 1944—1955 年生产的部分喷气式战斗机,第二代是 1950—1965 年生产的喷气式飞机,第三代为 1960—1965 年和 1970—1975 年生产的飞机,第四代为 1970—1994 年生产的飞机。

飞机发展史

技术发展历程
焦点由平台转向系统

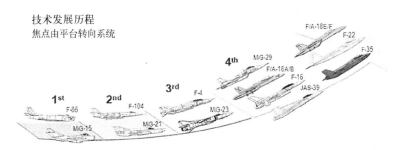

图 4.23　飞机的世代图

飞机世代图

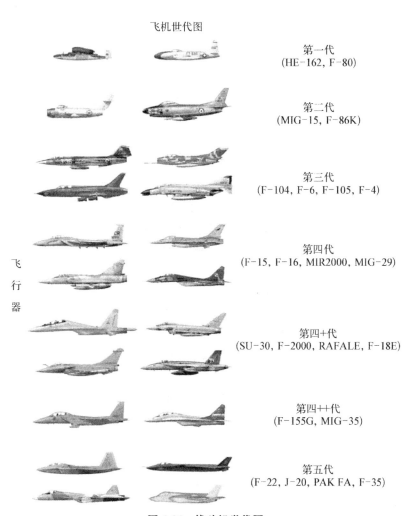

第一代
(HE-162, F-80)

第二代
(MIG-15, F-86K)

第三代
(F-104, F-6, F-105, F-4)

第四代
(F-15, F-16, MIR2000, MIG-29)

第四+代
(SU-30, F-2000, RAFALE, F-18E)

第四++代
(F-155G, MIG-35)

第五代
(F-22, J-20, PAK FA, F-35)

飞
行
器

图 4.24　战斗机世代图

4.4　隐身技术发展史

隐身技术并不是什么新鲜事,从古代战争到第一次世界大战和第二次世界大战,敌我双方都处在二维战场上相互对峙,他们将一些部队部署在某些无法直观观测的地区,从而达到隐身的目的,随后向敌方发起突击最终战胜敌军。

在二维战场上,如何实现隐身和反隐身十分关键,而空中战争在观测气球(图4.25)或第一代和第二代飞机间展开。例如在我们提到的"闪电战"中,希特勒是一个顽固的赌徒,他提出一个大胆的计划,让德国部队从丛林覆盖的阿登地区攻击盟军,这对德国装甲部队和地面步兵人员是一种良好的伪装,因为盟军的空军由于天气状况不能升空侦察。从较高地点可以获得较好的视野,所以自古以来军队一直努力控制"高地",将军队部署在较高地点有助于扩大可监视范围,便于监测和跟踪秘密部署的敌军[9]。

图4.25　第二次世界大战中的观测气球

此外,还可以通过装备伪装来降低可探测性从而获得优势,如图4.26所示,大多人都看不到这些全伪装的士兵。

隐身的手段包括将刚割下来的植被绑在士兵的身体上,选择与当时背景相匹配的制服或装备颜色(丛林地区为绿色和棕色,沙漠地区为土黄色或沙褐色,冰雪覆盖的北极地区和山区为白色),并通过使用由两种或两种以上颜色组成的伪装图案来改变士兵及其装备的独特形状和轮廓。如图4.27所示,一个士兵已经融入他的背景环境。另外,战争迷彩漆可以直接涂在皮肤上,特别是脸上,也可达到类似的伪装效果,如图4.28所示。在动物王国里也有各类伪装,大型猫科动物(如狮子、老虎、黑豹)善于利用顺风来隐藏气味,利用该地区的植被和体色来隐藏自身以接近猎物,当猎物发现时想逃跑却为时已晚(图4.29)。

当然也有例外情况,当人们认为其已占有优势时,可以通过展示自己拥有强大的武器装备和训练有素的部队来震慑敌人,并达到协助和团结友军的目的。例如15—16世纪的英国人喜欢穿鲜红的制服,如图4.30所示为英国红袄士兵。

图 4.26　一名伪装的士兵

图 4.27　一名士兵用刚割下来的植被伪装

图 4.28　面部迷彩漆

图 4.29　一只处于狩猎位置的狮子

　　隐身在人类战争或动物中都比较常见,其主要目的都是拖延被敌方发现的时间,不管是人类地面部队或动物捕食者,两者都采取秘密部署或秘密行动的方式以达到出其不意的目的。

　　在早期只限于地面的战争中,实现隐身的方法相当简单,而且人类早期战斗使用的诸如剑矛等手持武器,现也早已被枪弹所取代。随着技术的进步,特别是飞机等现代武器装备参与战争中,现代战争发生了巨大的变化。以今天的标准来看,早期飞机具有独特的形状,在空中很容易被发现。如图 4.31 所示,这是第一次世界大战期间用于侦察和观测的飞机。

　　在第一次世界大战中,由于缺乏战场信息和发动突袭等因素,德国在战争初期取得了一些成功。但是后来

图 4.30　英国红袄士兵与火枪插图

图 4.31 第一次世界大战中出现的早期侦察机

盟军迅速利用空中侦察的优势,准确监视部队动向。第一次世界大战中空中侦察的信息变得至关重要,自此"空中狗斗"(近距离缠斗)诞生了。侦察飞机最初最普遍的侦察手段是光学侦察,随后又增加了用于检测、放大和定位飞机发动机独特声学特征的声学定位设备。随着时间的推移,开发了越来越先进的专用设备,可通过光学和声音传感器来检测和确定飞机的方位角和仰角[10]。

4.5 隐身技术

随着飞机参与到战争中,战场由二维形式转为三维形式。飞机是战场上一个相对较新的进入者。空战相较于其他形式的现代战争,很大程度上是由技术驱动的。与地面作战的情况一样,在空中作战中为取得优势,情报信息占据了中心位置,而隐身技术成为取得相对优势的关键。

在很多好莱坞动作片中隐身飞机被渲染为天空的主宰。关于隐身技术是否能使飞机立于不败之地的争论仍在继续,人们发现雷达也是可以探测到隐身飞机的。飞机采用隐身技术不仅是为了避免受到导弹攻击,也是为了使其军事行动更具隐蔽性,这对于打击难以接近的目标非常有用。简单地说,隐身技术为飞机提供了不被雷达或其他探测手段探测到的条件,但这并不意味着飞机在雷达上可以完全隐身。隐身技术不能使飞机对敌方雷达完全隐身,它所能做的只是减少雷达对飞机的探测距离。这类似于士兵在丛林战中使用的伪装战术,如果靠得足够近,你还是可以看见他。

隐身就是利用相关技术来对抗敌方的电磁探测系统,要在实践中被认为是隐身的,飞机应该在以下电磁频谱区域具有低可检测性:

(1) 雷达;

(2) 红外;

(3) 声学;

(4) 可见光。

现简要讨论在以上四个电磁频谱区域中降低可探测性的主要方法。

1. 雷达

为了理解隐身技术如何对抗雷达,了解基本的雷达工作原理至关重要,我们在

第一章中介绍了雷达的历史,它自第二次世界大战期间诞生以来,已成为空战中最重要的探测器和最先进的预警系统。雷达还提供多种目标参数信息,包括方位、仰角、距离、速度等。

2. 红外

在众多传感器中光学和红外作为主要的检测和跟踪手段已经使用多年。红外传感器能准确地测定方位角和仰角,但其受天气特别是受大气衰减的影响严重,此外,红外传感器还需要与雷达或激光等其他手段配合才能确定距离。

另外,红外传感器提供了一种被动的检测和跟踪手段,尽管受大气透明度变化的影响,当其与激光组合进行测距时,它们就可以提供所需要的目标信息,而且通常不会被所探测的目标发现,所以得到了广泛的应用。

光学传感器无法可靠地检测目标,在远距离难以准确地测定目标位置和其他参数,所以雷达成为探测和跟踪飞机最常用和有效的设备。

3. 声学

声学可通过噪声对飞机进行检测,是另一种用于检测的传感器,但声学方法只能粗略地测量飞机的方位角和仰角,而且不能测量目标距离与其他参数特征。

飞机发动机噪声是声学侦察的主要信息来源。在噪声污染相关法律的驱动下,为了减少噪声,很多民用发动机技术已逐步应用于军用飞机。喷气发动机噪声主要是由高压空气的高速运动引起的,重新调整发动机的气流通道,将减少这种噪声。据报道,发动机内部的压力分布设计以及喷气喷嘴的设计是一个很有前景的发展方向[11]。

注:美国海军研究实验室的精确大涡模拟工具 JENRE,可在高性能计算机上运行全尺寸喷嘴的高保真流体流动模拟。虽然这种方法目前还没有被业界用于开发实际喷气发动机的设计,但通过实验优化和完善被动降噪技术,它可更准确地预测射流湍流和射流噪声。目前相关技术已应用于 GEF40 发动机的喷嘴设计,将进一步优化海军超音速飞机发动机。现代全物理模拟工具和实验室大规模测试,加速喷嘴被动降噪设计的更新迭代,从而节省大量资源并实现舰载机产品的迅速过渡。目前正在考虑的概念包括[12]:

(1) 安装微型涡旋发生器;

(2) 修改喷嘴方位,对飞机下方和侧方进行降噪,同时减少推力冲击;

(3) 射流喷嘴改进,相对于目前最先进的雪佛龙解决方案具有更好的改进可行性。

美国的一项实验发现,锯齿状排气嘴也有助于喷气发动机降噪[13]。图 4.32 是一个为减少噪声的射流排气设计。

另一个噪声来源是超音速飞行产生的"音爆"。当超音速飞行引起的冲击波越过观察者的位置时,由于压力不连续性可以听到"音爆",如果部署了足够的监听站,仅通过这个噪声特征,就有可能跟踪到飞机。

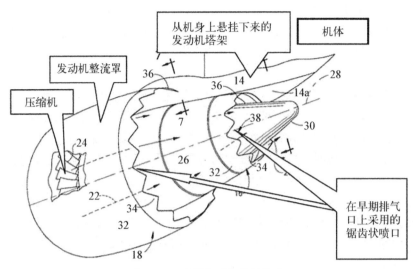

图 4.32　降噪发动机设计概念

考虑隐身的需要,减小"音爆"可能产生的影响,隐身飞机通常只以亚音速运行,只在必要的情况下才可能开启超音速飞行。B-2 轰炸机和 F-117A 隐身攻击机这两架服役时间最长的隐身飞机都是亚音速飞机。最新的隐身战斗机如 F-22、F-35、歼-20、歼-31 和 PAK-FA 都具有超音速飞行能力。

4. 可见光

光学侦察主要应用在第一次世界大战中对早期飞机的检测,德国著名的空军

图 4.33　红色男爵

阿斯·曼弗雷德·冯·里奇托芬(1892 年 5 月 2 日—1918 年 4 月 21 日,图 4.33)把飞机漆成红色(图 4.34),从而给人带来恐惧的视觉感受,以致他被称为"红色男爵"。他在德语中被描述为 Der Rote Kampfflieger,翻译为"红色战斗飞行器"或"红色战斗机飞行员"。

在现代战争中用目视探测飞机仍然很重要,特别是在可视范围内(WVR)的空中格斗中和轻型便携式防空系统(MANPADS,如"Stinger"、RBS-70、Mistral 和 SAM-16 防空导弹系统)的战斗中。即使是超视距空中格斗的战斗机,最后也大多数在视距内空战中被击毁。当在较近的距离内,如果雷达和红外等传感器无法探测到飞机,就可以用视觉来观测。此外,一些防空武器系统也使用光学跟踪系统。影响飞机视觉特征的主要因素有

(1) 尺寸和形状;

(2) 伪装油漆;

图 4.34　2006 年柏林空展上的复制品

（3）主动伪装；

（4）排气烟雾。

燃烧室燃料燃烧不完全或低效率等情况会导致排气中存在烟雾，所以要求隐身飞机的发动机都必须是无烟的，这可以通过电子控制燃油和空气混合比、设计高性能燃烧室等[14]来实现。

4.6　更多关于隐身技术

隐身技术概念很简单，主要指通过吸收电磁波和减少电磁波反射的原理使飞机实现"隐身"。一种方法是将入射的雷达电磁波反射至其他方向，从而减少返回雷达的回波信号；另一种方法是吸收入射的雷达波，并将吸收的电磁能量定向转移到另一个方向。无论使用什么方法，飞机的隐身水平取决于飞机的外形设计和机身表面材料。金属体的飞机对雷达反射信号很强，这导致金属飞机很容易被雷达设备探测和跟踪。隐身技术的主要目的是使飞机对雷达隐身，实现对雷达隐身主要有两种方法：

（1）设计飞机形状，使它所反射的雷达信号远离雷达设备。

（2）机身隐身材料，用可以吸收雷达信号的材料覆盖机身。

大多数飞机都有圆形外形，如图 4.35 所示，这种形状使其具有较好的空气动力性能，但它同时也是一个非常有效的雷达信号反射体。圆形意味着无论电磁波从哪个角度照射到飞机，都会有一部分信号被反射回来。

另一方面，隐身飞机是由完全平坦的表面和非常锋利的边缘组成的。当雷达电磁波到达隐身飞机时，信号就从另一个角度反射出去，如图 4.36 所示。

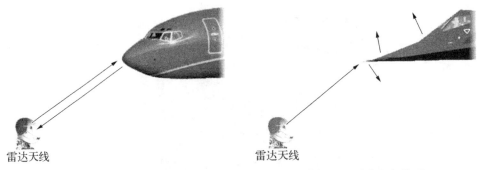

图 4.35 常规飞机外形　　　　　　　　图 4.36 隐身飞机外形

此外,隐身飞机表面通过处理还可以吸收雷达能量。总之,像 F-117A 这样的隐身飞机可以具有类似小鸟的雷达反射特征,但通常都会有一个特殊的角度,飞机的雷达截面积会突然增大,回波信号会突然增强。

4.6.1　雷达目标截面积讨论

在第 3.4 节中,我们讨论了雷达截面积性质的一些细节,在本节我们将对其进行进一步研究。雷达照射目标的反射面积与目标的大小不一定成正比,起主要作用的是不同目标材质对雷达能量的反射特性。

金属是很好的反射体,而木材和塑料对雷达能量反射要差得多。因此,同样大的物体,木材相比金属物体反射的回波信号要更少。不同形状的目标对雷达反射不同,两个相同材质但尺寸不同的目标受同一雷达照射时,体积较小的目标仍然有可能比体积较大的目标反射的信号更多。因此 RCS 是目标的假想雷达截面积,用来衡量目标散射雷达波能力,当从目标处返回的雷达能量等同于一个假想的反射球反射回来的雷达能量时,这个反射球在入射波方向上的投影截面积即 RCS 的数值[15]。

面积 1.0 m² 的平面金属板等小型高效反射器,当入射波频率为 3 GHz 时,其 RCS 大约为 12 m²;当入射波频率为 10 GHz 时,其 RCS 将增大至约 150 m²。因此,RCS 即是目标物理大小和形状的函数,也是入射波频率的函数。雷达电磁波的入射角也影响瞬时 RCS。通过研究角反射器,可以清楚地了解形状对 RCS 的影响。如图 4.37 所示是一个典型的角反射器,一个角反射器包括两个或两个以上相互垂直的平板。如果电磁能量照射在角反射器的一个板上,使其反射 90°射向另一个板上,再经一次 90°反射后,最后电磁波将按原路返回到入射方向。角反射器可以将入射雷达电磁波反转 180°,因此可以将全部原始能量返回到入射方向,相当于一个非常大直径球体的反射特征,因此具有非常大的 RCS。

雷达入射波与目标间的角度和入射波的频率都会影响目标的 RCS 特性,雷达

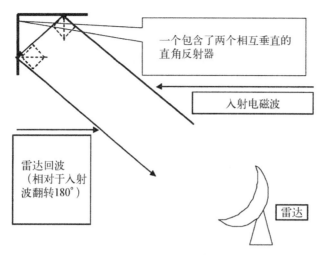

图 4.37　角反射器[9]

的工作参数都是基于在给定目标 RCS 范围而设计的,因此,目标 RCS 的变化将显著影响雷达的探测范围。一般情况下隐身飞机在设计时会最大限度地减少前视方向的 RCS(图 4.38)[16],而在某些其他的角度上的 RCS 将会变大,对抗方可以利用这一特性来设计反隐身雷达,如双基地雷达等。虽然赋形是减少 RCS 的首要原则,在设计隐身时必须仔细考虑,但当电磁波的波长为长波时,电磁波散射特征受机身形状及其赋形细节的影响较小[17,18]。

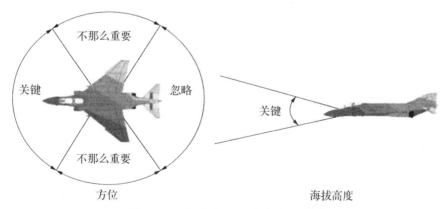

图 4.38　不同角度 RCS 的威胁程度[16]

　　通过机身外形设计减小输入信号的反射和散射,可以减少机身的 RCS。实现这一点的第一种方法是在飞机机身周围使用平面和直线表面,这些表面与雷达入射信号是倾斜的。如图 4.39 所示,F-117 就是这种减小 RCS 技术的一个很好的例子。为减少 RCS,F-117 使用了特殊的外形设计,使得散射信号向各

图 4.39　F－117 向各个方向散射信号[19]

个方向散射[19]。

第二种减小 RCS 方法与此类似,其设计是使入射信号反射到一定的方向上,而不是向各个方向散射。在这种情况下,单基地雷达很难收到目标回波信号;双基地雷达要接收到回波信号,其接收机在空间中的部署角度也非常有限。

在这项技术中,整个机身上的每个线条都必须进行严格设计,从主要的飞机部件如机翼、垂直和水平稳定器、发动机入口等到所有其他部件如舵翼、副翼、武器舱、起落架、紧固件等,都应该使其反射信号时向特定的方向对齐,如图 4.40 所示。另外,使用锯齿(表面上的锯齿形状如图 4.41 所示)零件也可能有助于达到预期的效果[20]。

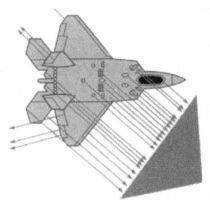

图 4.40　F－22 减小 RCS 的技术[19]

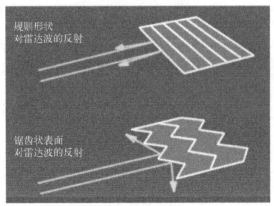

图 4.41　锯齿状表面[20]

第三种方法是用使用一种紧凑、平滑的复合外形设计[21],该外形具有无特定反射特性的变化曲率,在特定的曲率上会降低雷达信号反射能量。

B-2 轰炸机就采用了这种 RCS 技术,特别是它的发动机舱。然而这种方法需要非常精确的计算,因此只有在基于大规模计算机设计的基础上,最新的隐身飞机才有机会使用它。

如前所述,外形设计的主要目的是减少 RCS。然而采用低 RCS 的外形设计也会带来一些弊端,如空气动力性能变差、成本增加、维修要求增加或机动能力下降等。尽管如此,减小 RCS 还是可以提高飞机在战场的生存能力。

4.6.2　雷达截面积最小化

RCS 最小化技术有两个基本的措施：一种措施是赋形设计,采用特殊的几何外形设计以降低目标 RCS;另一种措施被称为"雷达吸波材料",涉及有助于降低机身反射率的材料,以及支持这些材料并将其集成到机身中的结构(通常称为"雷达吸波结构")。这两个因素在设计过程中并不是独立地进行的,通常必须在两者间进行权衡。

　　注:据称 THAP 是美国 20 世纪 80 年代就开始研究的一种战术侦察机,它是一个三角形飞行器,由两个涡轮风扇发动机和一种延伸到整个飞机边缘的雷达吸波材料组成。巡航飞行时通过倾斜的垂直尾翼控制俯仰、滚动和偏航。其设计与一架所谓的先进的隐身反重力飞行器 TR‑3B 有很多相似性。图 4.42(a)为 TR‑3 黑曼塔飞机概念设计;(b)为传闻中的美国联邦最高机密,三角反重力飞行器 TR‑3B[22]。

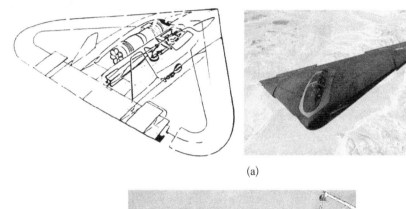

(a)

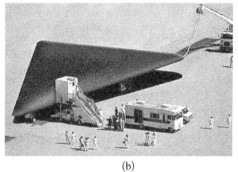

(b)

图 4.42　三角反重力飞行器 TR‑3B[22]

(a) TR‑3 黑曼塔飞机概念设计;(b) TR‑3B 三角反重力飞行器

4.6.3　飞机的外形

　　大多数雷达波都是以接近水平的角度照射到飞机,即使是飞机在距地面 15～20 km 的高空飞行,相对于雷达高达几百千米的作用距离而言,从地面雷达照射到飞机的雷达波入射角也相当小,因此为了减少 RCS[9],应尽量避免大量反射雷达波的垂直表面(如垂直尾翼等),使雷达反射波保持在最低限度。

　　这就要求取消向内或向外的副翼,取消外部武器挂架,并取消如常规机翼和机身连接处形成的角反射器[23]。为此翼体混合设计被广泛运用,如 F‑16 和阵风战斗机都采用了类似结构来减小 RCS。但是也必须指出，最初设计 F-16 时，翼体混合设计并不是为了实现隐身，而是出于空气动力学和机身结构等原因。这种翼体混合也有助于减小 RCS，这也是一种额外的优点。

翼体混合设计的最终目标是消除机身和机翼之间的区别，从而产生飞行翼的设计，如前面提到的 Horten Ho-Ⅸ 和 B-2 隐身轰炸机[24]。机身外形设计并不简单，因为任何均匀的曲面都有可能随机地反射能量，有一些就可能会反射回雷达处。因此，隐身飞机上的曲面必须设计成曲率不断变化的表面，这就需要强大的超级计算机进行建模计算，以确保反射的雷达能量按照设计的方向远离雷达。这样的设计往往是非常复杂和昂贵的，目前在服役的隐身飞机中，F-22 声称每架要耗资近 4.12 亿美元，而 B-2 轰炸机每架更耗资近 21 亿美元[25]。这些先进飞机的飞行成本也很高，F-22 和 B-2 每小时飞行的费用分别高达 55 000 美元和 135 000 美元[26]。

另一种使用外形设计来减少 RCS 的方法是，使一些机身表面对雷达波的反射向着远离雷达位置的方向，就像美国 F-117 隐身战斗机一样，它实际上已被用于攻击或轰炸任务，却从未在空对空作战中发挥作用，因为其独特的隐身设计[16]严重限制了其空对空作战所需的机动性和其他性能参数。

为了减小雷达截面积，主要有四种方法。第一种是采用赋形设计，传统的单基地雷达发射机和接收机同处一地，赋形设计使入射信号反射到雷达方向以外的其他方向。第二种方法是使用吸波材料，通过在机身上采用特殊涂层或在飞机建造中使用特殊复合材料，减少或降低雷达能量反射。第三种方法是在平台表面添加一个外层实现被动减小信号，该外层充当二次散射手段，相当于取消了目标的反射场。第四种方法为主动消除入射的雷达信号。还有一种方法是使用等离子体层吸收射频信号，该等离子体层由电离子和导电气体粒子构成，虽然目前这种技术的应用并不多，但是一些科学家认为它在未来实现低可观测设计有很大希望。

为了进一步研究雷达截面积缩减原理，我们需要分析影响飞机 RCS 的主要因素，研究这些因素将有利于更好地理解这一原理。到目前为止，雷达截面积已经在前面的章节中进行了充分的讨论。普通飞机的复杂形状可以将许多入射信号反射回雷达，包括飞机的进气口、压缩机叶片、垂直尾翼、外部载荷、驾驶舱仪器和所有空腔体。图 4.43 展示了影响飞机雷达截面积的主要因素，必须严格对所有因素进行精确设计，以获得理想的 RCS 数值[27]。

外形复杂的飞机的雷达反射特性可能很差，如许多飞机的尾部安装的水平和垂直尾翼，其两个反射面彼此垂直，可以通过两次反射将雷达信号反转 180°，将其完全反射回雷达方向。许多现代飞机都大量存在这样的反射器，由此产生的 RCS 数值十分惊人。如 F-15 等典型的战斗机，其正面 RCS 可能在 25 m² 左右，但其侧面 RCS 可能高达 400 m²。现代战斗机典型 RCS 数值大概在 3~10 m²，而 B-52 轰炸机或波音 747[16]运输机的 RCS 更可高达 1 000 m²。

图 4.43　影响战斗机 RCS 的主要因素[28]

　　除了这些影响因素外,雷达信号的入射角度也非常重要。因为随着入射信号角度的变化,总反射能量和 RCS 也在发生变化。例如,一架 RCS 为 25 m² 的飞机在其头部侧舷方位的 RCS 可能高达 400 m²。图 4.44 显示了一飞机在水平飞行中对同一高度但在不同角度的雷达的 RCS 变化情况,其中水平面 0°代表飞机机头方向位置,这些数据常被用来分析飞机空中突防[28]的能力。

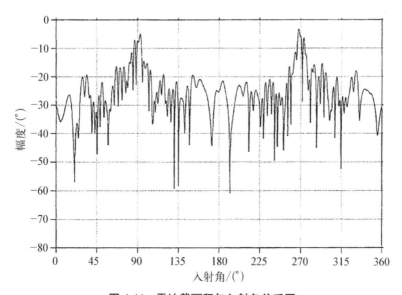

图 4.44　雷达截面积与入射角关系图

4.6.4　隐身外形

　　目前有一些流行的设计与追求低雷达截面积的隐身技术会存在矛盾,主要包括:

　　(1) 外部吊舱或外置发动机。如 B-52 的发动机机体上就有许多良好的反射面,而其一级压缩机叶片本身也是主要的反射体。注意:目前许多新的非合作目标识别(NCTR)技术,在很大程度上是基于处理来自第一级发动机压缩机叶片的强雷达回波信号来识别目标的。

(2)垂直尾翼和平面机身。隐身技术要求取消垂直尾翼和平面机身,但有时飞机却不可避免地要使用相关设计。

(3)应严格控制外挂武器。外挂武器会产生多种难以控制的反射。

然而,相对于垂直方向来说,绝大部分最具威胁性的雷达波都是从水平方向照射来的。大多数雷达波会从较小的角度照射到目标,在这些角度上如果能使飞机表面高度倾斜,那么大部分能量将会被散射至其他方向,从而极大降低目标雷达截面积,这可以通过将飞机机身融入机翼内部来实现。

显然,机身赋形设计是实现隐形的一种有效的方法,其中重点是飞机前锥方向的外形设计,可以将这个部分的反射信号散射至侧面方向,从而达到较好的隐身效果。

如前所述,在保证发动机有足够的进气的前提下,必须降低发动机可能产生的雷达反射信号,这需要设计一个复杂的进气系统,而这将进一步挤占携带武器所需的内部空间。

为降低反射和散射雷达波,赋形设计有多种方法。一种方法是使这个形状变成平的或直线的,如前文所述,使入射波的入射角变得倾斜,这样反射波就不会反射到原雷达方向。这是 F‐117 隐身的原理,如图 4.39[16] 所示。采用这样的机身赋形设计可以使对雷达波的反射朝着一定的方向,而不是将能量散射至各个方向,但在一个非常特殊的方向上,敌方雷达还是会收到一到两个回波信号,除非雷达波束与其中一个表面形成两个 90°角,而这种现象只会在极端下视的角度下才可能产生,所以飞机几乎是不可能被探测到的。B‐2 的前翼面就是一个很好的例子,如果雷达从任何前向方向照射 B‐2,都只会收到两次强烈的回波信号,分别来自两侧机翼,而且这两个回波不可能同时产生。该方法被广泛应用于许多隐身和半隐身飞机,以实现雷达截面积的最小化。同时它也有缺点,为了达到隐身要求,几乎机身上每个线条都必须在几个特定的方向上保持一致,这给从起落架舱门到机身面板紧固件等设计带来额外的困难[16]。

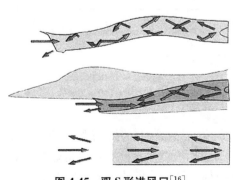

图 4.45　双 S 形进风口[16]

另一种方法是使用一种紧凑、平滑的复合外形设计,以实现连续变化曲率的表面形状。在大多数传统飞机中,为了简化设计和制造过程都采用等曲率表面。等曲率表面会在各个方向上均匀地反射能量,这种效果类似于大众甲壳虫汽车的后窗,无论什么入射角度,它都在阳光下闪闪发光,相对来说变化的曲率类似于菊石的螺旋曲线(图 4.45)。

令人印象深刻的是某欧洲战斗机使用的双 S 形进气道,从正前方直视,进气道几乎 100％地遮挡住发动机压缩机,这样的设计大大减少了目标的后向散射。与此类似的是 F-16 上使用的进气道采用简单的 S 形,压缩机暴露约 60％。采用直线形进气道飞机的压缩机则完全暴露,其雷达截面积也最大[16]。

不断变化曲率的曲线就如同螺旋线一样,不会以通常可预测的方式反射能量。相反,因为能量在弯道内部散射,它们更倾向于吸收能量(类似于高保真扬声器在其内部螺旋结构中吸收多余声音的方式)。在 B-2 的发动机舱以及法国第四代多用途喷气式歼击机"阵风"的机身横截面中都可以看到这种变曲率的外形设计(图 4.46)。

图 4.46　法国第四代多用途歼击机"阵风"

但是,要实现变曲率设计需要极大地增加计算机计算仿真任务,所以直至 1980 年才开始出现类似于 F-117 的近全变曲率面的飞机,再后来更复杂的设计被广泛地应用到对进气管道的设计中[16]。

消除驾驶舱的雷达反射也可以减少雷达截面积。这里的技术通常包括在挡风玻璃壁上附加几个吸收层。这适用于隐身飞机和 F-16 等常规战斗机。

4.6.5　雷达反射表面

雷达反射表面(RAS)是指在飞机可以使入射的雷达波偏转并减小探测范围的机身表面构造。RAS 取决于飞机机身表面几何结构,这些结构可以是机翼,也可以是加油杆等。在 F-117 中可以清楚地看到 RAS 的广泛使用——机身上存在多个小平面,这些小平面可以将大多数入射雷达波反射到其他方向。RAS 的原理类似于用镜子反射来自手电筒的光束,光束入射角度非常重要,当我们将入射光束相对镜子的入射角由 0°旋转到 90°时,在光束方向上反射的光量会不断增多,在 90°处,反射的光量最大且会返回至光源方向。另一方面,当反射镜倾斜到 90°以上并增加到 180°时,沿入射方向的反射光量会急剧减少,F-117 隐身飞机就是采用了类似的原理。

4.6.6　雷达吸波材料

雷达吸波材料(RAM)以吸收入射雷达波的方式减小反射能量。雷达吸波材料完全取决于制造飞机表面的材料,虽然这种材料的成分是最高机密。F-117 已广泛使用雷达吸波材料来减小其反射的雷达信号或雷达目标截面积。有消息称,B-2 隐身轰炸机上雷达吸波材料是硅基无机化合物,当雷达波照射到 B-2

上时,雷达波大部分被雷达吸波材料涂层所吸收,从而减少了飞机反射的雷达信号。

当今 RAM 技术的一种为铁氧体涂层,它由电介质复合材料和包含铁氧体同位素的金属纤维组成,可在机身表面上刻蚀多层的塔状凹痕结构,并将该铁氧体涂层填充其中。入射的雷达能量在这些塔状结构中反复反射,并由填充的铁氧体涂层将电磁辐射能量转换为热能传导到机身上,达到吸收和减弱入射电磁波能量的目的。另一种常用的 RAM 技术为频率选择表面(Frequency-Selective Surfaces,FSS)。FSS 主要用于在不同频率上选择性地吸收电磁波能量,其频率选择特性由其附有铁氧体涂层的周期性导电补片表面结构决定。如图 4.47 所示,FSS 可以调节和提升 RAM 的吸波性能。

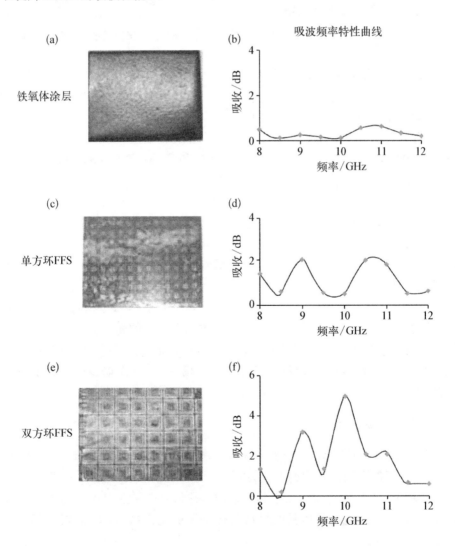

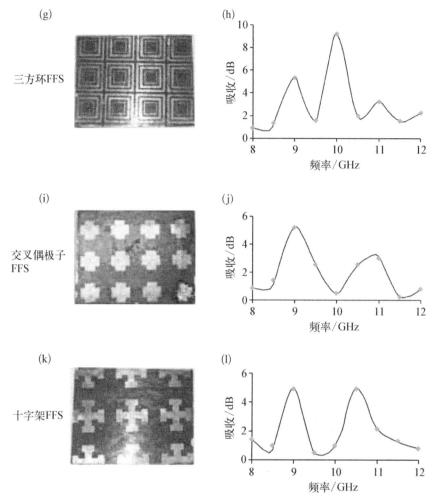

三方环FFS

交叉偶极子
FFS

十字架FFS

图 4.47　不同类型 FSS 对微波吸收的影响

注：空中服务站的简写也为 FSS(Flight Service Station)。空中服务站是一种空中飞行服务组织,可在飞机起飞前、飞行间和落地后为飞机驾驶员提供信息和服务,空中服务站提供的服务因国家/地区而异,典型的服务包括提供天气预测、信息传递、空情咨询和信息中继等,并在紧急情况下为雷达丢失跟踪的飞机提供基于视觉飞行规则(VFR)的搜索和营救帮助(图 4.48)。在许多国家/地区,空中服务站还可以在没有交通管制员或塔台关闭的情况下,接管塔台的频率协调交通[29]。

视觉通行规则是指在规定高度和能见度的情况下,通过目视能够判明飞机航行状态和方向。视觉通行规则的基本前提是,飞行员将只能参考目视的外部参照物来导航和操纵飞机,对于军用飞机,特别是对于隐身飞机,视觉上的低可观测性对于欺骗对手至关重要。迷彩外观可使飞机与周围环境融为一体,但飞机所处环

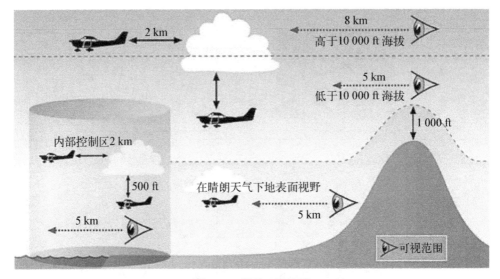

图 4.48　视觉飞行规则

图 4.49　约旦王国的 F‑16 的迷彩外观[20]

境背景变化不定,且观察者的相对位置也会发生变化,因此应非常谨慎地选择外表涂装。这取决于海拔高度、天气状况和时间等要素。如果观察者在飞机下方,则应考虑将飞机与天空背景混合;如观察者在飞机上方,最佳方法则是将飞机与地貌背景融合,如图 4.49 所示。

飞机所执行的任务和飞机类型也非常重要,根据飞机的飞行区域选择特殊的地形色调或混合色。这种配色方案取决于当地的树木和地形特征(例如沙子),并应用于低空飞行飞机的上侧,而在飞机下侧为了融入天空背景可用较浅的蓝色或灰色调。在执行夜间任务或超高空作业时需要哑光和深色。F‑117 和 B‑2 等隐身飞机通常具有黑色或深灰色调,因为它们通常在夜间飞行。此外,可以通过特殊涂层将驾驶舱玻璃或其他光滑表面的反射降至最低。

在第二次世界大战期间以及后来的越南战争期间,尝试了多种方法减少飞机在白天的可见度。影响目视的主要因素是其目标与背景的亮度差,例如飞机在高空飞行时,则来自其下方的反射光会增加,而天空的亮度则会降低。因此,当深色调的 U‑2 飞机飞行高度超过 70 000 英尺时,在地面观察者看来飞机却是白色的。

在白天,由于天空背景清晰,因此与浅色相比,暗色调更容易被检测到。若完全消除了这种目标与背景的亮度差,在视觉上就无法看到目标。

(a)　　　　　　　　　　　　　　　　　(b)

图 4.50　军事伪装

(a) 车辆伪装;(b) 舰船伪装

有时会使用类似于伪装网等其他附件来改变形状,如装甲战斗车辆(AFV)使用的迷彩伪装网。虽然这些伪装网在车辆机动中容易丢失,但隐身效果很好。当车辆处于防御状态时,天然材料(例如树枝、树叶捆、干草堆或少量城市残骸)可能也会非常有效。

此外,直到 20 世纪,由于海军武器的射程很短,因此对于船只或船上人员来说,迷彩外形并不重要,油漆方案主要是基于易于维护或美观的考虑,通常是白色或黑色船体,还附有大量的抛光面(如抛光的黄铜配件)。在现代,随着海战规模的不断扩大,为了使舰船能与大海背景相融,出现了以灰色为整体配色的伪装形式。

4.6.7　红外技术和红外隐身

在第 4.5 节中我们也提到了红外(IR)技术,红外特征是影响飞机隐身能力的另一个重要因素。飞机发动机的高温废气通常在红外热成像系统中是可见的,这对隐身飞机来说是一个很大的缺点,因为导弹有红外制导系统。

隐身飞机的红外特征非常细微。如果说降低飞机的雷达特征很困难,那么降低飞机的红外特征就更困难,这就像要驾驶一架没有引擎的飞机。降低红外特征完全取决于飞机发动机及其安置位置。

隐身飞机的发动机要求具有很低的红外特征,像其他隐身飞机一样,其背后的技术是最高机密。降低隐身飞机的红外特征的一个方案是将发动机置入机身内部,如 B-2、F-22 和 JSF 等隐身飞机都采用了此方案。F-117 中使用的方案略有不同,其发动机也放置在飞机内部,但在出口处利用机身结构将热废气排向另一个方向,以此对抗红外制导导弹。此外,红外涂层可有效减少红外特征,并确保雷达和红外特征的平衡。

1. 红外信号

温度高于绝对零度的所有物体都会辐射红外线。绝对温度以上的物体会产生分子振动,从而引起电子振荡,这些振荡产生的电磁波称为红外辐射。红外线的波长为 $0.7\sim14~\mu m$,所辐射能量主要取决于物体的温度[22]。与可见光一样,红外辐射也以光速沿直线传播,同样,红外辐射也会被反射或吸收,并在接触物体表面时转化为热量。这些吸收和反射能量随材料特性而变化,例如抛光的表面会反射更多的红外能量,但比粗糙的表面具有低得多的辐射系数[30,31]。

红外能量对于隐身设计很重要,因为红外探测器(也称为红外寻的装置,例如无源红外导弹制导系统)可以利用目标的红外辐射来跟踪目标。特别是导弹导引头,其检测目标的红外辐射信号通常被称为"红外导引头"。如果没有光电对抗措施的帮助,飞机很容易被此类系统通过红外辐射检测出来。为降低被此类红外探测器跟踪的可能,可以采用施放红外诱饵弹,部署红外诱饵辐射源,或者发射大功率干扰信号等措施。

2. 红外隐身

新的红外搜索和跟踪(IRST)系统(图 4.51)以及部署在 SU-27、欧洲"台风"和 F-35 上的光电(EO)对抗系统都体现了红外特征隐身的重要性。这些光电对抗系统可以检测到敌方目标的红外辐射,并跟踪和瞄准目标。因为该类系统是无源被动系统,目标无法知道其红外辐射是否被检测到。为使飞机达到完全隐身效果,必须减少或抑制飞机的红外辐射。

红外辐射能量主要集中在发动机废气上。发动机的尾部是飞机红外辐射的主要来源,因为红外能量与绝对温度的四次方成正比[32]。当发动机使用加力燃烧室时,红外辐射显著增加了近 50 倍。因此,第二代隐身飞机 F-117 和第三代战略隐身轰炸机 B-2 具有非加力引擎。

图 4.51 F-35 的红外传感器[30]

另一方面,第四代隐身飞机 F-22 具有超音速航行的能力,但没有加力燃烧室。第一代隐身飞机 SR-71 黑鸟由于其高的马赫数而具有较高的机动生存能力,它具有高功率的加力燃烧室发动机也是一个例外[30]。

减少发动机红外辐射的一种方法是上置引擎,通过将引擎放置在机身或机翼的顶部来实现,这也是从下面看不到 F-117A 和 B-2 排气喷嘴的原因,如图 4.52

和图 4.53 所示。在发动机后方的圆锥形区域上,红外搜寻器可以检测到排气最热的部分。在此区域之外,传感器只能检测喷嘴表面的高温部分。

图 4.52 F-117A 用于降低红外 辐射的机身设计[33]

图 4.53 从下方看不到 B-2 的 发动机喷嘴[34]

减少红外辐射的另一种技术是利用飞机的后部机身和垂直表面遮盖住喷射管,使其在后方尽可能看不见[32]。

减少红外辐射的措施还包括对排气管形状进行设计。如图 4.54 所示,可设计平坦且宽大的排气喷嘴,与传统的圆形喷嘴相比,增加了喷嘴的周长,提高了废气与空气的混合速率,利用空气对废气进行冷却,从而降低被检测的可能性。但是采用扁平和宽大的喷嘴设计时,引擎推力效率会降低。

图 4.54 接气喷嘴[35]

减少红外辐射的其他措施还包括用弯曲的喷射管遮盖住涡轮发动机,并用弯曲的进气口降低发动机的前向排放。

除了发动机以外,机体空气摩擦导致的动态热量是红外辐射的第二个主要来源,一些闭环冷却系统和特殊材料(例如红外信号吸波材料)可用于散发机体和发动机的热量。但是,与采用雷达吸波材料以减小雷达截面积的方法相似,此方法也具有一些缺点,例如会导致重量的增加和维护要求的增高。将热量传导至燃料中是另一种减少动态热量的技术,它在 SR - 71 中首次使用。然而,高马赫数下空气摩擦导致的高温不可避免,通常需要将飞机限制在相对较低的速度,以降低这种红外辐射能量[30]。

4.6.8 等离子体隐身

等离子体隐身的原理是在飞机周围产生一个电离层,以减少雷达散射截面积。它能够吸收/散射多种频率、角度、极化和功率密度的雷达信号。利用等离子体控制从物体反射的电磁辐射是一种可行的隐身技术,在较高的频率下,等离子体的导电性使得它能与入射电波发生强烈作用,波被吸收并转化为热能。

等离子体隐身技术也可被称作"主动隐身技术",这项隐身技术领域的里程碑最初是由俄国人开发的,这背后的技术并不是最新的。等离子体推力技术起初被用于苏联/俄罗斯太空计划,后来,同样技术的引擎被用来为美国深空 1 号探测器提供动力,如图 4.55 所示。

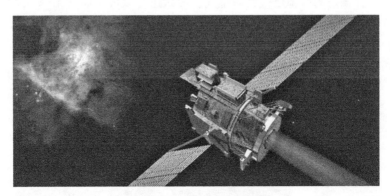

图 4.55 美国深空 1 号探测器

注:深空 1 号最初旨在测试包括使用离子发动机进行航天器推进技术在内的十几项新技术,它还成功地飞过了小行星 9969 布莱叶和博雷利彗星,远远超出了其主要任务目标。探测器收集了一些至今仍被认为是最好的图像和数据。深空 1 号的成功,为未来的离子推进航天器飞行任务,特别是那些难以到达小行星或彗星的飞行任务奠定了基础。

在等离子体隐身中,战斗机在飞机前面播撒了一股等离子体。等离子体将覆盖战斗机的全身,并吸收雷达波的大部分电磁能量,从而使飞机难以被探测。磁流体动力学(MHD)同样可以实现这样的功能。

使用磁流体动力学(附录 C),飞机可以推升到很高的速度。等离子体隐身技术将应用于米格-35 战斗机。米格-35 战斗机如图 4.56 所示。

这款战斗机是米格-29 的升级机型。通过初步试验,这项技术被证明是有成效的。

此外,俄罗斯声称苏-57(图 4.57)战斗机比以前生产的苏霍伊飞机隐身性能更好,这要归功于铟锡氧化物冠层材料。

图 4.56　米格-35 战机(来源: www.wikipedia.com)

图 4.57　苏-57 左倾斜飞行

据俄罗斯塔斯社 2018 年 1 月 11 日报道,考虑到每架战机的成本,俄罗斯罗斯特克公司为苏-57 战斗机、图-160 轰炸机和其他战机建造了新的保护层。这些保护层包括"一种具有增强雷达吸波性能的新型复合材料"。

无论有没有铟锡氧化物冠层处理,苏-57 的价格都太高了,导致俄罗斯不可能大量采购。俄罗斯空军在 2010 年该机型第一次飞行后的 8 年时间里,只购买了 10 架该隐身战斗机[27]。

等离子体隐身是一种特殊的隐身方法。有几点需要注意:等离子体是电离的气体粒子,所以等离子体流是电离气体颗粒的流动。离子是带电粒子或原子群。等离子体云是一种准中性(总电荷为零)的自由带电粒子集合,宇宙中绝大多数物质都存在等离子体状态。在地球附近,等离子体可以太阳风、磁层和电离层的形式存在。

等离子体的主要性质(从我们感兴趣的角度)是它的频率,它的数学方程如下:

$$\omega_p = \sqrt{\frac{4\pi ne^2}{m}}$$

式中,e 是电子或离子电荷;n 是等离子体单位体积离子的浓度;m 是离子的质量。

等离子体中有几种振荡:低频(离子声波)、高频(电子相对于离子的振荡)、螺旋波(在磁场存在下又称"磁声")和沿磁场传播的交叉波。产生等离子体的装置称为等离子体发生器。这种装置产生所谓的低温等离子体。

尽管在理论和技术上是完全可能的,但这确实令人难以置信。目前还不清楚俄罗斯开发的等离子体隐身系统是使用等离子激光还是其他方法来制造等离子体场。

然而,我们的观点是,它与等离子体激光器(这是一个非常大、非常耗电的设备)无关。

等离子体物理学在多年前就在俄罗斯受到重视,因而在理论和实际应用方面取得了一些突破。等离子体技术最有前景的应用之一是离子推进器,它可用于推进航天器。这项技术最初是在俄罗斯(主要由 Keldysh 研究中心)开发的,最近成功地应用于一颗美国卫星上。

飞机周围的等离子体层不仅可用于隐身,还有其他功能。关于利用等离子体降低气动阻力的研究论文很多。例如,有研究认为电流体动力耦合可用于加速空气动力表面附近的气流。此外,有一篇论文研究了在低速风洞中使用等离子体板来控制机翼的边界层。

这表明在飞机的表面产生等离子体是可能的。将放射性同位素悬浮在生成的等离子体层中或掺杂到飞机表面中,可用于减少雷达截面积。如果可调谐,可以屏蔽高功率微波(HPM)/电磁脉冲(EMP)和高能射频(HERF)武器。

正如我们所说的,通过正电荷和负电荷在一定程度上独立移动的能力,等离子体成为一种部分电离和导电的气体[36]。它的自由电子使等离子体对电磁场产生强烈的响应。因此,利用这种具有主动消除技术的等离子体,已作为一种降低雷达截面积(RCSR)的可行方法。这种方法的灵感产生于 20 世纪 50 年代末,当时在航天器的机身上有一个天然等离子体层,航天器在通过电离层时经历了通信中断事件。基本上,雷达波(实际上是某些频率的电磁波)都通过传播这种导电等离子体使电子交换它们的位置,最终导致电磁波损失能量,并将其转化为热能等其他形式。等离子体与电磁辐射的相互作用在很大程度上取决于等离子体的物理性质和参数。这些参数中最主要的是温度和等离子体密度[37]。

另一个重要问题是入射雷达波束的频率。特定频率以下的雷达波会被等离子体层反射。等离子体层的物理性质对这一过程有很大影响。例如,通过电离层散射和反射进行高频信号的远距离通信就是利用这一特性产生的。

因此,雷达截面积等离子体发生器还应控制和动态调整等离子体的密度、温度和成分等特性,以获得有效的雷达信号吸收效果。

从低可观测性的角度来看,等离子体隐身技术存在一些缺点。主要包括:自身发出电磁辐射与可见的辉光;在被大气消散之前,飞机后面存在电离空气的等离子体轨迹[38];在高速飞行的飞机周围难以产生吸波等离子体[38]。然而,一些俄罗斯科学家宣称,利用等离子体技术可以将雷达反射截面积缩减至原来的百分之一。如果这一结果是真的,就足以将精力集中在这一方法上,以便在隐身领域进行进一步的研究和取得成功[37]。

等离子体的另一个应用是利用这种技术来部署天线表面,以产生低可观测特性。虽然金属天线杆是反射部件,但在不使用时,用低压等离子体处理的中空玻璃管可以提供完全透明的雷达表面[37]。

虽然在与等离子体相关的操作过程中存在一些问题,例如长时间间隔应用中的高功率需求,以及对于激活飞机机载雷达等离子体场中所需的孔洞等,但俄罗斯等离子体隐身技术研究小组已经宣布开发了一种重量为 100 千克的等离子体发生器,该技术对于战术空中平台是可行的。据俄罗斯官员的最新说法[16,37],这一关键技术可以在苏-27(如苏-34 和苏-35)、米格-35 战斗机以及米格-1.44 原型上实现,如图 4.58 所示。

总而言之,等离子体隐身是一种利用电离气体(等离子体)降低飞机雷达截面积的方法。电磁辐射与电离气体之间的相互作用已被广泛研究和应用,例如使飞机避开雷达探测的隐身技术。有很多种方法可以在飞机周围形成一层或一团等离子体云,以偏转或吸收包括从简单的静电或射频(RF)到更复杂的激光雷达信号。理论上这样可以减少雷达截面积,但在实践中这可能会有难度。据报道,俄罗斯高超音速导弹的 3M22 锆石(SS-N-33)(图 4.59)导弹,就是利用了等离子体隐身技术。

注:俄罗斯锆石导弹已经达到了前所未有的速度,这一消息成为西方媒体上令人震惊的头条新闻。

 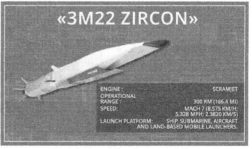

図 4.58　可能具有等离子体隐身　　　图 4.59　3M22 锆石(SS-N-33)
　　　　　能力的米格-1.44　　　　　　　　　高超音速机动反舰导弹

这个月,俄罗斯的锆石导弹达到了所有巡航导弹的最高速度。塔斯社新闻引用军方的消息,试验中,该导弹能够以比声速快 8 倍的速度飞行,即 8 马赫,大约等于 9 800 km/h。

在大约 400 km 的范围内,它将能够在 2.5 分钟内覆盖区域内任何地方。西方媒体担心这会使北约的大部分海军装备显得落伍。

总之,正如我们在上面所述,飞机周围的等离子体层不仅用于隐身,还具有其他功能。关于利用等离子体降低气动阻力的研究论文很多。特别是,电流体动力耦合可以用来加速空气动力表面附近的气流。有一篇论文[21]研究了在低速风洞中使用等离子面板控制机翼的边界层。这表明在飞机的表面产生等离子体是可能的。将放射性同位素悬浮在等离子体层或船体中时，可以用来减少雷达截面积，并将屏蔽高功率微波/电磁脉冲和高能射频武器。

注：电流体力学（EHD）又称电流体动力学（EFD）或电动力学，是研究带电流体[39]的动力学。它是研究电离粒子或分子的运动及其与电场和周围流体的相互作用。这个词可以看成是相当复杂的电动力学的同义词。ESHD包括以下类型的粒子和流体传输机制：电泳、电动、介电泳、电渗和电旋转。一般来说，这些现象与电能直接转化为动能有关，反之亦然[39]。

此外，等离子体是离子（原子已经电离，因此具有净电荷）、电子和中性粒子（可能包括未电离原子）的准中性（总电荷接近于零）混合。并非所有的等离子体都完全电离。宇宙中几乎所有的物质都是等离子体：远离行星体的固体、液体和气体是罕见的。等离子体技术有许多应用，从荧光照明到半导体制造中的等离子体处理等。

等离子体可以与电磁辐射发生强烈的相互作用：这就是为什么等离子体可用于修改物体的雷达特征。等离子体与电磁辐射的相互作用在很大程度上取决于等离子体的物理性质和参数，最显著的是等离子体的温度和密度。等离子体在温度和密度上都有很大的范围；等离子体温度范围从接近绝对零度到远超过 10^9 K（作为比较，钨的熔点为 3 700 K）。等离子体在大多数的参数和频率条件下导电，此外，它的低频响应类似于金属：等离子体只是对低频辐射进行反射。使用等离子体控制来自物体的反射电磁辐射（等离子体隐身），在更高的频率下是可行的，在这种情况下，等离子体的导电性允许它与入射无线电波发生强烈相互作用，但波可以被吸收并转化为热能而不是反射。

当电磁波（如雷达信号）传播到导电等离子体中时，离子和电子由于时变的电场和磁场而产生位移，将能量传递给粒子，粒子通常将它们所获取能量中的一部分返回到波中，但一些能量可能被散射或在共振加速等过程中被吸收，或者通过模式转换和非线性效应转移到其他波类型中。等离子体至少在理论上可以吸收入射波中的所有能量，这是等离子体隐身的关键。因此，等离子体隐身意味着飞机的雷达截面积大量减少，使其更难（但不一定不可能）被检测到。仅仅通过雷达探测飞机，并不保证能够精确瞄准或使用导弹拦截飞机。雷达截面积的减少还导致探测范围的相应缩小，使飞机能够在被探测到之前更接近雷达。

这里的关键问题是到达信号的频率。等离子体将对一定频率以下的电磁波（特征电子等离子体频率）进行反射。这是短波无线电和远距离通信的基本原理，低频无线电信号在地球和电离层之间反弹，因而能实现远距离传输。预警超视距雷达利用的就是这种低频无线电波（通常低于 50 MHz）。然而，大多数军用机载和防空雷达都在其高频、超高频和微波波段工作,其频率高于电离层的特征等离子体频率;因此,微波可以穿透电离层,地面和通信卫星之间的通信是可行的(有些频率可以穿透电离层)。

飞机周围的等离子体能够吸收来波信号,从而减少飞机金属部件的信号反射:由于接收到的信号比较微弱,飞机将在远程实现对雷达的有效隐身。等离子体也可以用来改变反射波,以混淆对手的雷达系统。例如,反射波的频移将阻碍多普勒滤波,并可能使反射波更难区分于噪声。

对于一个功能正常的等离子体隐身装置而言,对密度和温度等等离子体特性的控制是很重要的,为有效对抗不同类型的雷达系统,可能需要动态调整等离子体密度、温度或磁场。等离子体隐身相比赋形和使用雷达吸波材料等传统的射频隐身技术,它所具有的优势在于等离子体是可调谐和宽频带的。面对跳频雷达时,至少在理论上可以通过改变等离子体温度和密度来应对。而最大的挑战,则是要产生具有良好能效的大面积或大体积的等离子体。

等离子体隐身技术也面临着各种技术难题。例如,等离子体本身会发射电磁辐射,尽管它通常像噪声一样很微弱。此外,等离子体被大气重新吸收还需要一段时间,在运动中的飞机后面会产生一条电离空气的轨迹,但目前还没有办法在远距离检测这种等离子体轨迹。等离子体(如辉光放电或荧光灯)会发射可见的辉光:这与整体低可观测性概念不相符。然而,目前的光学检测装置,如前视红外(FLIR),其距离比雷达短,因此等离子体隐身仍然有一个操作范围空间。最后,同样重要的是,在整个高速飞行的飞机周围产生雷达吸收等离子体是非常困难的,所需的电力是巨大的。然而,大幅减少飞机的雷达截面积仍然可以通过在飞机反射性最强的表面周围产生雷达吸收等离子体来实现,例如涡轮喷气发动机风扇叶片、发动机进气口、垂直稳定器和机载雷达天线等位置。

有许多人利用三维时域有限差分模拟方法,对基于等离子体的雷达截面积缩减技术进行了一些计算研究。Chaudhury 等人利用该方法研究了 Epstein 剖面等离子体的电磁波衰减。Chung 研究了金属锥被等离子体覆盖时的雷达交叉变化,这种现象发生在重返大气过程中[40]。Chung 模拟了一颗普通卫星的雷达截面,以及人工生成的等离子体锥覆盖时的雷达截面。

4.7 隐身技术的优势

隐身的好处不仅适用于飞机,而且也适用于许多武器,如 JSOW,JASSM,Apache/SCALP/StormShadow,Taurus/KEPD 等导弹,经过特殊的成形和处理,可以将其雷达和红外信号特征最小化。这有两个好处:第一,武器本身不太容易受到敌方防御系统的伤害,这意味着较少的发射武器会在到达目标之前被击落。这反过来又意味着可以为执行任务的火力分配更少的武器及其运载平台。第二,降低敌人发现武器后可反应的时间。

运用这种情况的一个典型例子就是对敌方机场进行打击的场景。如果使用非隐身战机或防区外武器,很可能会在很远的距离就被探测到,敌人将有一些时间(即使只有4~5分钟),让敌机起飞转移到其他地方以躲避打击。如果被打击的飞机包括机载告警器(一种常见的保护措施),这些飞机可以立即积极地抵御来袭攻击。与此形成对比的是,由于使用了隐身武器和/或平台,攻击被发现的时候为时已晚,以至于敌人无法及时做出响应,而只能依靠地面终端进行防御。

(1) 可利用更少的隐身武器在相同或更高的作战效率下取代常规攻击武器。这将节约军事预算开支。

(2) 隐身武器攻击能力可能会阻止潜在的敌人采取行动,使他们产生恐惧心理,因为他们永远不知道攻击是否已经开始。

(3) 隐身战机生产可能迫使对手追求同样的目标,将显著削弱经济劣势方的实力。

(4) 在友好国家部署隐身武器是一个强有力的外交姿态,因为隐身武器包含了高科技和军事秘密。

(5) 提高飞行员和机组人员的生存率。

(6) 敌方只能在很近的危险区域才发现攻击,以至于敌人无法及时在空中进行防御,而是只能依靠地面终端防御,这将是非常致命的。

此外,隐身技术还有一个好处,较少数量的隐身飞机可能以相同或更高的作战效率取代常规战斗机,而且它可能会节约军费预算。

隐身武器攻击能力可能会阻止潜在的敌人采取行动,使他们产生恐惧心理,因为他们永远不知道攻击是否已经开始。隐身战机的生产可能迫使对手追求同样的目标,可能导致经济劣势方的显著削弱。在友好国家部署隐身飞机是一个强有力的外交姿态,因为隐身飞机包含了高科技和军事秘密。

隐身技术的目标是使雷达看不见飞机。形成隐身有两种不同的方法:一是飞机的形状可以使它将雷达信号反射到远离雷达设备的地方;二是飞机可以覆盖吸收雷达信号的材料。大多数常规飞机都是圆形的,这种形状使它们具有空气动力,但它也产生了一个非常大的雷达反射截面积。圆的外形意味着,无论雷达信号照射到飞机的哪个部位,一些信号都会被反射回来;另一方面,隐身飞机是由完全平坦的表面和非常锋利的边缘组成的。当雷达信号照射隐身飞机时,信号就向特定角度被反射出去。此外,隐身飞机上的表面可以被处理,以便吸收雷达能量。总体结果是,隐身飞机的雷达特征将不再是飞机,而是一只小鸟。唯一的例外是当飞机停下来时,往往会有一个时刻将大量的雷达信号能量返回到雷达天线上。

4.8 隐身技术的缺点

隐身技术和其他技术一样也有自己的缺点。隐身飞机不能像常规飞机那样快速飞行或便于操纵。F-22 及其同类飞机在一定程度上证明了这一问题。虽然 F-22 飞行速度很快,但未超过 2 马赫,也不能像苏-37 那样转弯。隐身飞机的另一个严重缺点是可以携带的有效载荷较少。为了降低雷达信号特征,大多数有效载荷装载在隐身飞机内部的有限空间,而传统的飞机则可以携带比同级别隐身飞机更多的有效载荷。

无论隐身飞机有什么缺点,它所面临的最大问题还是成本。隐身飞机就像黄金一样昂贵。为美国空军研发的战斗机,如 B-2(20 亿美元)、F-117(7 000 万美元)和 F-22(1 亿美元)等飞机是世界上最为昂贵的飞机。冷战后,B-2 轰炸机的数量因其惊人的价格和维修费用而急剧减少。

对于这个问题,也有解决办法。在前不久,俄罗斯的设计公司苏霍伊和米格开发了战斗机,其价格将与苏-30MKI 类似。这可能是让第三世界国家负担得起隐身技术的一个积极尝试。

此外,B-2 携带大量炸弹,但它的速度相对较慢,导致它进行海外攻击时需要 18~24 小时的飞行时间。因此,提前规划和及时接收情报至关重要。

由于雷达截面积和巡航能力的变化,隐身飞机在使用武器之前、期间和之后很容易被发现。战机还不能挂载导弹;所有武器必须在内部携带,以避免增加雷达截面积。一旦炸弹舱门打开,雷达截面积就会成倍增加。

隐身技术也被称为低可观测技术,是军事战术和无源电子对抗的一个分支,它涵盖了人员、飞机、船舶使用的一系列技术,使潜艇和导弹对雷达、红外、声呐和其他探测方法具有低可观测性(理想情况下是看不见的)。量子隐身是一种通过弯曲目标周围的光线使目标完全看不见的材料。这种材料不仅降低自身的可见光、红外(夜视)和热信号,还能减少目标的阴影。因此,它为开发日益尖端的技术奠定了基础,这些技术有助于避开敌人的侦察。这些类型的材料被称为"超材料",它们是设计成具有自然界独有特性的人工材料。

超材料是由金属或塑料等常规小材料制成的多个单独元素组成的组件,这些材料通常以周期性的模式排列。超材料的特性不是来自它们的成分,而是从精确设计的结构中获得。这些材料的响应通常与单元的共振行为有关。也许隐身的缩影就是隐形装置,它利用选择性的光线弯曲和抑制发射,使飞机完全隐身和无法被探测。

需要强调的是,隐身技术显然是国防部队的未来。将来,随着防空系统越来越精确和致命,隐身技术可能成为一个国家战胜另一个国家的决定性因素。未来,隐身技术不仅将被纳入战斗机和轰炸机,而且还将被纳入船舶、直升机、坦克、运输机以及军装。

然而,如前文所述,与量子隐身材料的缺点类似,我们可以列出以下隐身技术的缺点:

(1)量子隐身与其他技术一样也有其自身的缺点。隐身飞机不能像常规飞机那样快速飞行或便于操纵。F-22及其同类飞机在一定程度上证明了这一问题。虽然 F-22 飞行速度也很快,但它不能超过 2 马赫,也不能像苏-37 那样转弯。

(2)隐身飞机的另一个严重缺点是可以携带的有效载荷较少。大多数有效载荷是在隐身飞机中内部携带的,为减少雷达信号特征,武器只能在内部占据较少的空间,而传统的飞机可以携带比其同级别的任何隐身飞机更多的有效载荷。

(3)隐身飞机可能面临最大的缺点就是它的成本问题。隐身飞机如黄金一般昂贵。

隐身飞机的缺点之一是机身常见的低气动性能和它们形状的差异,如图 4.35 和 4.36 所示。

隐身飞机不是为满足完美的空气动力学设计的,而是根据雷达截面积减少的要求设计的,一般来说,这会产生一些问题。为了获得更大的机动性,大多数现代飞机在一个轴上是不稳定的,而隐身飞机通常在所有轴上均不稳定。与其他现代战斗机不同的是,隐身飞机需要极高的飞行安全系统,这不仅增加了成本,还增加了机身的额外重量。在训练和实验飞行期间,这些飞行控制系统发生了许多故障,其中一些故障导致了坠毁;据了解,有一次 B-2 坠毁,一次 F-117 坠毁,两次 F-22 坠毁都与飞行控制单元故障有关。

此外,大多数隐身飞机没有采用带加力器的发动机,因此它们不具备高速性能,不适合作战。F-22 战机是一个例外,可能将在未来成为这个问题的解决方案。它是一种敏捷、隐身的空中优势战斗机,这就是为什么它的形状比其他隐身飞机更传统的原因。

隐身飞机的第二个缺点是要求完全限制电磁辐射或以非常小心的方式工作,例如通过低截获概率(LPI)雷达(附录 D)。使用雷达以外的其他自主系统降低了这种风险;然而,这些系统有许多限制,降低了飞机的作战能力。低截获概率是一种潜在的补救方法,是雷达的一种特性,由于其具备功率低、带宽大、频率可变性或其他设计属性,很难通过无源截获接收机[41]来检测。

因此,基于相同原理的雷达、无线电和数据连接方法是解决剩余隐身问题的现实方法。与任何其他武器相比,低截获概率技术比低观测值更重要。低截获概率可用于支持高度计、战术机载瞄准、监视和导航[41]等系统,同时它也与其他隐身技术相匹配。然而,这种复杂的低截获概率系统需要不断开发来应对新的接收机设计,这导致成本非常高,而且部署了复杂的电子仪器与软件[30]。

隐身飞机的第三个缺点是与隐身相关的高维护成本问题。为了保持低可观测性,飞机的表面必须保持无瑕疵。表面必须非常仔细地检查,考虑到即使是一个不适当的拧紧螺丝也可能降低飞机的隐身性,因而必须在每次任务前,要对所有表面进行雷达吸波材料涂层部件和特殊喷涂的处理。此外,这种维护需要在特殊的场所进行。B-2 的气候控制维修库如图 4.60 所示。每一次行动后,B-2 必须经过有经验的工作人员和高科技自动化设备进行约 119 小时的保养,因而最好将这些飞机部署在从其本国基地起飞的地方,以提供必要的保障。

图 4.60　B-2 轰炸机[42]的特殊气候控制维修库

但问题是,从本土对海外目标执行任务时,远程飞行将给隐身飞机运行带来严重的经济负担[43]。

隐身飞机的第四个缺点是受其能携带的弹药数量的限制。这是因为在完全隐身模式下,飞机必须在内部携带所有弹药。由于目标的再攻击受到库存的限制,因此,作战前的情报和弹药的合理使用是至关重要的。此外,当武器仓被打开时,雷达截面积会增加,这增大了被敌人发现的概率。

隐身飞机的第五个缺点是其视觉特征。虽然通过喷涂、夜间任务(依赖夜间和天气条件是另一个缺点)以及其他伪装战术能减少可观测性,但隐身飞机仍然肉眼可见。近年正在进行实验,以开发完全消除视觉探测的方法,但目前还没有在作战隐身飞机上得到应用[43]。

隐身飞机的第六个缺点是公众对飞机故障的负面反应。根据各种战争期间的任务经验,隐身飞机已经被证明是非常成功的。然而,有几个已知的失事事件对公众舆论产生了负面影响。事件包括击落一架 F-117 飞机,还有据说在 1999 年 3 月 27 日科索沃战争期间,有不止一架 F-117 飞机被击中而受到严重损伤。其他损失包括在冷战期间击落 U-2 和几架隐身无人机。通常情况下,如此少量的在战场击落事件和训练期间军用飞机的损失都被忽略。除了 F-117 在塞尔维亚领空被击落外,在训练飞行中还损失了 8 架 F-117、2 架 F-22A 和 1 架 B-2A 战机[30]。

隐身技术的最终和最重要的难题是成本问题。成本受以下三个因素的影响:

第一个因素是实现完美的低可观测能力所需的投入。虽然还没有达到完美的水平,但获得的能力需要很长时间才能实现,而且成本很高。这些努力是有效的,但设计师已经在努力寻找击败雷达和其他传感器系统的方法。

第二个因素是使用其他技术提高隐身战机作战效能的总成本。这些技术包括复杂的电传系统、高技术计算机和控制单元、特殊的超级巡航发动机、低截获概率雷达、导航、精确瞄准系统和正在开发的隐身武器。这些因素需要花费很多经费。此外,目前所有三种现役隐身飞机的生产表明,方案总费用以及每架飞机的成本都非常高。表 4.1[44-46] 列出了每架飞机的首次预计生产量、实际生产量、每架飞机平均采购单位成本和计划单位每架飞机购置费用。

表 4.1　相对较小的生产数量增加了每架飞机的项目总成本[44]

项　　目	F-117A	B-2A	F-22A
首次预计生产量	89	132	750
实际生产量	59	21	184
每架飞机平均采购单位成本	4 260 万美元	7.37 亿美元	1.854 亿美元
计划单位每架飞机购置费用	1.112 亿美元	21.3 亿美元	3.53 亿美元

表 4.1 表明,较少的生产数量增加了每架飞机的项目总成本。原因是,由于意外情况或所需经费的变化,导致预计生产数量减到相对较少的数量,因此单一机体成本增加。此外,很难通过向其他国家销售来收回研发成本,这是非隐身武器系统的一种常见做法。出于安全考虑,隐身战机不对外销售。在这种背景下,美国国会宣布禁止销售它们的关键技术,尽管这些销售可能会收回其中的一些成本[30]。

第三个因素涉及业务费用。例如,虽然 B-2 可以在 12 小时内部署到世界任何地方,但它在业务上因高昂的更换成本而受挫,并导致在考虑其部署时必须进行风险/效益分析[55]。表 4.2 将 B-2A 与其他美国重型战略轰炸机作对比,如半隐身战机 B-1B 和传统的 B-52H 战机。

表 4.2　美国三种战略轰炸机[47]的比较

项　　目	B-2A	B-1B	B-52H
部署时间	1993 年	1985 年	1955 年
主要承包商	诺斯罗普·格鲁曼	洛克韦尔	波音公司

续　表

项　　目	B - 2A	B - 1B	B - 52H
每架飞机的费用	22 亿美元	2 亿美元	7 400 万美元
库存数量	21	95	85（＋9 备份）
武器载荷	18 143 kg	32 658 kg	31 751 kg
JDAM 有效载荷	16	24	12
速度	965 km/h（高亚音速）	1 448 km/h（1.2 Ma）	1 046 km/h（0.86 Ma）
全体人员	2	4	5

尽管隐身技术在生产隐身战机方面存在种种弊端，但自首次应用以来，隐身技术已经满足了空军对战场生存能力的要求，因而研发和部署了许多战机。这些机身使用隐身技术，以支持他们在战术作战上具备压倒性优势。在这方面，特制的防空系统需要采用新雷达系统和战术来对付低观测能力。下一章将讨论反隐身技术，重点是通过利用隐身技术的局限性来改进防空方案。

4.9　量子隐身和隐身技术的未来

显然，量子隐身技术是未来空战的趋势。在未来，随着防空系统越来越强大，隐身技术可能是一个国家战胜另一个国家的决定性因素。隐身技术不仅将应用于战斗机和轰炸机，而且还将应用于船舶、直升机、坦克和运输机。

从 RAH - 66"科曼奇"（图 4.61）和海影隐身船来看，这些都是显而易见的。海影（IX - 529，图 4.62）是洛克希德公司为美国海军建造的一艘实验隐身船，目的是确定如何实现低雷达截面积。

自从莱特兄弟进行第一次动力飞行以来，这一技术领域已经取得了惊人的进步。隐身技术只是我们所看到的进步之一。在将来，我们可以看到军事航空领域的更多改进，有朝一日甚至会超越量子隐身技术。

这不是一个新的想法；事实上，一些军事小说作家已经提出了这个想法，在一个特定的场景中，飞机就像变魔术一样能不断地调整形态使其很难被发现（图 4.63）。

此外，近 50 年来，对隐身技术的探测有了明显的进步。这一趋势可能会持续下去，因为隐身与反隐身是相互对立的。

到目前为止，隐身飞机已在几次低强度和中等强度的冲突中得到应用，包括沙漠风暴行动、盟军行动和 2003 年入侵伊拉克。每一次它们都被用来打击高价值的

图 4.61 1996 年 1 月 4 日首飞的第一架
RAH－66 型飞机原型机(来源：
www.wikipedia.com)

图 4.62 IX－529 船舶照片(来源：
www.wikipedia.com)

图 4.63 隐身飞机

目标,这些目标要么超出了常规飞机的射程,要么防御能力太强,常规飞机无法在没有高损失风险的情况下进行攻击。此外,隐身飞机不需要躲避地对空导弹和高射炮,可以更从容地进行瞄准,因而更有可能在战役早期击中高价值的目标。

然而,鉴于俄罗斯制造的优秀地对空导弹(SAM)系统越来越多地出现在公开市场上,隐身飞机可能在高强度冲突中凸显其重要性,以获取空中优势。未来需要隐身技术来为更远的打击扫清障碍,而在这个方面常规飞机将非常困难。例如,中国有能力建立大量的地对空导弹系统,并能够在发生某种冲突时大力防御重要的战略和战术目标。即使使用反辐射武器试图摧毁这类地对空导弹雷达,这些导弹也能够击落针对它们发射的武器。隐身飞机的突然进攻将成为实施常规轰炸的唯一可能途径。这样,隐身能力较强的部队就有可能用更先进的武器压制敌方武器系统,以获得空中优势。

维斯比级首批服役的隐身战舰的研制和部署引发了新的威胁。雷达上突然出现的海面杂波可能就是这些隐身战舰。

等离子体隐身技术带来了工程技术发展的新方向。由于等离子体号称能吸收所有电磁辐射,开发反隐身技术来实现这种机制将是一项艰巨的任务。

总之,目前的情况似乎类似于冷战,因为双方都在积累武器来对抗对方,每一方都可以被称为"隐身技术",另一方可以被称为"反隐身技术"。这是一场军备竞赛,但不是在特定国家之间。这是技术之间的斗争。正如我们迄今所看到的,隐身似乎逐渐遵循了新的战争模式,这一循环在过去曾多次出现,其中包括飞机、装甲战舰、坦克、潜艇、核武器等概念。最初,"新方式"获得了巨大的成功,因为它几乎没有对手,而且经常被誉为军事进步的先驱(所谓进步有时确实发生,有时不是)。随后,随着其经验教训的积累,便找到了应对该问题的解决办法。最终,隐身技术在战争中找到了它真正的位置,并成为战争的倍增器。

过去几年反隐身研究的一个有趣转变,是西方在这一领域的关注度明显增加。直到最近,人们认为西方在压制敌人防空(SEAD)、极低可观测(VLO)和巡航导弹技术方面具有决定性优势,这并不令人惊讶,这些都归功于其在电子和小型化方面的优势。然而,由于这一差距正在缩小,西方军事部门越来越发现自己面临着可能的潜在威胁。因此,这就是为什么无源雷达系统或先进的远程红外传感器等技术得到了慷慨的资助。包括等离子体隐身增强高超音速飞行器(附录 C,图 4.64)和主动对消等技术,具有明显低可观测倾向的原型,如 S - 37、米格- 1.42,甚至有些过时的歼- 10 和高精度打击系统,如最新一代俄罗斯、中国和印度导弹,都清楚地表明了未来的趋势[48]。

图 4.64　未来高超音速飞翔轰炸机可能的外形[48]

同时,以前仅在高价值武器使用的先进技术(主要是受限于成本和复杂性)正在逐渐渗透到空军更广泛的领域。例如,在十年前安装相控阵雷达来装备战斗机或高级教练机是一个荒谬的想法,但现在却很受重视。同样,隐身可能会进入多任务和 C4ISR 平台等空中运输工具(图 4.65),甚至可能是教练机。在这一点上,毫无疑问,它已经失去了许多魅力,它将不得不与其他我们可能无法掌握的原则竞争。有趣的是,下一种厉害的技术可能不一定是全新的东西,而可能是一种重新描述已有知识的技术。例如,美国空军目前正在探索未来的内/外大气层高超音速轰炸机,这也许是一种间接的承认,单靠隐身是不会在未来独占鳌头的。

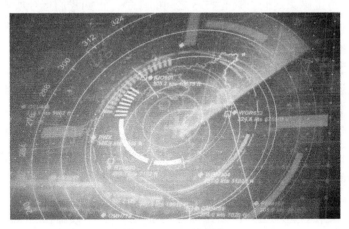

图 4.65 C4ISR 平台

过去、现在和未来的隐身飞机 C4ISR,即指挥、控制、通信、计算机、情报、监视和侦察,它把国家安全基础设施中最重要的要素组合成一个易记的术语。C4ISR可以定义为连接作战人员和第一反应人员的平台、有效载荷、传感器和其他系统的网络。

有了这样的能力,"感知下一步行动的能力是最具价值的"。正如作者所说,"知识是四维科技中最具力量的东西"[49]。

4.10 隐身飞机的过去、现在和未来

隐身技术是并不是一个新鲜的概念。在第二次世界大战期间,盟军飞机大量使用锡和铝箔来干扰德国的雷达装置,从而为盟军轰炸机进行空袭掩护。这种方法后来被飞机用来躲避制导导弹。第一架隐身飞机是洛克希德·马丁公司研制的F-117,这是一个由其开发的绝密项目。F-117 刚刚在 20 世纪 80 年代末公布于众,然后就在波斯湾投入了战斗。后来,B-2 作为 F-117 的继承者而得以发展。虽然两者具有不同的作战功能,但 B-2 领先于 F-117。研制的 B-2 可用于运载核武器、其他制导和非制导炸弹。另一方面,F-117 是用来发射精确激光制导炸弹的。另一架隐身飞机 A-12,旨在将来取代 F-14 和 F-18 战斗机,虽然人们对它有很高的期待,但最终还是被放弃了。这架飞机的性能被吹嘘得很厉害,但项目最终还是陷入了混乱,数十亿美元就这样白白浪费了。

隐身技术随着 ATF 竞赛而闻名。波音-洛克希德 YF－22 和诺斯罗普·格鲁曼 YF－23 争夺数十亿美元的合同，以建造美国空军第五代战斗机。最终波音-洛克希德赢得了合同，F－22 被批准取代 F－15 截击机。

美国现在的竞争对手俄罗斯决定制造苏－47(S－37)和米格－35，作为对 F－22 发展的回应。这些战斗机是由俄罗斯两家主要航空公司苏霍伊和米格研制的。这些项目的未来完全取决于俄罗斯国防部门提供的资金。这次波音公司开发了 X－32 和洛克希德公司的 X－35。凭借开发 F－22 获得的经验，他们的任务是替换 F－16。正如他们制造第一架超音速 VSOL 飞机那样，这带来了巨大的技术进步。洛克希德·马丁公司接受了研制 Yak－141 型飞机的俄罗斯科学家的技术援助。Yak－141 是第一架超音速 VSTOL 飞机。最终，洛克希德的 X－35 赢得了合同，战斗机被重新命名为 F－35。

下一步，将有许多使用隐身技术的项目诞生。他们来自一些不被看好的竞争者。这些项目包括欧洲联合森林论坛，该论坛由曾开发 EF－2000 的小组设计。俄罗斯正在推进其 LFS 项目与 S－54 和其他设计。进入这一领域的两个新国家将是印度和中国。印度将引进它的 MCA，这是一种没有垂直稳定器的双引擎战斗机。这架战斗机将使用推力矢量而不是方向舵。中国将推出歼－12(F－12/XXJ)，相当于美国的 F－22 战斗机。

这些挑战表明，隐身技术是当今现代力量主宰战场的必然要求。它的许多优点使用户相比对手具备压倒性战术作战优势。

然而，设计、制造、运营和维护隐身技术有一些缺点。这里使用缺点这个词，并不是要阻碍这种尖端军事技术的进步，而是意味着在应用这些技术方面还存在一些挑战。这些挑战必须由设计师和用户来平衡处理。

4.11　隐身技术与电子战

2014 年 4 月 21 日，Dave Majumdar[50] 在美国海军协会新闻网上发表了一篇题为《隐身技术对电子战》的文章。他说，在不久的将来以及从长期来看，美国海军需要开发与电子战能力相结合的隐身技术，以对抗俄罗斯制造的反介入/区域拒止战略(A2/AD)(即见第 3.11 节)的威胁。这种需求产生于我们在第 3 章中所述的内容。到目前为止，隐身的新一代战机(即第五代)并不是真正的隐身，在手机频段工作的新无源雷达可以在 100 英里(161 km)内探测到 F－35 隐身飞机。

2014 年 4 月 16 日，美国海军作战部(CNO)部长乔纳森·格林尼特海军上将在华盛顿举行的美国海军研究所年会上发表讲话。他说："隐身技术至少在未来十年时间内将发挥重要作用，但我认为我们需要看得更远一些。"因此，人们的想法

图 4.66　第五代 F‑35C 隐身战斗机

是,它是一种组合,不仅具有隐身性能,而且还可以抑制其他形式的射频电磁辐射。

据格林尼特和多个美国军事和工业来源称,电子攻击本身可能不足以使美国军队穿透敌人的防空系统。

格林尼特上将接着说:"在未来,我们是否可以顺利地进入相应地域并完成我们所需要完成的任务后离开呢?我对此是持怀疑态度的,但我们有办法,在下一代干扰机的帮助下,我们将在需要的时候进入并离开。"

格林尼特的评论很大程度上印证了之前在美国海军联盟海上航空航天博览会上波音公司的一次演讲,该公司负责 F/A‑18E/F 和 EA‑18G 项目的副总裁迈克·吉本斯(Mike Gibbons)曾表示,隐身飞机必须得到机载电子攻击能力的支持。

吉本斯说:"但任何飞机都不能只对任何一个频段具有隐身能力,因为你会被别的频段发现,这就是关键,如图 4.67 所示的 EA‑18G 舰载机,是唯一具有全频段侦察干扰能力的飞机。"

图 4.67　美国海军 EA‑18G 舰载机
（来源：www.wikipedia.com）

图 4.68　诺斯罗普·格鲁曼公司的 EA‑6B
战机（来源：www.wikipedia.com）

波音 EA‑18G 是一架美国航母舰载电子战飞机,是 F/A‑18F 的专用版。EA‑18G 取代了诺斯罗普·格鲁曼公司的 EA‑6B(图 4.68)在美国海军服役。EA‑18G 的电子战能力主要由诺斯罗普·格鲁曼公司提供。EA‑18G 于 2007 年开始生产,并于 2009 年底在美国海军服役。澳大利亚还购买了 12 架 EA‑18G,它们于 2017 年进入澳大利亚皇家空军服役。

吉本斯的声明在图 4.70 中得到了生动的阐释,波音公司的演讲还重申了该公司经常声明的立场,即低可观测技术是一种"易过时"技术——特别是随着潜在的敌人开发先进的低频雷达,信号处理器变得越来越强大。

波音公司的 F/A-18E/F(见图 4.71)Mark Gammon 在电子声明中说:"隐身是'延迟检测',而且延迟越来越短。地对空导弹雷达正在将其频率转换为较低的频带,使美国的隐身效果不太好,预警雷达在甚高频频段中的隐身能力有限。这些雷达被联网到地对空导弹雷达中,使地对空导弹雷达进行搜索。这种威胁来自他们的战斗机上的红外搜索等频谱传感器以及追踪(IRST)系统。隐身不具备延迟检测和跟踪的能力。"

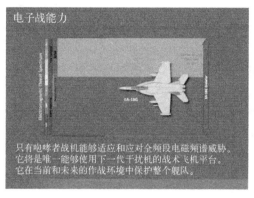

图 4.69　EA-18G 的电子战能力

图 4.70　海军 F/A-18(来源:www.wikipedia.com)

虽然美国海军协会新闻网咨询的一些军事官员完全同意波音公司的评估,但另一些军方官员则对该公司的说法置之不理,许多其他人提出了不同的观点。

一位美国空军官员说:"波音公司在这次简报中对洛克希德·马丁公司的 F-35 进行了全面的施压。因此,当他们准确描述 EA-18G 战机的优势时,他们忽略了这种优势的权衡,事实上,EA-6B 战机和低可观测平台之间的互补性非常好。"

不过,洛克希德·马丁公司官员坚称,F-35 能够在没有任何支持的情况下在危险的空域内运行。

洛克希德·马丁公司国内 F-35 业务开发主管埃里克·范·坎普(Eric Van Camp)表示:"根据政府合同规定,飞机必须能够进入危险的反介入环境,自主执行任务并生存。飞行试验的结果最终表明,该飞机符合合同规定。"

为了应对如 C、X 和 Ku 等高频段,必须对隐身战斗机的大小进行优化,这是一个无可争辩的事实,但在现实情况中,还涉及其他因素使探测和跟踪隐身飞机变得困难。

工业、空军和海军官员一致认为,一旦频率波长超过一定阈值并引起共振效应,低可观测飞机的特征就会出现阶跃变化。

通常,当飞机上特征部位(如尾翼)的长度小于特定频率波长的 8 倍时,这种共振就会发生。

实际上,小型隐身飞机的尺寸和重量不足以在每个表面上覆盖 2 英尺(约 0.6 m)或更多的雷达吸波材料层,它们被迫对其最佳的频段进行补偿。

另一位空军消息人士说:"战斗机大小的飞机不可能一下子无影无踪。这意味着,在低频波段工作的雷达,如 S 波段或者 L 波段的部分和民用空中交通管制雷达,可能能够在一定程度上探测甚至跟踪某些隐身飞机。然而,像诺斯罗普·格鲁曼公司的 B-2 这样的大型隐身飞机,缺乏引起共振效应的许多特性,对低频雷达的效果要比 F-35 等飞机要好得多。"

但这些低频雷达并不能提供五角大楼官员所称的"武器质量"级跟踪效果,以引导导弹击中目标。

一位空军官员说:"即使你能用民用空中交通管制雷达探测到一架低观测战斗机,但没有火控系统也无法消灭它。"

与此同时,俄罗斯、中国和其他国家正在开发先进的超高频和甚高频波段预警雷达,它们使用更长的波长来提示它们的其他传感器,并让它们的战斗机了解敌方隐身飞机可能来自哪里。

但是,正如一位美国海军官员告诉美国海军协会新闻网的,甚高频和超高频波段雷达的问题是,长波长的雷达分辨率不高。

这意味着,在跟踪目标时,不能达到所需的精度,无法引导武器进行打击。

海军官员反问:"那么任务是否需要隐身装置呢? 或者即便对方发现了它却无能为力也没有关系?"

此外,来自空军、海军和海军陆战队的官员一致认为,虽然像 F-35 或 F-22 这样的飞机不仅仅依赖于低可观测性的生存能力,但即便在机载电子攻击支持下,隐身也是在反介入/区域拒止战略环境中生存的绝对要求。

正如一位空军官员所解释的,隐身和电子攻击总是有协同关系,因为检测是关于信噪比的。低观测值降低了信号,而电子攻击增加了噪声(图 4.71)。他说:"任何着眼于应对新出现的反介入/区域拒止战略威胁的大计划,都将解决这一问题的两个方面。"

美国空军和海军陆战队的官员对波音表示异议,他们指出,F-35 战机的正面只有 X 波段的电子攻击。一位空军官员指出:"舰载战斗机可能提供也可能不提供舰尾覆盖,而是由整个系统提供覆盖,其中可能包括 EA-18。"

然而,空军和海军陆战队官员说,EA-6B 对于新威胁可能没有特别的作用,并指出,除了其基本能力外,还计划对 F-35 进行电子战升级。

一位空军官员说:"EA-6B 本身虽然是一架非常可靠的飞机,但在先进的A2/AD 地区其适用性有限。虽然目前它只是假想状态,但我不知道它是否会是对

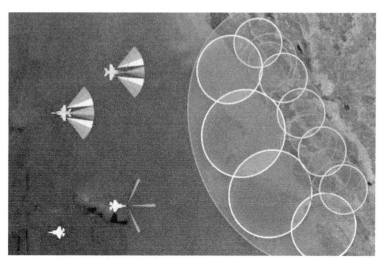

图 4.71　波音演示 A2/AD 威胁概念图

特定环境合适的干扰平台。"

　　尽管如此,一些空军官员对五角大楼增加其购买 EA - 6B 的规模表示支持。一位官员说:"EA - 6B 是一架出色的装备,我们可能需要更多,它是先进的综合防空系统(IADS)打击计划的重要组成部分,而不是像波音所说的那样独立。"

　　然而,这些官员指出,EA - 6B 不能完全与联合部队实现互通。

　　"如果要说 EA - 6B 的巨大缺陷,那就是它和其他联合平台之间的联合程度。其原因可能与联合互操作性(被认为是事后考虑)一样。"

　　一位业内人士认为,EA - 6B 在使用空军装备时仍然面临互通问题,但在整个系统中,许多平台都是如此。业内消息人士表示:"许多平台都存在互通问题。"例如,洛克希德 F - 22(图 4.72)只能使用飞行内数据链路(IFDL)与其他战机连接,而F - 35 则使用联合服务战斗机专用多功能高级数据链路(MADL)。"这是空海作战办公室试图解决的更大问题之一。"业内消息人士说。

　　Gammon 为 EA - 18G 与五角大楼其他装备合作的能力进行了辩护。"EA - 6B拥有与 F/A - 18,F - 35,E - 2D,F - 15,F - 16 和大多数轰炸机兼容的 Link - 16 数据链(图 4.73)。好消息是,EA - 18G 可以远离威胁建立电磁图像,并通过 Link - 16(以及不久以后的战术目标网络技术)将武器质量级航迹信息传递给其他战斗机。"

图 4.72　洛克希德·马丁公司 F - 22 战机
(来源: www.wikipedia.com)

图 4.73　诺斯罗普·格鲁曼 E-2D 预警机(来源：www.wikipedia.com)

业内人士指出，虽然 F-35 将安装 Link-16 数据链路，但它将无法在高威胁环境中使用该全方位链路，因为它可能会暴露飞机的位置。业内消息人士说："像 F-35 这样可能不想通过 Link-16 发射信号的飞机，总是可以从 EA-6B 那里接收到 Link-16 信号，并在这些信道上使用武器。"

空军官员承认五角大楼可能需要更多的 EA-18G。

一位空军官员说："事实上，我们从来没有买过足够的 EA-6B 飞机，它们的价值是对得起它们高昂的价格的，他们在电子支援和电子攻击领域做出了巨大贡献。"

但限制因素（LIMFAC）是甲板周期。

一位海军官员说，只有当 EA-6B 被用来发射 AGM-88E 先进反辐射制导导弹（AARGM）或高速反辐射导弹（HARM）等时，航母甲板周期才是一个限制因素。这位官员指出，在空中加油的情况下，海军飞机每次在空中停留 6 小时以上并不是不可能的。这位官员说："如果 EA-6B 发射所有的高速反辐射导弹，然后需要重新装载时，甲板周期将在这里起到限制作用，但是，提供防区外干扰比发射反辐射导弹更现实，除非自卫使用。"这位官员也指出，任何飞机都需要降落、加油、交换机组人员和在某种规定的间隔内进行维修。

波音公司还在其介绍中建议，EA-6B 可以用于对空作战角色。Gammon 详细阐述了波音公司如何设想 EA-18G 可以执行其中的一些任务——使公司的立场与演示中所示的图表有所不同。Gammon 说："在反空袭任务中，EA-6B 将使用他们的电子支援系统来帮助战斗机探测并识别威胁。他们可以在一个远离战机的阵地上做到这一点，而且仍然有助于提高整体态势感知。"

Gammon 还阐述了该公司在使用 EA-18G 进行空对地打击方面的立场。"在打击任务中，EA-6B 正在通过建立敌人的作战等级来支持、找到、修复、跟踪和识别这些威胁发射者，然后在电子战中后退，并确定我们要干扰、攻击和避免的那些威胁系统中的哪一个。EA-6B 可以使用像 AGM-88E 这样先进的反辐射制导导弹（图 4.74 显示的是从一架 F-18 发射）。"

AGM - 88E AARGM 是由 Orbital ATK(原 Alliant Techsystems)研制的中程空对地导弹。导弹的主要作用是瞄准敌人的防空系统。该导弹可以与综合防空(IAD)目标交战。

AGM - 88E AARGM 是美国海军 AGM - 88 高速反辐射导弹的后续产品。它是在美国和意大利唯一库存的防区外打击、超音速、多角色打击武器,于 2012 年开始服役。

图 4.74 AGM - 88E 先进反辐射导弹
(来源:www.wikipedia.com)

正如海军官员所说,虽然该服务可能考虑使用 EA - 6B 作为战场管理者,但它并不会作为直接打击角色或空中优势角色,其中战斗机将是主要射击者。

一位业内人士承认,虽然 EA - 6B 可能永远不会被用作空中优势战斗机或打击飞机,但它可以在这些任务中发挥重要作用。消息人士说:"我同意 EA - 6B 不会将联合直接攻击弹药(JDAMs)带入目标,他们将支援战斗机进入目标地区。"

虽然购买更多的 EA - 6B 得到了广泛的支持,但这不是一个应对先进的反介入/区域拒止战略威胁的唯一解决方案。

一位空军官员说:"正如简报所指出的,秘密行动有其缺陷;然而,如果第四代平台上有新的吊舱能够有效对抗未来现代化的联合空军防御系统,我可以百分之百地相信美国空军(USAF)会购买很多。"

4.12 电子炸弹驱动的定向能战争

自 1975—1980 年战略防御计划(SDI)出台以来,未来战场和防御系统的规则发生了巨大的变化。

目前的情况是,定向能武器(DEWs)使用高能激光(HEL)[8]或高能光束(HEB)[6]或最近被称为标量纵波(SLW)的波类型,它们正在以光速进行新时代的战争[7]。随之而来的是被称为第六代隐身战斗机和轰炸机的新一代战机,它飞行的速度是声音的 2～3 倍,在人工智能的帮助下,它们正在推动飞行进入一个无飞行员的模式,如图 4.75 所示。

最近,就连高科技国防公司和对手国家及其领导人也在谈论新一代武器系统,这些系统能够以 5～15 马赫的速度巡航或滑翔到指定的目标,目前的无源或有源雷达都很难追踪到它们,更不用说能够用超级大国军事武库中现有的任何防空机制打击它们了(附录 B)。如今,隐身技术领域的科学家和工程师们正在考虑用速度作为一种新的规避雷达探测的隐身方式。正如之前在 4.4 节中所讨论的那样,Zohuri 和 Moghaddam 发表的一篇文章[4]表明,通过在周围创建弱等离子体超音速飞行物体,不仅可以逃避雷达探测,而且可以提高速度到高超音速附近,同时减少阻力和摩擦(附录 B)。

图 4.75　无人驾驶第六代飞机(来源:
Rodrigo Avella, 2016)

图 4.76　俄罗斯苏‐57(PAK‐FA)
隐身战斗机

在这一部分中,我们讨论了电子炸弹作为定向能战争武器的使用问题,这是新一代隐身战斗机和轰炸机背后的设想,世界各地的超级大国空军正试图结束对飞行员的需求,如图 4.76 所示。

正如我们在本节开始时所指出的那样,整个军事历史的战斗规则都发生了变化。技术、战略、战术和武器等工具一直是决定哪些规则适用于战场的主要因素。第六代战斗机可以由什么构成——这是我们可以问自己的问题。然而 JSF、PAK‐FA 或F‐22 这样的飞机还没有完全投入使用,现在考虑这些问题还为时过早。

当代军事对抗主要是由正在进行的军事技术革命驱动的。未来战场上使用的武器将在军事问题中发挥重要作用。

那么,哪些武器可以在未来发挥关键作用呢?

第六代战斗机目前是概念性的,预计将于 2025—2030 年在美国空军和美国海军服役。技术特征可能包括第五代战机能力与无人驾驶能力、战斗半径大于 1 000 km和定向能武器等。后者是本文的主题。这种能量的一种形式是电子炸弹。这一节旨在探讨这类炸弹的技术性能和潜在能力、目标测量及其与其他形式电磁武器的比较。

电子炸弹(电磁炸弹)是一种武器,它利用强烈的电磁场产生短暂的能量脉冲,影响电子电路,而不伤害人类或建筑物。在低电平下,脉冲使电子系统暂时失效,中档电平损坏计算机数据,非常高的电平能完全破坏电子电路,从而损坏包括计算机、收音机和车辆点火系统在内的任何类型用电设备。电子炸弹虽然不是直接致命的,但会摧毁任何依靠电力的目标。据 CBS 新闻报道,美国于 2003 年 3 月 24 日部署了一颗实验性的电子炸弹,以摧毁伊拉克卫星电视,从而扰乱宣传广播[6]。

在美国,大多数电子炸弹研究是在新墨西哥州 Kirtland 空军基地的空军研究实验室进行的,在那里,研究人员一直在探索高功率微波武器(HPM)的使用。虽然这些设备本身的制造可能相对简单(在 2001 年 9 月,机械师展示了一个简单的设计),但它们的使用带来了一些问题。要建造一个有效的电子炸弹,开发人员不仅必须产生极大功率的能量脉冲,还必须找到一种方法来控制能量(它可以不可预测的方式表现)以及作为其副作用产生的热量。此外,对于非核电子炸弹,其范围是有限的,根据大多数国防分析家的推测,正在开发中的设备可能只影响几百平方米的面积[4-8]。

电子炸弹背后的概念源于 1950 年代的核武器研究。当美国军方在太平洋上空测试氢弹时,数百千米外的路灯被吹灭,而远至澳大利亚的无线电设备也受到影响。这些影响被认为是偶然的,因为当时研究人员已经寻求一种方法来控制能量传播的范围[6,8]。

电子炸弹的目标是工作所必需的电子系统,例如用于数据处理系统的计算机、通信系统、显示器、工业控制应用,包括公路和铁路信号、信号处理器、电子飞行控制和数字发动机控制系统等嵌入军事设备的电子系统。必须指出,当电子炸弹的输出太弱,则无法破坏这些系统,但强大到足以破坏它们的操作时,系统性能可能会下降。引爆电子炸弹的高度与致命性范围之间的关系如图 4.78 所示。目标信息(包括位置和脆弱性)成为一个重要问题,图 4.77 给出了未来第五代或第六代战机投射电子武器的概念图,当然,也可以考虑利用其他投射电子炸弹的方法,我们在本节末尾讨论了这些选择。

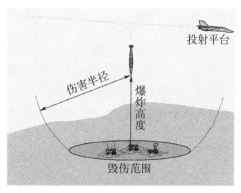

图 4.77　低频电子炸弹的毁伤范围

研究表明,开发这种设备是有可能的。定向能的研究起源于为确定在恶劣电磁环境中工作的重要军事系统的影响。其中,电磁脉冲是所有电磁威胁中最具威胁性和普遍性的[6]。

这些脉冲可在爆炸(通常是核武器爆炸)时产生超电磁辐射。然而,产生这些脉冲的不仅仅是核武器,非核电磁脉冲(NNEMP)是一种不用核武器就产生的电磁脉冲。

有许多设备可以实现这一目标,例如一个大的低导电容器组,单回路天线或微波发生器,以及一个爆炸性的磁通压缩发生器等。为了达到最佳耦合到目标所需的脉冲频率特性,在脉冲源和天线之间增加了波形电路和/或微波发生器。一种特别适合于高能脉冲微波转换的真空管是振荡器。这些高空电磁脉冲(HEMP)引起的应力会破坏或严重破坏一些对瞬态扰动敏感的电子系统。几乎对位于引爆点视线范围内的所有系统都可能产生很大的破坏性影响。

注:高空电磁脉冲是指在大气中引爆的单个核爆炸可以产生大规模电磁脉冲效应的过程。这种方法被称为一个类似的高空电磁脉冲,较小规模的电磁脉冲效应可以使用非核设备与强大的电池或活性化学品,这种方法被称为高功率微波(HPM)。一些国家,包括恐怖主义支持者,目前可能有能力使用电磁脉冲作为网络战或网络恐怖主义的武器,以破坏通信和美国关键基础设施的其他部分。此外,美国军方使用的一些设备和武器可能容易受到电磁脉冲效应的影响。

因此,可以说,非核电磁脉冲发电机可以作为炸弹和巡航导弹的有效载荷进行携带,从而在降低机械、热和电离辐射影响的情况下制造电磁炸弹,而且不会因部署核武器而造成政治后果。

自核武器最初试验以来,人们就知道了核爆炸会产生电磁脉冲,但电磁脉冲的规模及其影响的重要性在一段时间内都没有被发现。通过测试,观察到一个非常短但非常强烈的电磁脉冲。这种脉冲从其源传播后强度降低,这也是符合电磁学理论的。

哥伦比亚广播公司 2003 年 3 月的报告阐述了实验电磁脉冲的应用。

美国空军用一种叫做"电子炸弹"的实验性电磁脉冲装置击中伊拉克电视台,试图将其打下来,关闭萨达姆·侯赛因的宣传机器。这颗高度机密的炸弹产生了一束微波的短暂脉冲,足以炸掉计算机、雷达、静音收音机,触发严重停电,并使车辆和飞机的电子点火失效。在官方声明中,五角大楼并不承认武器的存在。

4.12.1　定向能战争

使用定向能武器、装置和反措施的军事行动,可以直接损坏或摧毁敌方设备、设施和人员,也可以确定、利用、减少、防止敌方使用电磁频谱。电子战的防御部分包括进攻行动,如通过破坏或摧毁敌人的电磁能力等对策来防止敌人使用电磁频谱。红外干扰弹测试见图 4.78,这种定向能武器是对电子战不断发展的补充。

4.12.2　定向能武器的特点

定向能武器最常见的特点是以光速攻击,这比常规武器具有一些优势。这有助于击败战区和弹道导弹等目标,然后才能部署防御攻击子弹药。这种武器的另一个优点是可以同时用于对付多个目标。定向能武器分为四类:高功率微波、带电粒子光束(CPB)、中性粒子束(NPB)和高能激光(HEL)。后者具有很高的军事应用潜力(战略和战术任务)[6,8]。

图 4.78 红外干扰弹测试

然而,对于电子炸弹来说,高功率微波是一个基础。当然,与激光技术相比,微波技术在研究方面是滞后的。高功率微波利用电磁辐射向目标输送热量、机械能量或电能,造成各种非常微妙的影响。对设备使用时,定向能武器可以通过在电子线路中诱导破坏性电压来操作全向电磁脉冲(EMP)设备。不同之处在于,它们是定向的,可以使用抛物线反射器聚焦在特定的目标上。

高能射频(HERF)武器或高功率射频武器(HPRF)使用高强度无线电波干扰电子系统,而高功率和低功率脉冲微波设备使用低频微波辐射。虽然它们属于同一个技术家族,但电子炸弹的部署不同于高功率微波。

4.12.3 飞机作战的潜力

信息时代的电子战已经确认了这种武器在飞机作战中的潜力。由于机组人员可以通过使用电磁防护保护自己,提高自己在战场上的生存能力,因此定向能武器具有很大的空中作战潜力。在战场上,飞机很容易受到导弹威胁。在这种环境下,定向能武器可以通过降低敌人的探测和瞄准能力来防止飞机受到威胁。它们还可以通过偏转、致盲或使导弹失锁来帮助避免命中,在必要时,还能在最后导弹到达目标之前摧毁导弹。

另一种方法可能是摧毁来袭导弹的引信系统。然而,在部署这些炸弹时,正确使用它们是一个关键问题,这样才能产生有效的伤害。关于部署这些定向能武器的进一步信息可以从信息时代的电子战和人工智能中获取,并作为子系统将其与机器学习(ML)和深度学习(DL)等组件集成在一起[49]。在这个阶段,高功率微波和电子炸弹尽管属于同一个技术家族,但它们之间的一个差异是显而易见的,那就是它们的部署问题。高空电磁脉冲不是定向能武器。将电磁脉冲定义为电磁武器的原因是它在电磁频谱中能产生类似的影响,并可能对电子设备也造成类似的影响。

高功率微波武器的作用能力在很大程度上取决于目标的电磁特性。由于难以获得所需的智能技术,实际系统的复杂性带来了一些技术困难。典型的高功率微波武器系统基本上包括产生预期功率的主源、射频发生器、波形生成系统、波导、天线和管理所有步骤的控制单元。

对电子炸弹投射系统的考虑因素是非常重要的。在电子战初期,如果在适当的时间或地点进行大规模应用,这种电磁武器可以迅速地在电磁频谱战中发挥优势。

这一方案可能意味着从物理性致命武器转向电子致命攻击(通过电子炸弹)将成为一种首选的作战方式。这种武器运载系统的潜在平台是 AGM‐154 联合防区外武器(JSOW)(图 4.79)和 B‐2 轰炸机(图 4.80)。发射高功率微波弹头滑翔炸弹的优势在于,该武器可以从目标防空的有效半径之外释放,最大限度地减少发射飞机的风险,从而避免炸弹的电磁效应。

图 4.79 AGM‐154 联合防区外武器概念模型

电子炸弹的另一种运载方法可能是使用无人机。无人机的技术仍在发展,部分还不成熟;然而,预计在未来十年将有所改进。

考虑到当今的科技水平,电子炸弹到底是科幻还是事实仍然是个问题。因此,这种假设的电子炸弹是否可以成为未来的重要战场武器呢?从理论上讲,电子炸弹所能获得的军事优势主要与其作战意义有关。军事革命或技术革命最好的国家会赢得未来的战争吗?如果是后者,那么人们必须提醒自己,技术本身并不是赢家,但它一直是而且将继续是关键的促成因素。如果其他一切条件都是相当的,那么技术更好的一方将获胜。

图 4.80 加油中的 B-2 轰炸机

最后,最先研制这种新武器的国家能否对其他国家产生巨大的军事优势? 一个国家投资这种炸弹是否可行? 关于这些问题的辩论仍在进行中。

4.13 第六代无人驾驶定向能武器的交付

大约 6 年前,《航空周刊》首次报道了诺斯罗普·格鲁曼公司等航空公司研制的大型、分类无人驾驶飞机的存在,以及越来越多的证据表明(图 4.81),这种隐身飞机目前正应用于美国空军,发挥实施情报监视和侦察的作用。

从图 4.81 所示的概念图可以得出结论,B-2 轰炸机(图 4.81)作为机翼形状的飞机,在过去几年里一直在生产和飞行,并被称为(一个非官方的名字)RQ-180,这种先进的设计源自 2010 年在加利福尼亚州和内华达州沙漠进行的飞行实验,自 2014 年以来一直在运行测试和评估中。

根据《航空周刊》提供的新信息,这架飞机于今年(2019 年)与最近改革的第 427 侦察中队一起在加利福尼亚 Beale 空军基地运行。空军拒绝对该计划的现状发表评论,尽管有传言说 RQ-180 第一次飞行在 2010 年,至

图 4.81 RQ-180 概念图

少已开发 7 架飞机,并由 USAF 运行。

虽然飞机的图像仍然难以捉摸,但一些新证据使人们能够更清楚地了解秘密飞机通过早期飞行测试、开发和初步部署取得的进展。来自公开来源的新信息支持了 2013 年公布的关于其存在的第一份报告,填补了该项目早期历史上的空白,以及随后在主要位于加利福尼亚州和内华达州及其周围的地点进行的测试和操作评估。

RQ-180 是为执行自 1999 年洛克希德公司 SR-71 退役以来一直未得到解决的渗透式 ISR 任务而开发的,最初是诺斯罗普·格鲁曼公司于 2005 年向空军提出的一种大型无人作战空中飞机(UCAV)设计。当时,诺斯罗普正在与波音公司竞争,为空军/美国海军联合无人作战航空系统(J-UCAS)项目提供了一个较小的无尾设计[51]。

然而,当 J-UCAS 项目于 2006 年被取消后,五角大楼的防务评估选择重组联合服务项目,成为一个海军专用的 UCAV 航母适应性示范,资金被从 2007 财政年度国防预算请求中删除。为了启动这个美国海军舰载长期的 UCAV 示范项目,共申请了 2.39 亿美元以取代五角大楼的资金。

同时,空军资金被转移到一个分类的长期(HALE)计划中,据了解,这导致了波音、洛克希德·马丁和诺斯罗普·格鲁曼公司之间的竞争。诺斯罗普还公开讨论了一系列长翼的 X-47C 配置。其中最大的是一个 172 英尺跨度的设计,两个发动机来自通用电气的 CF34,能够携带 4 536 kg 的武器负荷。

更多的证据表明,最终的配置可能更接近该公司更熟悉的飞行翼设计,其后缘更简单,类似于空军官方渲染的 B-21 突袭机。诺斯罗普·格鲁曼公司最初在高级战术轰炸机(ATB)计划下为 B-2 制作了相同的基本后缘配置,但当空军增加了低空突防作用时,它被改为更强的承载锯齿设计。

RQ-180 的设计也很可能受到诺斯罗普·格鲁曼公司为空军研究实验室(AFRL) SensorCraft 项目所做工作的强烈影响,该项目旨在开发未来隐身、高空无人监视平台的技术。在 2002 年,AFRL 公布了几项 SensorCraft 飞行器研究,包括诺斯罗普·格鲁曼飞行翼与高负荷翼型能够处理大型气动弹性偏转。两年后,该公司透露,它正在与 AFRL 合作,在一个为期 5 年、耗资 1 200 万美元的低带结构阵列(Lobstar)计划的努力下,为 SensorCraft 开发先进的共形天线集成技术。当时,该公司表示,低带结构阵列将"通过在复合飞机机翼的主要承载结构中嵌入天线,提高飞行器的监视能力"。

据了解,2018 年和 2019 年初,比勒第 9 行动小组第 5 支队的启动,表明了 RQ-180 常规作战支援活动的进一步迹象。鉴于第九行动小组在培训、规划和执行 U-2 情报、监视和侦察(ISR)任务以及培训 RQ-4 飞行机组人员方面的作用,该单位将被视为支持和培训 RQ-180 行动的合理候选者。

虽然空军没有提到该单位涉及任何特定飞机类型的行动,但第 427 侦察中队与第 9 行动小组第 5 支队、第 605 测试评估小组第 3 支队于 4 月 23 日,在基地一起建立了新的共同任务控制中心。空军说:"该新中心将为作战指挥官提供可伸缩、可裁剪的产品和服务,以便在有争议的环境中使用,利用软件、硬件和人工机器,该中心将能够管理 C2 生产力,缩短任务执行链,减少人力密集的沟通。"更多细节可在参考文献[51]中找到。

4.14　突击战中的隐身行动

澳大利亚航空动力公司的顾问卡洛·科普博士,在 2014 年 1 月 27 日发表的文章中以类似的标题评论说[52],低可观测技术或隐身技术是自喷气发动机发明以来,空中战争中最重要的发展。隐身技术的目的是降低飞机的雷达信号和红外信号特征,使得敌古传感器和武器的探测范围缩小或在战术上失效。

他还说,20 世纪 60 年代末和 70 年代初,制导导弹和机载雷达的能力不断增强,使基于机动和干扰的防御突防方法逐渐失效。脉冲多普勒雷达和红外搜索与跟踪设备的广泛应用,以及导弹性能和导引头技术的改进,造成了即便是机动和低空飞行也无法避免被发现,尤其是轰炸机。图 4.82 是处于攻击状态的 F‑117。

图 4.82　F‑117 实施打击

雷达和导引头技术的日益成熟,导致电子对抗或干扰机设备的成本与日俱增,战争节奏的不断加快意味着,现有的电子对抗装备很难及时地适应迄今未知的威胁系统。

机动和干扰都是击败对手传感器和武器特定弱点的技术。如果不事先了解这些弱点,例如通过人类情报行动、信号和电子情报,就很难而且往往不可能制定特别有效的对策。

隐身背后的核心哲学是击败对手传感器和武器背后的物理基础。通过将飞机的特征降低到极低的水平,对手的传感器和武器技术将无法探测任何关于飞机的信息,非常微弱和波动的特征将难以检测,即使飞机非常接近威胁系统,也将难以成功跟踪。

典型的导弹作战要求能探测和跟踪飞机,预测其飞行路径,并发射和引导导弹使得攻击成功。如果参与的这些阶段中的任何一个被中断或失败,攻击就不会成功。

极短的检测范围产生了进一步的优势,即压缩对手及其自动化设备作出反应的时间。

隐身在战术、作战和战略层面上达到了令人惊讶的效果,并将使对手处于一种与雷达发明之前一样的境地。

隐身技术在技术上要求很高,因为它们要求设计师首先解决减少其可观测特征,需要在设计的其他领域进行更复杂的权衡。

目前,只有两种机型 F-117A 和 B-2A,采用了真正的隐身技术。美国空军的 F-22A 猛禽将是下一个使用真正隐身技术的飞机,这也将被纳入联合服务战斗机计划。

如下面所述,一架具有目前第五代和未来第六代隐身能力的飞机需要采取不同的方法,并在图 4.83 中得到了证明。

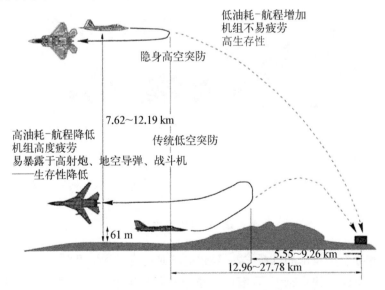

图 4.83 制导炸弹[52]攻击示意图

由 F-111 首创的战斗机突防技术,包括在极低的高度和高速飞行进入防御空域,并使用干扰器干扰敌方雷达和武器制导。为此,传统的打击飞机配备了地形跟随雷达(TFR)或地形回避雷达(TAR)、热成像仪,以及典型的雷达告警和干扰设备。在对手缺乏能够探测低空目标的脉冲多普勒技术,以及使用相对不先进的雷达和导弹制导设备的情况下,低空防御穿透将非常有效。直到最近一段时间,更广泛的地区也是如此,因此 RAAF 的 F/RF－111C/G 是一种有效的突防技术。

从战术上来说,低空突防虽然在相对较好的威胁环境中有效,但也有一些明显的局限性。首先,由于涡轮喷气发动机和涡扇发动机在低空飞行时耗油量很高,而且更高的空气密度要求使用更高的推力,以实现战术上有用的空速,因此在作战半径上会造成很大的损失。此外,连续低空机动对机身和机组人员造成很大的疲劳,从而限制了机身寿命和机组人员在战斗中的耐力(图 4.84)。

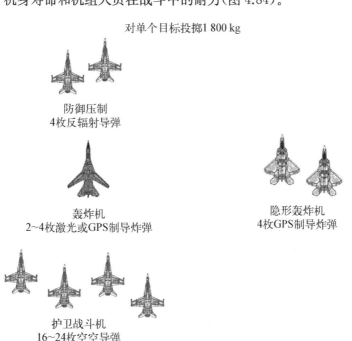

图 4.84　突击编队与隐身空袭突防的示意图[52]

在作战规划中,往往需要作出很大努力,以选择风险最低的进出路线,在某些情况下,可能需要支持配备反辐射导弹的飞机以及战斗机护送。这种技术被称为"突击编队",是在越南战争期间首创的。它的主要缺点是,所需要的支援装备通常还要超过轰炸机,所以每造成一次损害所产生的费用很高[52]。

在低空和超低空,飞机将受到各种武器的攻击,包括高射炮(AAA)、短程点防御地对空导弹(SAM)和单兵便携式防空导弹(MANPADS),统称为"垃圾火力"。虽然每次开火的效果并不特别好,但大量的开火往往会产生统计上的显著结果,飞

图 4.85 雷神 AAM‑A‑1 火鸟空对空导弹
（来源：www.wikipedia.com）

机将会损失，就像 1991 年早期空袭阶段发生在"狂风战斗机"上的一样。近年来，随着脉冲多普勒技术在防空雷达、中远程区域防御地对空导弹寻的器、战斗机雷达和空对空导弹（AAM）中的推广（图 4.85），使用低空突防技术飞机的生存能力大大降低了。

图 4.86 介绍了中国和俄罗斯的航空发射武器能力，这些能力与它们的飞机运载平台有关。

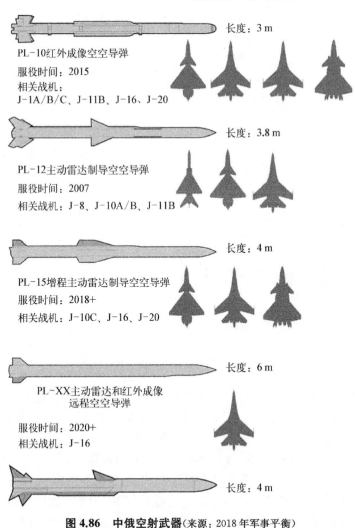

长度：3 m

PL-10红外成像空空导弹

服役时间：2015

相关战机：
J-1A/B/C、J-11B、J-16、J-20

长度：3.8 m

PL-12主动雷达制导空空导弹

服役时间：2007

相关战机：J-8、J-10A/B、J-11B

长度：4 m

PL-15增程主动雷达制导空空导弹

服役时间：2018+

相关战机：J-10C、J-16、J-20

长度：6 m

PL-XX主动雷达和红外成像
远程空空导弹

服役时间：2020+

相关战机：J-16

长度：4 m

图 4.86 中俄空射武器（来源：2018 年军事平衡）

举例说明,如图 4.87 所示,常规低空突防飞机的使用者是采用防区外导弹和滑翔武器,这些武器可能从目标防御的有效射程之外发射。这种技术通常是非常有效的,但会产生巨大的成本,因为防区外武器通常比制导炸弹贵 10～50 倍。

对单个目标投掷 4 000 磅弹药

轰炸机
4 枚防区外导弹

隐形轰炸机
4 枚 GPS 制导炸弹

图 4.87　对单个目标投掷 4 000 磅弹药的图示[52]

此外,战斗机通常可以在距离预定目标数百千米的范围内发射导弹。中长程巡航导弹,可从安全距离发射。这种武器大多非常昂贵,每一轮费用超过 100 万美元,携带的弹头相对较小。除非冲突非常短暂,否则在达到预期的军事效果之前,将消耗大量的武器。

重申一下,巡航导弹和防区外导弹最常携带重量在 500～1 000 磅的弹头。除了英国的皇家军械弹头外,大多数此类弹药在打击诸如掩体和硬化飞机掩体等厚钢筋混凝土结构方面能力有限。值得注意的是,美国在打击伊拉克或最近在波斯尼亚使用大量战斧巡航导弹。如果要利用廉价的制导炸弹达到同样的伤害效果,则需要四到八次攻击。

隐身技术的使用避免了大多数这些困难。隐身飞机可以在中高空以高亚音速或低超音速突防,从而达到最佳的燃料效率和作战半径。由于不需要考虑地形因素,任务规划将简化得多,见图 4.86。

目标可能会受到相对廉价的制导炸弹的攻击,这导致了非常高的致命性。这将使得为实现预期军事效果所需的架次减少,因为每架飞机的杀伤力大大增加。就性价比而言,隐身穿透比突击编队或使用防区外武器都要便宜得多。

这在持续的战斗局势中最为明显。如果我们作出乐观的假设,即在冲突期间有足够的防区外导弹储备,我们就会发现,一架隐身打击飞机的 70～100 万美元成本等于在对防御空域进行 35～50 次打击飞行后花费的导弹成本。如果假设一个周转时间为 2 小时,一个持续时间为 4 小时,即每天 4 架次(图 4.88),则隐身攻击

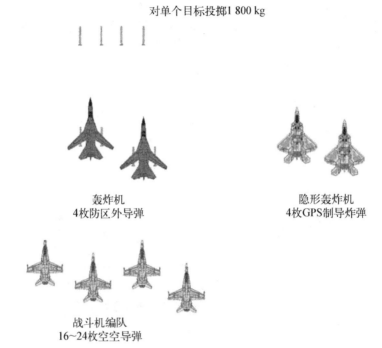

图 4.88　每天 4 架次的示意图[52]

飞机的成本在持续战斗行动的 9～12.5 天内摊销。如果我们考虑使用突击编队而不是防区外武器[52]，情况就会更加严重。

　　昂贵的防区外武器的战争储备问题和这些武器的生产补给率问题是限制性因素。由于其复杂性，这类弹药的生产率很低，在冲突中，现有的库存很可能会延长冲突的持续时间。一旦库存被消耗，突击编队又将返回补给，从而进一步增加成本。在存在战斗机威胁的情况下，还必须预算 AAM 的费用和增加战斗机架次，以保卫防区外导弹射击者的费用。如果我们的操作范围超出了战斗机的上限半径，那么必须包括加油机架次的费用。因此，如果不能保证冲突持续时间短于 1 周，则发射防区外导弹可能难以带来重大的成本优势。最近的历史经验表明，冲突持续时间通常是几个星期，因此，使用突击编队或防区外导弹的论点是不可持续的，除非具有能很快击败对手的防空能力[52]。

　　澳大利亚皇家空军(RAAF)试图关闭几个由战斗人员和 SAM 保卫的机场，就是一种区域相关性的情况。考虑到一个包括一到两个飞机中队的机场将有十几个或更多的关键瞄准点，而且很可能需要重新攻击以迫使跑道和滑行道关闭，RAAF 或任何规模类似的空军都不太可能在头几天内使足够的飞机受到打击。因此，将不得不通过在 1 或 2 周内反复打击对手，以降低其空中能力直到失效为止。第五代隐身战斗机的概念图见图 4.89。

图 4.89　第五代隐身战斗机[52]

　　因此,对迅速实现空中优势的期望似乎有点过于乐观。在这种情况下,隐身打击比突击编队或防区外导弹攻击的成本优势更加令人信服[52]。

参考资料

［1］https://www. dailymail. co. uk/sciencetech/article-7522413/amp/German-radar-tracked-two-US-F-35-stealth-jet-100-MILES-hiding-pony-farm.html.

［2］https://www. c4isrnet. com/intel-geoint/sensors/2019/09/30/stealthy-no-more-a-german-radarvendor-says-it-tracked-the-f-35-jet-in-2018-from-a-pony-farm/.

［3］https://en. wikipedia.org/wiki/Mitsubishi_X-2_Shinshin.

［4］B. Zohuri and M. Moghaddam, Neural Network Driven Artifificial Intelligence: Decision Making Based on Fuzzy Logic (Computer Science, Technology and Applications: Mathematics Research Developments), Nova Publication July 24, 2017.

［5］B. Zohuri and Masoud Moghaddam, "Artifificial Intelligence Driven by a General Neural Simulation System — Genesis" Nova Publication January 15, 2018.

［6］B. Zohuri, "Directed Energy Beam Weapons", Springer Publication Company July 2, 2019.

［7］B. Zohuri, "Scalar Wave Driven Energy Applications", Springer Publication, September 28, 2019.

［8］B. Zohuri, "Directed Energy Weapons: Physics of High Energy Lasers" Springer Publications, August 30, 2016.

［9］Vivek Kapur, "Stealth Technology and Its Effect on Aerial Warfare" IDSA Monograph Series, No. 33 March 2014, Institute For Defense Studies and Analyses, Rao Tula Ram Marg, Delhi Cantt, New Delhi, India.

［10］"Searchlights and Sound Locators", http://www. antiaircraft. org/search. htm, (Accessed on September 14, 2013).

［11］"Reduction of Advanced Military Aircraft Noise", http://www.serdp.org/Program-Areas/Weapons-Systems-and-Platforms/Noise-and-Emissions/Noise/WP-1583, Accessed September 16, 2013.

[12] https://www.serdp-estcp.org/Program-Areas/Weapons-Systems-and-Platforms/Noise-and Emissions/Noise/WP19-1125.

[13] "Playing Skillfully With a Loud Noise", http://www.insidescience.org/content/ playingskillfully-loud-noise/771, and Anlage A, "Noise Aspects of Future Jet Engines", http://www.mtu. de/en/technologies/engineering_ news/others/Traub _ Noise _ aspects _ en. pdf（Accessed October 04, 2013）.

[14] "Contrails", http://ww2010.atmos.uiuc.edu/(Gh)/guides/mtr/cld/cldtyp/oth/cntrl.rxml, (Accessed September 15, 2013). also see "Contrail Science", http://contrailscience.com/, (Accessed September 16, 2013), pp 85 – 87.

[15] Allen E. Fuhs, and David C. Jenn, "Fundamentals of Stealth with Counter Stealth Radar Fundamentals: Applied to Radar, Laser, Infrared, Visible, Ultraviolet, & Acoustics," Naval Air Warfare Center Weapons Division China Lake, CA, Lecture Notes, 1999.

[16] Dimitris V. Dranidis, "Airborne Stealth in a Nutshell-Part I," the Magazine of the Computer Harpoon Community http://www.harpoonhq.com/waypoint/.

[17] Knight. op. cit., pp. 94 – 99, Air Chief Marshal Sir Michael Knight KCB, AFC, FRAeS. Strategic Offensive Air Operations., Brassey's Defense Publishers Ltd, London, 1989.

[18] Bill Sweetman, "Will Cost Kill Stealth?" Jane's International Defense Review 01.Oct.1996, www.janes.com, (Accessed January 2009).

[19] F/A - 22 Media Library, "Figure," http://f-22raptor.com/st_getstealthy.php, (Accessed February 2009).

[20] Defense Update International Online Defense Magazine, "Visual Stealth for F – 16? HyperStealth Biotechnology Corp/Canada," "Figure," http://www.defenseupdate.com/ products/f/f-16-camo.htm, (Accessed January 2009).

[21] https://en.wikipedia.org/wiki/Plasma_stealth#cite_note-drag-5 (Last Accessed November 2019).

[22] Ronald G. Driggers, Paul Cox, and Timothy Edwards, "Introduction to Infrared and Electro Optical Systems," Artech House Norwood, MA, 1999.

[23] The World's Great Stealth and Reconnaissance Aircraft, Oriole Publishing Ltd, Hong Kong 1991, pp. 153 – 162.

[24] Ralph Vartabedian and W. J. Hennigan, "F – 22 program produces few planes, soaring costs", http://www.latimes.com/business/la-fifi-advanced-fifighter-woes-20130616-dto,0, 7588480. htmlstory, (Accessed October 13, 2013).

[25] Winslow Wheeler, "Air Force Doesn't Know Aircraft Operations, Maintenance Costs: Audit Needed", http://breakingdefense. com/2011/09/21/air-force-doesnt-knowaircraft-operations maintenance-costs-a/, (Accessed June 2013).

[26] The World's Great Stealth and Reconnaissance Aircraft, Oriole Publishing Ltd, Hong Kong 1991, pp. 164 – 172.

[27] Russian fifirm Rostec has built new canopies for Su – 57 fifighters, Tu – 160 bombers and other warplanes, state-run TASS news agency reported on Jan. 11, 2018. The canopies include "a new composite material with enhanced radar-wave absorbing properties.

(Accessed October 2019).

[28] William E. Bahret, "The Beginnings of Stealth Technology," IEEE Transactions on Aerospace and Electronic Systems Vol.29, No 4 October 1993.

[29] Aeronautical Information Manual (AIM) — Page 632. faraim.org. Retrieved 2 September 2015. FAA order 7110.10.

[30] Serdar Cadirci, "RF Stealth (Or Low Observable) and Counter-RF Stealth Technologies: Implications of Counter-RF Stealth Solutions for Turkish Air Force", Naval Postgraduate School, Monterey, California, Thesis March 2009.

[31] Robert P. Haffa Jr., and James H. Patton Jr., "Analogues of Stealth," Analysis Center Papers, Northrop Grumman Corporation, June 2002.

[32] Doug Richardson, "Stealth Warplanes: Deception, Evasion, and Concealment in the Air," MBI Publishing Company, New York, 2001.

[33] Global Security, "Figure," http://www.globalsecurity.org/wmd/systems/images/b-2_spirit_kitty_hawk092702.jpg, (Accessed February 2009).

[34] Richard Seaman, "Figure," http://www.richardseaman.com/Aircraft/AirShows/Holloman2005/Highlights/F117AndT38Banking.jpg, (Accessed February 2009).

[35] Latest Tech & Gadget News, "Figure" http://media.techeblog.com/images/f_22_5.jpg, (Accessed February 2009).

[36] Coalition for Plasma Science, "What is Plasma", http://www.plasmacoalition.org/what.htm, (Accessed March 2009).

[37] Writing by Tolip, "Russian Plasma Stealth Fighters," Military Heat 3 Oct 2007, http://www.military-heat.com/43/russian-plasma-stealth-fifighters/, (Accessed February 2009).

[38] T.R. Anderson and I. Alexeff, 2007 APS Division of Plasma Physics Annual Meeting November 12, 2007, Scientifific Blogging Science 2.0, "Stealth Antenna Made of Gas Impervious to Jamming" http://www.scientifificblogging.com/news_account/stealth_antenna_made_of_gas_impervious_to_jamming, (Accessed March 2009).

[39] https://en.wikipedia.org/wiki/Electrohydrodynamics.

[40] Bill Sweetman, Advanced Fighter Technology The Future of Cockpit Combat, Airlife Publications Ltd, London, 1988, pp. 105 – 106.

[41] Phillip E. Pace, "Detecting and Classifying Low Probability of Intercept Radar, "Artech House Publishers, 2004.

[42] Harrington Caitlin, "USAF looks for a more modest B – 2 successor," Jane's Defense Weekly-October 10, 2007 www.janes.com, (Accessed January 2009).

[43] Nation Master Encyclopedia, "Stealth Aircraft," http://www.nationmaster.com/encyclopedia/Stealth-aircraft, (Accessed February 2009).

[44] F – 117A the Black Jet, http://www.f-117a.com/Javaframe.html, (Accessed February 2009).

[45] Christopher Bolkcom, "CRS Report for Congress F – 22 A Raptor," June 12, 2007.

[46] Carlo Kopp, "Lockheed F – 117A Stealth Fighter" Australian Aviation, December 1990, http://www.ausairpower.net/Profifile-F-117A.html, (Accessed February 2009).

[47] Farhan Abdullah, Jeff Boyd, Mike Kowalkowski, Patricia Roman, Mandy Scott, and Joe Small, "B-2 Spirit," College of Engineering, http://aae.www.ecn.purdue.edu/~aae251/VOW_Presentations/Team_2_B_2.ppt, (Accessed February 2009).

[48] Dimitris V. Dranidis, Airborne Stealth In A Nutshell Part II, Countering Stealth — Technology & Tactics, http://www.google.com/url? sa¼t&rct¼j&q¼&esrc¼s&source¼web&cd ¼ 1&ved ¼ 2ahUKEwj8j56ch83lAhUYrZ4KHdffCRAQFjAAegQIAxAC&url ¼ http%3A%2F%2Fwww.harpoonhq.com%2Fwaypoint%2Farticles%2FArticle_021.pdf& usg¼AOvVaw3tvhiMWdEHOaeWmA-XnI8k(Accessed November 2019), The magazine of the computer Harpoon community-http://www.harpoonhq.com/waypoint/.

[49] Bahman Zohuri and Farhang Mossavar-Rahmani, "A Model to Forecast Future Paradigms: Volume 1: Introduction to Knowledge Is Power in Four Dimensions" Published by Apple Academic Press; 1 edition (January 2, 2020).

[50] https://news.usni.org/2014/04/21/stealth-vs-electronic-attack.

[51] https://aviationweek.com/defense/usaf-unit-moves-reveal-clues-rq-180-ops-debut? utm_rid¼CPEN1000002552854&utm_campaign¼21863&utm_medium¼email&elq2¼b7408b78d41 94c1e8548ef4f2e09143d (Accessed October 2013).

[52] https://www.ausairpower.net/API-VLO-Strike.html.

附录 A
龙勃透镜雷达反射器

龙勃透镜是一种介电常数随着与球心之间的距离不同而变化的介电球体。这一特性使得电磁波可以很好地聚焦到位于透镜边缘的焦点上。因此,该透镜镀上金属后可以作为雷达电磁波反射增强装置,或者作为一个或多个馈源的收发天线,不用附加能源即可增加目标的雷达反射率。

A.1　引言

从外形上看,龙勃透镜雷达反射器是一个球体,通常由同心多层介质壳体所组成。通过合理选取各壳体的介电常数,从透镜其中一个面入射的雷达电磁波可以被聚焦在透镜后表面的一个点上。透镜后部传导表面可将雷达电磁波反射回辐射源方向。

为满足多种武器系统要求,龙勃透镜的物理特性会根据其不同应用情况和工作频率而发生变化;Qineti 公司(英国国防科技公司)就在其目标系统中集成了多种透镜类型。一般来说,这些透镜直径为 7.5 英寸,但也有直径在 4~8.7 英寸的透镜。

通常雷达电磁波反射器主要有以下三种类型:
(1) 龙勃反射器;
(2) 直角反射器;
(3) 主动雷达反射器。

龙勃透镜是一种无源的雷达电磁波反射增强装置,无需使用附加能源即可提高目标的雷达反射率。从外形上看,反射器是一个球体,通常由多层同心介质壳体所组成,如图 A.1 所示。

通过合理选取各壳体的介电常数,从透镜其中一个面入射的雷达电磁波可以被聚焦在透镜

图 A.1　球形龙勃透镜雷达反射器
(来源:Meggitt 目标系统)

后表面的一点上。透镜后部传导表面可将雷达电磁波反射回辐射源方向。如图 A.2 所示。

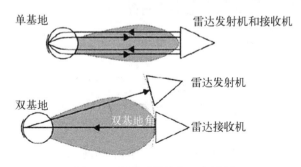

单基地　雷达发射机和接收机

双基地　雷达发射机　雷达接收机　双基地角

图 A.2　龙勃透镜基本工作过程

龙勃透镜的物理特性会根据其应用情况以及工作频率的不同发生变化。为满足多种武器系统的要求，Meggitt(英国航空航天和防御系统)就在其目标系统中集成了多种透镜类型。一般来说，这些透镜直径为 7.5 英寸，但直径在 4~8.7 英寸的透镜也可适用于 Banshee 和 Snipe 等战斗机目标。

龙勃透镜的雷达截面积是同等尺寸金属球体雷达截面积的几百倍，且无需电源和维护，是目前最为有效的无源式雷达反射器。通常有三种类型，以满足不同的技术要求。

(1) 雷达发射机和接收机并置的单基地雷达单元。该类型透镜是一种反射镜，适用于操作线极化雷达。这是最常用的通用反射器，其射频工作频段较宽，覆盖了 S 频段到 Ku 频段。

(2) 这些单元外观上与线极化雷达单元类似，但适用于圆极化的单基地雷达单元，且工作方式不同，工作频段较窄。因此，一般工作在特定频率。

(3) 发射机和接收机分开独立放置的双基地雷达单元。当雷达照射目标时，以使其可被导弹的主动导引头雷达捕获和识别。该单元一般用于线极化系统。

由 Meggitt 目标系统公司所提供的其他类型透镜，主要用于满足特定武器和用户需求，读者可自行检索相关资料。龙勃透镜的工作过程及配置情况如图 A.2 所示。

龙勃透镜主要应用在以下两个方面：

(1) 反射器或无源式雷达反射器；

(2) 天线。

其电磁性能和机械性能可满足军用和民用需求。

军用：雷达探测目标。

民用：① 港口和机场信标；② 海上和内河信标；③ 空中导航；④ 车辆、船舶、浮标和障碍物的信号表征和示警；⑤ 微波通信。

　　像隐身飞机这类雷达截面积极小甚至几乎为零的目标,龙勃透镜反射器可增大其雷达截面积。双基地雷达龙勃透镜反射器如图 A.3 所示,龙勃透镜内的微波传输路径如图 A.4 所示。

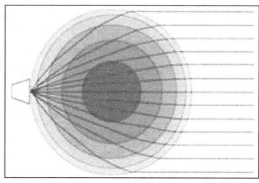

图 A.3　双基地雷达龙勃透镜反射器　　　　图 A.4　龙勃透镜内的微波路径

　　(1)龙勃透镜反射器可在较宽角度范围内均匀输出响应。该反射器是一款理想的无源响应装置,可有效放大所装载目标的雷达反射特性,并最终实现对目标的有效探测。

　　(2)龙勃透镜反射器是最有效的无源式雷达反射器。

　　(3)龙勃透镜反射器无需电源和维护。

　　在军事上,龙勃透镜反射器可应用于诸如隐身战斗机等隐身飞行器领域,如图 A.5 所示。

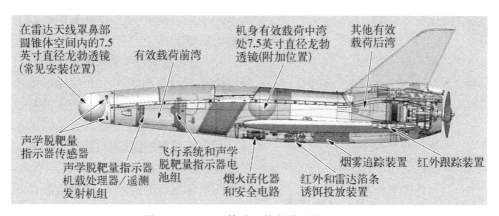

图 A.5　Banshee 战斗机的龙勃透镜位置图

　　如上所述,龙勃透镜反射器的基本结构为球体,球面透镜反射器的反射率和平面电磁波经过球面透镜的散射可归结为经典麦克斯韦方程组的边界值求解问题。

反射器的电尺寸以及金属球壳的角尺寸不受条件限制。球面透镜反射器与龙勃透镜反射器的对比可参阅文献[1]。研究发现介电常数 ε_r 在 $3.4 \leqslant \varepsilon_r \leqslant 3.7$ 范围内的球面透镜反射器,在宽频带上比三层或者五层的龙勃透镜反射器具有更好的频谱性能。

球面透镜是一种介电常数均匀的球体,其介电常数 ε_r 范围为 $1 \leqslant \varepsilon_r \leqslant 4$,可将近轴光线聚焦到球体外一点 z_{GO}。从 z_{GO} 到透镜光心之间的距离定义为 f,即近轴焦距,可由几何光学理论确定,并由式(A.1)计算得出。

$$\frac{f}{r_1} = \frac{\sqrt{\varepsilon_r}}{2(\sqrt{\varepsilon_r} - 1)} \tag{A.1}$$

式中,r_1 为球面透镜半径。

需要注意的是,在微波频率下设计高效反射器,通常采用带附加金属球壳的阶梯折射率龙勃透镜(LL)。

A.2 龙勃透镜的物理特性

正如维基百科所说,龙勃透镜(实际上是 Lüneburg 透镜,经常被误拼写为 Luneburg 透镜)是一种球形对称梯度透镜,如图 A.6 所示。图 A.6 上与折射率成正比的阴影区域展示了标准龙勃透镜的横截面。典型的龙勃透镜折射率 n 随着球心到外表面之间的距离变化而急剧减小,并适用于从可见光到无线电波信号范围内的电磁辐射。

注:梯度折射率(GRIN)光学是一门研究由于材料折射率所引起的光学效应的光学分支学科。这种渐进变化的特性可用于制造平面透镜或者消除像差的透镜。梯度折射率透镜通常具有球形、轴向的或径向的折射梯度。正如图 A.7 所示,梯度折射率透镜的折射率 (n) 随着径向距离 (x) 变化呈抛物线型变化。该透镜会聚光线的方式与常规透镜相同。

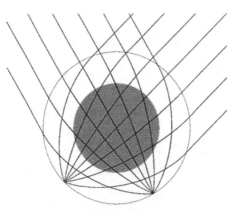

图 A.6　标准的龙勃透镜横截面(来源:www.wikipedia.com)

自然界中一个最明显的梯度折射率实例是眼睛的晶状体。在人眼中,晶状体的折射率会近似由中间层的 1.406 下降到低密度层的 1.386。这就使得眼睛可以在远近距离上都能以较高的分辨率和较低的偏差率成像。

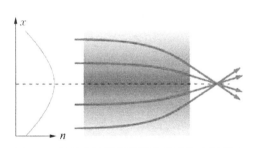 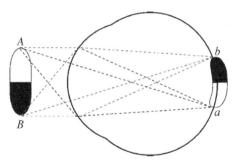

图 A.7 折射率呈抛物线型变化的梯度折射率
透镜(来源:www.wikipedia.com)

图 A.8 眼睛聚焦原理示意图(来源:
www.wikipedia.com)

　　根据维基百科,在一定折射率下,透镜会形成两个互相交叠的同心球体的完美几何图像。在多种折射率条件下,都可以产生这种效果。1944 年鲁道夫·龙勃提出了最简单的解,即通过选取合适折射率形成两个透镜外部的共轭焦点(图 A.8)[2]。

　　图 A.8 展示了眼睛是如何完美会聚所有光线并将其从目标上的一点聚焦到视网膜上对应点的。foci 指一个椭圆的两个焦点,并在眼睛里是"focus"的复数形式,即一个焦点是 focus,两个焦点是 foci。同时它也表征了眼睛或者是光学仪器生成图像的清晰程度。焦点指一个中心点或中心区域。焦点总是在较长(最长)的轴上,并且到中心点的距离相等。如果长轴和短轴长度相等,椭圆变为圆形,且两个焦点都为圆心。

　　上述解给出了一种当一焦点位于无穷远处,则另一焦点在透镜相反方向处的最简单清晰的形式。J. Brown 和 A.S. Gutman 随后提出一种生成一内部焦点和一外部焦点的解[3,4]。这些解都不是唯一的;解的集合可由一组通过数值计算可解的定积分所确定[5]。

A.3 龙勃解

　　如图 A.9 所示,理想龙勃透镜表面的任一点都是另一侧对应位置的焦点。理想情况下,材料介电常数 ε_r 由透镜光心处为 2 下降到表面为 1(等效为折射率 n 由 $\sqrt{2}$ 减小为 1),可由式(A.2)得出:

$$n=\sqrt{\varepsilon_r}=\sqrt{2-\left(\frac{r}{R}\right)^2} \tag{A.2}$$

式中,R 为透镜半径;n 为折射率。

　　由于表面折射率与周围介质相同,所以表面不发生反射。透镜内部的光路为椭圆弧状,如图 A.10 所示。

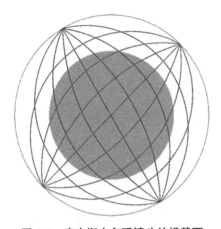

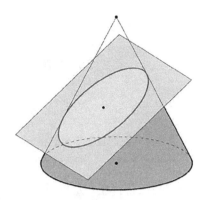

图 A.9   麦克斯韦鱼眼镜头的横截面
　　　　（来源：www.wikipedia.com）

图 A.10   椭圆弧状（来源：www.
wikipedia.com）

　　在数学上,椭圆是一围绕两焦点的平面曲线,且该曲线上的任一点到两焦点的距离之和为一常数。因此圆即为两焦点重合的特定类型椭圆。

A.4   麦克斯韦鱼眼透镜

　　麦克斯韦鱼眼透镜是一个广义龙勃透镜的实例。1854 年,麦克斯韦第一次完整地描述了鱼眼透镜(早于龙勃透镜),其折射率 n 根据式(A.3)变化[6]：

$$n = \sqrt{\varepsilon_r} = \frac{n_0}{1 + \left(\dfrac{r}{R}\right)^2} \tag{A.3}$$

　　它将半径为 R 的球表面上的每一点都会聚到同一表面的对侧相应点上,透镜内光路为圆弧状。

A.5   成果和贡献

　　1853 年,《剑桥和都柏林数学期刊》中详尽描述了鱼眼透镜的性质,主要是在给定光线描述圆路径的条件下,找出作为半径的函数的折射率,以及进一步证明该透镜的聚焦特性[7]。该问题的解被刊登在 1854 年的《剑桥和都柏林数学期刊》上。这些问题及其解最初都是匿名发表的,除了鱼眼透镜问题的解(以及其他问题)被收录在 Niven 的 *The Scientific Papers of James Clerk Maxwell* 中[8],其余都在麦克斯韦去世 11 年后发表。

A.6 应用

　　实际龙勃透镜通常是离散同心的多层壳状结构,每一层折射率均不相同。这些壳状结构形成阶梯式折射率分布,这与龙勃提出的理论解略有不同。该透镜通常用于微波频段,特别用于构建高效微波天线和雷达标校设备。圆柱状的龙勃透镜也可用于校准激光二极管发出的光线。

　　如图 A.11 所示,龙勃透镜安装在 Victor 号英军战舰上,该舰在 1961 年使用了一款 984 3D 型战斗机引导雷达。

图 A.11　Victor 号英军战舰(来源:www.wikipedia.com)

A.6.1　雷达反射器

　　如图 A.12 所示,将龙勃透镜部分表面金属化,可制成反射镜形式的雷达发射器。远处雷达发射机的辐射电磁波可被聚焦到透镜相对方向的金属面的下方;此处信号被反射聚焦回到雷达处。该方案的难点在于金属区域阻碍了辐射信号在透镜部分的传输,非金属区域在相对方向上形成了盲点。

　　注:反射器(有时被称为反光镜或者反射体)是一种将辐射(通常是光)反射回辐射源方向的装置。在反射器中,辐射的波前被直接反射回波源方向。反射器可以在较大入射角范围内实现全反射,不像平面镜只能在入射角为 0° 即与波前完全垂直条件下才能实现。图 A.13 更为直观地展示出反射器的反射光比漫反射器的反射光更亮。角反光镜和猫眼反光镜是最常用的两种类型。

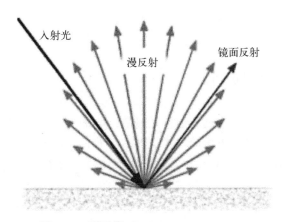

图 A.12　纯金角反射器(来源：www.wikipedia.com)

图 A.13　漫反射(来源：www.wikipedia.com)

A.6.2　微波天线

龙勃透镜可以代替抛物面反射镜作为高增益射频天线的主要聚焦器件,聚焦效果可与抛物面天线(图 A.14)相媲美。

图 A.14　抛物面天线(来源：www.wikipedia.com)

与抛物面天线类似,接收机接收或者发射机发射所用到的馈电系统(图 A.15)被安置在焦点处,通常为喇叭天线(图 A.16)。

馈电系统喇叭天线的相位中心点必须与焦点相重合。由于相位中心点总是在喇叭天线内部,无法设置在透镜表面处,因此有必要使用多种龙勃透镜以使得其聚焦于表面外部某处,而不是聚焦于经典透镜的表面。

需要注意的是,馈电喇叭是一种小型喇叭天线,用于在发射机或接收机与抛物面反射器之间传输无线电波。发射天线与发射机相连接,将发射机的射频交流电信号转换为电磁波,将其馈电到天线其他部分并聚焦形成电磁波束(图 A.17)。接收

图 A.15　天线馈源结构(来源：www.wikipedia.com)

图 A.16　喇叭天线(来源：www.wikipedia.com)

**图 A.17　Hughes DirecWay 家用卫星天线上的波纹
馈电喇叭**(来源：www.wikipedia.com)

天线通过馈电喇叭上的天线反射器采集和聚焦电磁波信号,并将其转换为微弱射频电压信号,随后接收机将该信号放大。馈电喇叭主要用于微波频段的超高频段(SHF,即频率在 $2\sim30\,\mathrm{GHz}$,波长在 $0.01\sim0.1\,\mathrm{m}$)及更高频段上[9]。

与抛物面碟形天线相比,龙勃透镜天线具有很多优点。由于透镜是球面对称结构,因此只需通过移动透镜周围的馈电系统,而无需转动整个天线即可正常工作。同时透镜球面对称,单一透镜可与多个馈电装置相配合以改变探测方向。相反,若多个馈电装置与抛物面型反射镜相组合,必须在光学轴的极小角度内工作以避免陷入"coma"状态(一种散焦状态,图 A.18)。

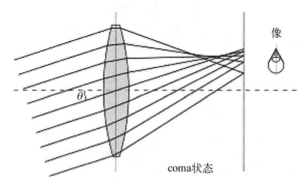

图 A.18 "coma"状态(来源:www.wikipedia.com)

抛物面天线支架部分对馈电系统形成了口径遮挡,但龙勃透镜天线避免了该问题。一种龙勃透镜天线的变形形式是半球形龙勃透镜天线或龙勃反射器天线。将球形龙勃透镜切割成两个半球,切割面位于反射金属表面上。这种设计使得透镜重量减半,而且方便进行支撑安装。但是当反射镜上的入射角小于 45°时,馈电系统也部分地遮挡了镜头。

A.7 透镜内光线路径

对于任何球对称透镜,每条光线都位于穿过透镜中心的平面上。光路初始方向定义了一条直线,该直线与透镜中心点又定义了一个平分镜头的平面。作为透镜的对称面,折射率的梯度不存在垂直于该面的分量,从而使光线偏离透镜的一侧或另一侧。在平面上,由于该系统具有圆对称性质,故可使用极坐标 (r,θ) 来描述光路。

给定光路上的任意两点(例如透镜的进出点),费马原理断言光线在这两点之间的路径是它能在最短时间内通过的路径。已知透镜内任意一点的光速与折射率成反比,经毕达哥拉斯定理可得两点 (r_1,θ_2) 和 (r_2,θ_2) 之间的通过时间如式(A.4)所示。

$$T = \int_{(r_1, \theta_1)}^{(r_2, \theta_2)} \frac{n(r)}{c} \sqrt{(r\mathrm{d}\theta)^2 + \mathrm{d}r^2} = \frac{1}{c} \int_{\theta_1}^{\theta_2} n(r) \sqrt{r^2 + \left(\frac{\mathrm{d}r}{\mathrm{d}\theta}\right)^2} \mathrm{d}\theta \quad (A.4)$$

式中，c 是真空中的光速。

对 T 进行求导可得到一个二阶微分方程，它决定了沿着光路 r 随 θ 的变化情况。这类极小化问题在拉格朗日力学中得到了广泛的研究，并且以贝尔特拉米恒等式的形式存在实解，即给出该二阶方程的第一个积分解。把 $L(r, r') = n(r) \sqrt{r'^2 + r^2}$ 代入该恒等式（其中 r' 表示 $\mathrm{d}r/\mathrm{d}\theta$）：

$$n(r) \sqrt{r'^2 + r^2} - n(r) \frac{r'^2}{\sqrt{r'^2 - r^2}} = h \quad (A.5)$$

式中，h 是积分常数。

该一阶微分方程是可解的，即可以将其重新排列，使 r 只出现在一边，而 θ 出现在另一边[2]。

$$\mathrm{d}\theta = \frac{h}{r \sqrt{[n(r)]^2 r^2 - h^2}} \mathrm{d}r \quad (A.6)$$

参数 h 对于任何给定光线来说都是一个常数，但是对于通过透镜中心的不同光线，其距离是不同的。对于穿过中心的光线，距离最短。在一些特殊情况下，例如麦克斯韦鱼眼，这一阶方程可以进一步积分，得到 r 关于 θ 的式。一般来说，它给出了 θ 和 r 的相对变化率，可以对其进行数值积分，以计算通过透镜的光路。

附录 B
高超音速推动未来战场新武器发展

速度可以说是一种新的隐身技术，美国最高核指挥官曾描述了当前美军面对高超音速武器威胁的严峻形势。2018 年 3 月 20 日，美国战略司令部司令、空军上将 John Hyten 对参议院军事委员会表示："我们没有任何可以防御此类武器攻击的手段。"俄罗斯和中国正在积极开发速度为 5 马赫或高于 5 马赫的新型武器，即比声速要快至少 5 倍(高超音速)的新型武器。这些武器的飞行速度超过了每小时 5 793.64 km(每秒 1.61 km)。目前对此类武器，任何军队均无法有效防御。美国认为，快速发现、跟踪和拦截该类武器面临着前所未有的挑战。最近，据美陆军快速能力和关键技术办公室(ARCCTO)主任介绍，美陆军将在 2023 年计划部署一批卡车装载的高超音速导弹，且合同将于今年 8 月签订。据他介绍，2021 年还计划将在 Stryker 装甲车上部署一门 50 千瓦的激光炮。Neil Thurgood 中将在采访中透露，目前一项在重型卡车上安装 100 千瓦以上激光器的项目正在审核中，并且可能会与空军、海军合作以确定其最终合适的威力等级。

本书提出了一种应对高超音速武器的新技术，同时也简要地讨论了这些速度在 5 马赫以上飞行器可能涉及的空气动力学理论。主要包括等离子体空气动力学现象、现状和未来发展方向，以及由苏联根据 AJAX 飞行器计划所发起的 WIG 计划(该计划是基于该飞行器性能机理中等离子体作用所提出来的)。

免责声明：本文中包含的所有信息都是从公开来源获得的，且所表达的观点仅代表作者本人。

B.1　引言

2018 年 12 月 26 日，俄罗斯成功发射了一枚运载着 Avangard 高超音速滑翔飞行器的液体燃料洲际弹道导弹(ICBM)。Avangard 是俄罗斯一种现代化的运载武器，设计用于以超过 5 马赫的速度在高空机动。请参见 Youtube 下方链接和图 B.1 所示的效果图。

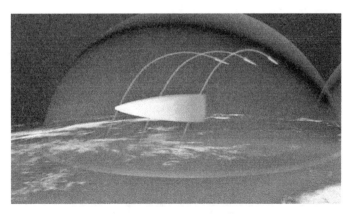

图 B.1　滑翔式高超音速弹头武器的效果图（来源：https://www.youtube.com/watch? v¼tKa31NaYsNw）

搭载 Avangard 高超音速滑翔飞行器的导弹型号是 UR–100 NUUTKh（一种洲际弹道导弹）。正如 The Diplomat 今年早先报道的那样，俄罗斯国防工业界人士透露俄罗斯第一个装备 Avangard 的战略导弹团将于今年晚些时候进行一次试验[10]。

俄罗斯克里姆林宫在一份声明中指出："这次发射是由战略导弹部队从多姆巴罗夫斯基导弹部署区对一个位于勘察加半岛库拉地区的假想目标进行打击。"

"滑翔飞行器以高超音速飞行，同时进行垂直和水平机动，并在靶场范围内准确命中预定目标。"声明补充说道[10]。

随后俄罗斯媒体迅速公布了成功试射的录像，录像显示了导弹在发射井热发射的过程。Avangard 飞行器并没有出现在任何公开录像中。导弹携带的有效载荷在助推器进入大气层后分离。在进入弹道后，高超音速滑翔飞行器在飞行途中的高层大气内下降和实施机动。

俄罗斯总统普京强调了 Avangard 飞行器的主要意义[10]："新的 Avangard 系统将使得俄方不受潜在敌方防空系统及导弹防御系统的影响。"

中国和俄罗斯开发的高超音速导弹，正被美国五角大楼用来作为重新部署天基导弹防御系统的重要理由。美国特别关注中国正在研制中的高超音速制导导弹，这种导弹射程可能会覆盖美国在亚洲的舰船和基地。中国的 DF–26 弹道导弹演习时展现了其远程打击能力，如图 B.2 所示。

根据俄方说法，俄罗斯高超音速武器 Avangard 会在攻击目标的途中避开导弹防御系统。同时普京总统宣布，俄罗斯已经研制出一系列敌方无法拦截的新型核武器。

像机枪、战斗机、核武器等上述武器出现时一样，当一项新的军事技术取得重大突破时，有时会直接改变作战规则。超音速武器的飞行速度是声速的 5 倍多，这使其很难被探测和拦截，具有很大的发展潜力。

图 B.2　中国 DF - 26 导弹发射图

B.2　高超音速飞行器的历史

1994 年,俄罗斯科学家通过公开报道及文献提出了一种具有开创性的高超音速飞行器的概念,即 AJAX 或 AYAKS。AJAX 被描述为一种由等离子技术推动的超音速燃烧冲压发动机驱动的飞行器,其中有两项需要研究的内容:

(1) 燃烧;

(2) 空气动力学性能。

根据美国空军研究实验室(AFRL)和欧洲航空航天研究与发展办公室(EOARD)对俄罗斯 AJAX 计划的研究分析,上述每一项内容都结合了 WIG 计划的物理学原理,并有其独特的科学创新。WIG 计划的提出是为了推动美国东部福斯特集团的发展,以便就"等离子体空气动力学"这一最新前沿主题进行科学交流和合作。

根据 20 世纪 90 年代中期苏联 AJAX 飞行器所披露的信息,这极大地推动了该领域广泛的国际研究和合作,以及坚定了目前俄罗斯和中国发展高超音速武器的理念。

基于等离子体的流量控制方法,特别是在低功耗本地流量控制应用方面似乎非常可行。该新方法主要基于流体动力学和电动力学结合形成的电磁流体动力学(MHD)技术。MHD 技术应用于飞行控制和能量提取,从而形成高超音速飞行器的创新设计,通过提高速度且减少阻力和摩擦来解决燃烧和空气动力学性能问题。

请注意,"等离子体动力学"的基本方程已经被 MHD 近似而大大简化,其假设如下[11]:

(1) 等离子体是一种单一的连续介质。

(2) 电磁力与气体动力的阶数相同。

（3）时间尺度是特征长度除以特征速度。

（4）施加的电场 E 与感应电动势的阶数相同。

（5）飞行速度远小于光速。

（6）麦克斯韦方程组不受气体动力运动的影响,换句话说,与外加磁场相比,流体运动引起的磁场 B 较小。

（7）假设无粘流,但在动量方程中可添加摩擦项。

（8）假设没有热量损失,但在能量方程中可添加热损失项。

（9）气体状态方程被假定为完美气体定律,但其他状态方程也可以实现。

（10）忽略重力作用。

（11）假设为稳态。

以上所有这些点都可以简化为通用的三维电磁流体动力学方程,如下所示[12]:

动量方程:

$$\rho(v \cdot \nabla)v = J \times B - \nabla\rho \tag{B.1}$$

质量方程:

$$\nabla \cdot (\rho v) = 0 \tag{B.2}$$

能量方程:

$$\rho v \cdot \nabla\left(\frac{|v|}{2} + U\right) = -\nabla \cdot (vp) + J \cdot E \tag{B.3}$$

电流方程:

$$\nabla \cdot J = 0 \tag{B.4}$$

欧姆定律:

$$J = \sigma(E + v \times B) - \frac{\omega\tau}{|B|} J \times B \tag{B.5}$$

式中　B ——矢量磁场;

　　　J ——矢量电流密度;

　　　ρ ——气体密度;

　　　v ——水流矢量速度;

　　　U ——气体内能;

　　　p ——流体压力;

　　　E ——应用电场矢量;

　　　$\omega\tau$ ——霍尔参数;

　　　σ ——导电性。

俄罗斯 AJAX 高超音速飞行器首先提出将超燃冲压发动机的 MHD 能量旁

路,并将其作为提升超燃冲压发动机性能以达到更高马赫数的一种方法[13]。

进一步分析电磁流体动力学概念,可得出结论:超燃冲压发动机的能量旁路可以导致亚音速冲压发动机持续推进,并能够在 10~16 马赫数范围内保持一定速度[14]。

超燃冲压发动机能量旁路的简化热力学循环分析表明,该理论值得进一步研究[15]。

基于这些结果,文献[16]提出了对涡轮喷气发动机 MHD 能量旁路可行性的检验。

与超燃冲压发动机一样,在涡轮机材料方面无温度限制条件下,进入燃烧室的焓值将降低,从而允许更有效地增加燃烧室能量。能量提取过程的初步 1D 分析表明,可以进行大量的焓提取,但这种提取也会导致显著的总压损失[17]。

现在,等离子体强化燃烧效率比基于燃烧的基本能量转化效率要低 85%,这一比例预计将在未来一段时间内较为稳定。然而,AJAX 项目引发了人们对利用等离子体放电作为一种提供自行和按需增强燃料空气反应性手段的兴趣,从而开创了等离子体辅助燃烧的新领域。

关于飞行器控制和减少表面热量,也可以通过与弓激波相互作用的磁场来实现,如图 B.3 所示,关于其他激波如图 B.4 所示。目前在空军研究实验室(AFRL)监督研究计划下,该理论正进行某种飞行测试概念研究。

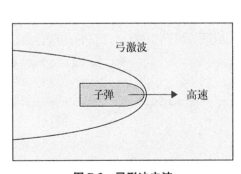

图 B.3　弓形冲击波

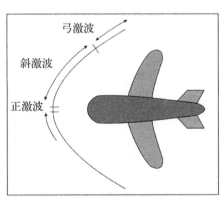

图 B.4　三种激波示意图

另外,三种主要激波分别是:

(1) 正激波;

(2) 斜激波;

(3) 弓激波。

注意,虽然正激波是完全平行于表面的正常冲击波,如图 B.4 所示,但斜激波通常是有角度的,而弓激波是抛物线形状。设计飞行器鼻部的形状可用来产生弓激波(通常是圆形的机头)。

当飞机以比声速更快的速度飞行时(即马赫数=1),将会产生弓激波。弓激波是一种飞行器前部的冲击波,例如机翼,或者是明显地附在机身的前端部分,如图B.5 所示。

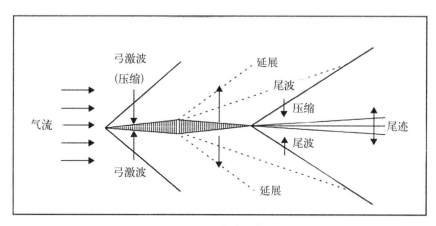

图 B.5 弓激波示意图

降低表面热量的理念和通过与弓激波相互作用的磁场的措施(如前文所述已经进行了解释),已经在持续进行工业上的检验(例如实施鸭翼布局的飞机),如图B.6 所示。

图 B.6 翼尖鸭翼面

翼尖装置(如"鸭式飞机")旨在通过降低阻力来提高固定翼飞机的效率。

工业界认为等离子技术具有应用前景,但对其风险、性能、可靠性和集成度仍持保留态度。因此,有必要通过一些原型系统的试验来确定等离子技术所具有的明确优势。

综上所述,科学家们在研究 WIG 计划中的两项理论内容时已取得了一定突破,主要是指借助预期的表面等离子驱动器、等离子增强空气动力学和测试技术等,采用等离子体辅助燃烧将飞行器的速度提高到 5 马赫及以上。在该速度范围内,高超音速武器以滑翔或巡航模式飞行(附录 B.5)。

而且,对表面等离子体驱动器的预期影响会体现在新的电极配置、更合适的介质和优化的高压驱动波形上。此外,对于推力产生和冲击波聚焦的多电极配置,预计会出现突破性进展,而新的表面材料及其特性也可能会带来进一步的突破。这些材料会改变放电的基本结构或演变规律。

更多基于表面的概念可以利用能够产生冲击波的等离子体阵列,这些冲击波可以从表面传播出去,并结合在一起,以产生涡度或驱动声波来控制近地表流动。同时等离子体产生的远紫外辐射,也需要考虑到大气中化学元素(如氧气)的直接吸收和分子解离驱动所引起的快速近表面附加能量。

开发新的设备可以实现测量领域的技术突破,这些设备能够以当今暂不可行的方式与空气等燃烧环境相互作用。不过,也许在不久的将来,可能会出现一种高效率、短脉冲、精度可控、高功率、高重复频率的激光器。这些激光器将为实时数据采集、体外能量补充、MHD 应用的高效体积电离方法,以及用于燃烧反应和点火控制的体积选择性径向生产开辟一条新的途径。随着激光技术的进步和新一代激光器小型化目标的实现,它们应用于飞行领域将会成为现实。

此外,受 1995 年美国启动国家航空航天计划的启发,各国一直在积极开展高超音速飞行的研究。研究的主要目标是开发一种采用超音速燃烧冲压发动机或超燃冲压发动机的高超音速飞行器。

这种飞行器研究中的一项最大的挑战是单级入轨飞行器,它可以水平起飞,并在大气中以轨道速度飞行。一种穿越大气层的喷气航空器需要为发动机运行提供充足的空气,且与传统火箭助推器相比必须在相对较低的高度加速。另外,为了避免过大的动压和气动加热对于结构和材料的影响,可以选择在更高海拔进行发射。

此外,一个物体以高超音速飞行时的重要现象,是飞行器在飞行期间周围会产生等离子体鞘层。从等离子体物理学的角度来看,在大气中高速飞行的飞行器被电离气体包围时,这些区域会影响电磁波在飞行器上的传播,高超音速自由流中的动能会被转换成强弓激波内的气体内能,并在机头附近的激波层产生非常高的温度。如果温度足够高,就会出现电离,并且在整个激波层中产生大量游离电子。

沿着飞行器表面,边界层在鼻翼部顺流而下并不断扩大。由于边界层外缘的马赫数仍然很高,高超音速边界层内的强烈摩擦产生高温并引起化学反应。

飞行器周围高温空气中产生的离子和电子形成等离子体鞘层,并与经过飞行器的电磁波相互作用。如果等离子体鞘层导致电磁波衰减过高,则会发生通信中断。

然而,由于这些约束因素,高超音速飞行器的飞行轨迹将被限制在一个非常狭窄的区域内。考虑弹道时,一个重要问题就是用于通信的电磁波和飞行器周围等离子体鞘层之间的互相干扰。当使用高功率微波在远场或远距离探测来袭的高超音速武器时,无论是作为对抗此类措施的武器,还是如我们所说的探测目标,这都是一个需要处理的重要问题。在测地距离内的障碍物旁边,该装置的电磁波以横电磁模式在源和目标之间来回传播。

为了克服这个问题,我们建议采用一个 Zohuri 在文献中[18,19]讨论过、被称为标量纵波(SLW)的新的波簇,在附录 B.8 中有简要解释。

B.3 电磁流体动力学控制弱电离等离子体来驱动高超音速飞行

以下观点适用于通过磁流体动力学控制高超音速气流的弱电离等离子体。

科学家已经理解与掌握了使用电磁流体驱动的高速流体控制的理论分析与基本问题[17]。

在高速空气动力学中使用弱电离气体(等离子体)和电磁场理论,已成为当前感兴趣的研究焦点。波,黏性减阻,推力矢量控制,减少热流,音爆缓解,边界层和湍流过渡控制,流动转向和压缩,机载动力发电和超燃冲压发动机进气道控制都属于等离子与磁流体驱动技术。这些技术可以潜在地提高其性能,并显著改善超音速和高超音速飞行器的设计[17]。

与此同时,这些新技术虽然有很多研究成果,但一系列根本的问题并没有得到充分解决。在气流中产生的任何等离子体与电磁场相互作用都会导致气体变热。这种热量肯定会对流体产生影响,在某些情况下也可以得到有效应用。然而,一个更具挑战性的问题是,等离子体与电磁场相互作用产生的显著非热效应是否可以用于高速流体控制。

在传统的电磁流体动力学中,高导电流体的电磁效应会产生质动力项 $\nabla(\varepsilon_0 E^2/2)$ 和 $\nabla(\varepsilon_0 B^2/2\mu_0)$,可以解释为电场和磁场压力的梯度。这些有质动力被成功地应用于聚变装置中的等离子体容器,在天体物理学中也发挥着重要作用。一个可能的设想是这些力也可以用来控制电离空气的高速流动。但是有质动力在核聚变和天体物理等离子体中之所以能发挥重要作用,是因为这些等离子体完全或几乎完全电离,因此会呈现高导电性。相比之下,空气动力学中遇到的高速空气,如果飞行马赫数约低于 12,即使在边界层或产生激波后,由于处于低静态温度,空气并不是自然电离的,因此,必须使用各种放电或高能粒子束进行人工电离[20, 21]。在大多数情况下,人工产生的等离子体是弱电离的,电离分数在 $10^{-8}\sim 10^{-5}$,因为低电离率和低导电率,等离子体与电磁场的相互作用,以及动量和能量在大量中性气体之间的传递都是非常低效的。更多信息请参阅 Sergey Macheret 等人的著作[17]。

综上所述,在高速气流中使用电磁场进行高超音速流体控制的主要困难,在于相对较冷的气体必须在放电情况下或电子束中进行电离。而这需要大功率输入，并导致电离率和导电率较低。低电离率则意味着，尽管电子和离子可以与电磁场相互作用，但在大量中性气体中传输的动量和能量与高速流体携带的动量和能量相比还是非常少的。

B.4 什么是高超音速武器

高超音速武器是一种以 5 马赫或更高速度飞行的飞行器，这意味着高超音速武器能以每秒 1 英里的速度进行飞行。例如，商用客机亚音速巡航时速度略低于 1 马赫，而现代喷气式战斗机能以 2～3 马赫的速度进行超音速飞行。

B.5 发展什么类型的高超音速武器

目前有两种类型的高超音速武器：
(1) 高超音速巡航导弹；
(2) 高超音速滑翔飞行器。
参见图 B.7。

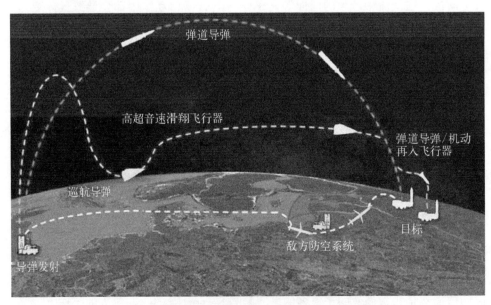

图 B.7 高超音速助推滑翔导弹、弹道导弹和巡航导弹的理论飞行轨迹(由 **CSBA Graphic** 提供)

高超音速巡航导弹使用一种称为超燃冲压发动机的先进推进系统,飞行全程提供动力,速度极快。从导弹发射到命中目标,对方可能只有 5～20 分钟的时间撤离至安全区,如图 B.8 所示。

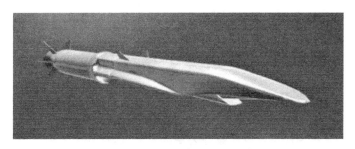

图 B.8　巡航式高超音速武器

高超音速巡航导弹的飞行高度可达 10 万英尺,而高超音速滑翔飞行器的飞行高度可达 10 万英尺以上。

高超音速滑翔飞行器位于火箭顶部,发射后将在高层大气中滑行。

两者都像一架没有引擎的飞机,利用空气动力来保持稳定、飞行以及机动。此外,因为它们是可以机动的,所以能在命中目标前最后几秒才确定真正要打击的目标。

B.6　高超音速武器的技术要求

一旦在大气中达到 5 马赫的飞行速度,高超音速武器就不能使用传统的喷气发动机使其继续加速飞行,需要在引擎中通过一种全新的设计来控制气流路径并维持超音速飞行时所需的空气。

解决上述问题的答案就是超音速燃烧冲压发动机(SCRAMJET),它可以在5～15 马赫进行工作。为了保持持续的高超音速飞行,飞行器还必须承受以该速度飞行所带来的极端温度。撞击飞行器正面的空气则会变成等离子体,类似于喷灯。

不管绕月飞行回来的返回舱中有没有宇航员,它与这种再入飞行器的返回舱非常相似。飞行器的速度越快,其压力和温度就会呈指数级上升。因此,在该武器命中目标的这段较长时间内,需要耐高温的材料。

总之,如前所述,为了使高超音速飞行器能够以 5 马赫以上的速度进行飞行,这些飞行器需要在一个非常接近等离子体条件的环境中飞行。这种等离子体环境要么在飞行器前方,要么包裹着飞行器。例如说等离子体鞘层,通过弱电离气体模式或物体前方的激波,甚至是一些等离子体驱动器所产生的。由于横向电磁波无法穿透等离子体鞘层,因此可以通过纵向标量波或其他方法来干扰飞行器周围的这种环境。

B.7 哪些国家正在发展高超音速飞行器

"在发展高超音速飞行器领域,美国、俄罗斯和中国要领先于其他国家。"兰德公司兼职员工理查德·斯皮尔告诉美国全国广播公司财经频道(CNBC)[22]。

斯皮尔是五角大楼反扩散政策办公室的发起人,他补充说道:"法国、印度和澳大利亚也正在研究高超音速技术的军事用途。"

"日本和法国等多个欧洲国家最近正在研究这项技术的民用用途,例如航天运载火箭或民用客机,但民用设备也可以用于军事目的。"斯皮尔指出。

显然目前高超音速技术领域正在进行全球军备竞赛,而美国正在逐渐丧失优势。专家们之所以通常认为美国在这项技术上有所落后,是因为俄罗斯和中国似乎正在更频繁地进行此类试验,但美国却与俄罗斯和中国在不同领域进行竞争。

俄罗斯和中国的研究似乎主要集中在核弹头的打击上,在这种情况下,精度指标可以放宽。而美国更关注非核弹头的打击,因此精度对武器效能的影响至关重要。美国希望尽可能减小圆误差概率(CEP),以达到几米的精度。美国的研究目标比俄罗斯和中国的要求更高。例如,美国最成功的助推滑翔武器研发项目,即先进高超音速武器(AHW),目前已经有一架滑翔机在约 4 000 km 的距离内进行了测试,中国仅测试射程小于 2 000 km 的助推滑翔武器。

因此,这里有两个需要考虑到的因素:美国在这一领域的历史经验和美国所追求的更高技术目标。如果把这些因素考虑在内,很容易得出美国在这场竞争中并没有落后的结论。

但是,美国高超音速武器的发展很大程度上是由技术而非战略所推动。

换言之,技术人员决定尝试研究高超音速武器,是因为它们似乎应该对某些东西有用,而不是因为有明确的任务驱动它们来完成。因此,美国国防部(DOD)的首要任务是决定有哪些任务需要由高超音速武器来完成。然后研究实现这些目标的有效途径是什么。确实急需高超音速武器,还是有更好的替代品?美国国防部真正的首要工作是制定一项采购高超音速武器的战略计划,而在决定这些武器的用途之前,这是不可能的。

B.7.1 俄罗斯

在 2018 年 3 月初的讲话中,普京总统提出了一份非同寻常的新型武器清单,他声称俄罗斯正在开发或已经部署了这些武器。这份清单包括了一些高超音速武器[10]。

第一,最重要的是一种叫做 Avangard 的助推滑翔武器。根据普京的说法,这种机动武器的设计目的是用于攻击美国的导弹防御系统。自普京发表讲话以来,俄罗斯已经表示 Avangard 滑翔武器将部署在至少两种不同类型的弹道导弹上,并将携带核弹头。如果它的精度能达到目标,这种武器将来有可能被用于装载非核弹头,但在短期内似乎只能装载核弹头。

第二,普京宣布了一种新型助推滑翔武器,名为 Kinzhal,俄语中的意思是"匕首"。这种武器是从飞机上发射的,其射程比 Avangard 近。根据俄罗斯媒体的报道,该武器同样携带核弹头。俄罗斯早已经有能力向美国及其盟国目标发射核武器。因此,也许与推测相反,俄罗斯发展携带非核弹头的助推滑翔飞行器,应该比发展携带核弹头的助推滑翔飞行器更让人感到担忧。

俄罗斯拥有可以携带核武器的助推滑翔飞行器并没有改变现状。然而,如果俄罗斯研制出携带非核弹头的助推滑翔武器,这将使得俄罗斯对美国及其盟国构成一个新的、潜在的非常重大的安全威胁。在这种武器出现之前,俄罗斯只能使用核武器来摧毁欧洲目标,但现在可以使用非核弹头进行攻击,并最终威胁美国大陆。

B.7.2　中国

中国和俄罗斯一样,正在发展助推滑翔武器和高超音速巡航导弹,并把焦点放在助推滑翔部分项目。据报道,中国正在研制一种被五角大楼命名为 WU-14、中国命名为 DF-ZF 的滑翔武器(图 B.9)[23]。这种滑翔武器在 2 000 km 的射程范围内已经试验过至少 7 次。目前还不清楚该武器是否装备有核弹头或非核弹头,据推测它将首先装备核弹头(尽管还远没有可以定论的证据)。

图 B.9　DF-17 搭载的 DF-ZF(来源: www.wikipedia.com)

和俄罗斯非常类似,中国已经有能力用核武器攻击美国及其盟国目标。所以中国的核武器助推滑翔武器只是为了巩固目前的能力。相比之下,如果中国发展非核弹头助推滑翔武器,特别是假定这些武器能够打击美国大陆,它将为美国带来一种全新的军事挑战。

DF-ZF 的目前公开亮相是 2019 年 10 月 1 日中华人民共和国成立 70 周年的大阅兵上。它被设计安装在 DF-17 上,DF-17 是一种专门设计用于运载高超音速滑翔飞行器的弹道导弹[23]。

B.7.3 美国

针对高超音速武器,由于其独特的飞行模式,目前还没有任何有效的探测手段、防御机制和对抗措施。也就是说,它们的机动性能和飞行高度使得目前的防御系统无法对其实施有效防御。例如,洲际弹道导弹的弹道是可预测的。通过类似防御支持计划(DSP)之类的遥感平台中的目标搜索雷达,可以获得足够的信息以拦截弹道目标。

弹道导弹就像是正在飞行的垒球,外场手根据由动量和重力所决定的路径,就可以知道如何准确捕获垒球。

但是高超音速武器具有机动性,故难以预测其飞行轨迹,且很难防御。也有一些防御高超音速武器的潜在方法,但代价非常高昂。例如,美国导弹防御局提议开发一种能够在全球范围内跟踪高超音速滑翔飞行器的天基传感器系统(这将是防御这些新型导弹的第一步),或者拥有强大的雷达探测能力,可以从远地点到目标之间的长轨迹上锁定目标。这些类型的雷达探测此类武器的技术需求,要远远超出当今世界各地军队使用的一系列传统雷达的探测能力,而传统雷达的探测范围仅为数百千米。

由高功率微波源驱动的一种新型探测雷达可以探测更远的距离,但它也有其自身缺陷。必须要考虑高海拔时天线附近的微波击穿问题,以确定传输条件的限制[24]。电气击穿通常与配电网中高压变压器或电容器内使用的固体或液体绝缘材料失效有关,这通常会导致短路或保险丝熔断。电击穿也可能发生在悬挂架空电力线的绝缘体上、地下电力电缆内或是与附近树枝形成电弧的线路上。

在高海拔时机载雷达系统可能会在天线前部引发放电,因为与大气压条件下相比,超高频电场一般在低压下会更难击穿空气。在过去的十年中,超高频(UHF)条件下的击穿过程已经被发现以及得到进一步证实。以高灵敏度雷达为例,已经应用这些方法来确定最佳传输条件。

当一个电场作用于气体会发生击穿现象,且自由电子沿着磁场构成电流。由于宇宙射线电离或诸如光电效应等其他现象,在气体中通常总会有少量电子存在。

如果电场从零开始逐渐增加,气体开始似乎遵循欧姆定律,最终磁场会增强,并足以让一些电子通过碰撞产生二次电子。如果电场足够强,以至于能够产生大量二次电子,那么在这一点上气体将变得高度导电。当电压或电场在该值附近发生极微小的变化时,电子浓度和电流值将发生一系列数量级的变化,并且气体将开始发光,如图 B.9[18] 所示。

当气体的电介质强度超出一定值时,气体就会发生电击穿。高电压梯度区域会导致附近气体部分电离并开始导电。例如荧光灯就是低压放电。引起气体发生击穿的电压近似服从帕申定律[24,25]。

注:帕申定律是一个方程,它给出了气体中两个电极之间的击穿电压,即启动放电或电弧所需的电压,是压力和间隙长度的函数。它是以弗里德里希·帕申(Friedrich Paschen)的名字来命名的,他在 1889 年凭经验发现了该定律[25]。

由于高超音速武器速度太快,因此一般认为很难对其进行防御。但凭经验,好像并非如此。美国已经开发了相当有效的"点防御"——例如爱国者防空导弹和终端高空区域防御系统(THAAD,萨德)——可以防御小范围内的弹道导弹,而弹道导弹的速度实际上比高超音速武器还要快。通常不会把弹道导弹归为高超音速武器,因为它们没有机动能力。因此,速度本身并不是一个不可克服的导弹防御问题。这些点防御系统,特别是萨德系统,可以非常合理地用于对付高超音速导弹。这些系统的一个劣势是,它们只能保卫小范围的区域。为了保卫整个美国大陆,需要装备难以负担的萨德导弹系统。美国已经部署了一个导弹防御系统,即地基中段反导系统,旨在保护整个美国免受弹道导弹的攻击[20]。但是基于各种技术原因,使用这些"区域防御"来对付高超音速武器大概是不可能的。

因此,当谈到防御时,防御小范围的滑翔武器可能会非常有效,但在更大范围内进行防御却可能会非常有挑战性。这是一个微妙的场景。

相比之下,本书作者 Zohuri[18] 提出了一种新的技术方法来研究在纵向模式下驱动能量波的标量波。这种方法似乎非常合理,至少在理论上可行。只需要获得少量资金,就能将理论概念带入实验阶段,并制作基于标量纵波技术驱动的仪器原型[19]。在进行上述实验之前,其实际性能只能是一种推测。

B.8 标量波是什么

众所周知,标量纵波(SLW)或简单的标量波(SW)不具有电磁波的特性,其性质与电磁波不同。然而,从经典电动力学中可以得知,电磁波既有电场又有磁场,电磁波中的能量流可用如下形式:

$$S = E \times B \tag{B.6}$$

分析式(B.6)表明,穿过单位面积(其法线方向为两个矢量的叉积定义方向)的每秒能量以电磁波形式流动。

另一方面,标量波没有时变磁场 $\boldsymbol{B}$。在某些情况下,它也没有电场 $\boldsymbol{E}$。因此,电磁波在横电磁波模式下传播,没有能量流动。基于电动力学或量子电动力学的非经典效应,某些电磁物理领域专家会认为电磁波并非是基于振荡电磁场。

例如,据称电磁波会对生物系统及人体有影响。一些医疗器械甚至通过电磁波对人体健康有积极作用这样的卖点来进行销售。所有对这些作用的解释都是推测性的,甚至其传播机制仍然不清楚。因为没有关于这种波的理论,它们通常被归入"标量波"的概念[18]。

此外,还必须认识到,任何向量在闭合曲面上积分都为零,而且坡印廷定理仍然适用。因此,总电磁能量流的表述方程式(B.6)的形式也存在一些歧义。

为了建立纵向势波,我们发展了关于在"真空状态"下产生的消失场向量的电磁波理论。由于这种状态在物质微观领域相互作用时也会有影响,所以为更好地理解这一问题,我们可以只考虑经典电动力学模型。用 $\boldsymbol{E}$ 和 $\boldsymbol{B}$ 表示经典电磁学向量,那么在真空中它们可以写成

$$\boldsymbol{E} = \boldsymbol{0} \tag{B.7}$$

和

$$\boldsymbol{B} = \boldsymbol{0} \tag{B.8}$$

那么,唯一能体现电磁效应的方法就是通过电势。它们被定义为构成"力"场 $\boldsymbol{E}$ 和 $\boldsymbol{B}$ 的矢量(磁)势 $\boldsymbol{A}$ 和标量(电)势 ψ,可推导如下。

在横向情况下,麦克斯韦电磁波在线性介质(即物质)中的传播方程,即横波条件下的式(B.9)到式(B.12)[即它们的经验基础是式(B.9),加上其他三式(B.10)~(B.12)],其场方向垂直于电磁波传播方向,即

$$\boldsymbol{\nabla} \times \boldsymbol{H} = \boldsymbol{J} + \frac{\partial \boldsymbol{D}}{\partial t} \tag{B.9}$$

$$\boldsymbol{\nabla} \times \boldsymbol{E} = -\frac{\partial \boldsymbol{B}}{\partial t} \tag{B.10}$$

$$\boldsymbol{\nabla} \cdot \boldsymbol{D} = \rho \tag{B.11}$$

$$\boldsymbol{\nabla} \cdot \boldsymbol{B} = 0 \tag{B.12}$$

在电流密度 $\boldsymbol{J} = 0$ 以及 $\boldsymbol{B} = \mu \boldsymbol{H}$ 的各向同性均匀介质中,$\boldsymbol{H}$ 是磁场强度,$\boldsymbol{D} = \varepsilon \boldsymbol{E}$,其中,$\boldsymbol{D}$ 是指电位移。在这些关系式中,适用以下定义:

ε ——介质的介电常数;

μ ——介质的磁导率。

当光速被定义为 c 时,可以将其写成 $\mu\varepsilon = 1/c^2$。

考虑到上述条件和定义,式(B.4)可写成新的形式:

$$\frac{1}{\mu} \boldsymbol{V} \times \boldsymbol{B} = \varepsilon \frac{\partial \phi}{\partial t} \tag{B.13}$$

由于磁感应强度的散度为零,所以从电磁波的角度来看,它可以用矢量势的旋度来表示,可以写成:

$$\boldsymbol{B} = \boldsymbol{V} \times \boldsymbol{A} \tag{B.14}$$

用式(B.14)来表示麦克斯韦方程(B.10)中的 $\boldsymbol{B}$,可得到以下结果:

$$\boldsymbol{V} \times \boldsymbol{E} = -\frac{\partial}{\partial t} (\boldsymbol{V} \times \boldsymbol{A})$$

$$\boldsymbol{V} \times \boldsymbol{E} + \frac{\partial}{\partial t} \boldsymbol{V} \times \boldsymbol{A} = \boldsymbol{0} \tag{B.15}$$

假设场具有足够的连续性来交换空间和时间差异,可将其写成

$$\boldsymbol{V} \times \left[\boldsymbol{E} + \frac{\partial \boldsymbol{A}}{\partial t} \right] = \boldsymbol{0} \tag{B.16}$$

因此,向量 $\boldsymbol{E} + \dfrac{\partial \boldsymbol{A}}{\partial t}$ 具有零旋度,可写成标量的梯度,如下所示:

$$\boldsymbol{E} = -\boldsymbol{V}\phi - \frac{\partial \boldsymbol{A}}{\partial t} \tag{B.17}$$

在这种情况下,ψ 是标量(电)势,$\boldsymbol{A}$ 是式(B.14)和式(B.17)中的矢量(磁)势。

这些电位满足波动方程,且方程与所满足的场非常相似。将式(B.9)和式(B.12)中 $\boldsymbol{B}$ 和 $\boldsymbol{E}$ 的表达式代入式(B.13),导出 $\boldsymbol{A}$ 的波动方程,并给出结果:

$$\frac{1}{\mu} \boldsymbol{V} \times (\boldsymbol{V} \times \boldsymbol{A}) = \varepsilon \frac{\partial}{\partial t} \left\{ -\boldsymbol{V}\phi - \frac{\partial \boldsymbol{A}}{\partial t} \right\}$$

$$\frac{1}{\mu} \boldsymbol{V} \times \boldsymbol{V} \times \boldsymbol{A} + \varepsilon \frac{\partial}{\partial t} \left\{ -\boldsymbol{V}\phi - \frac{\partial \boldsymbol{A}}{\partial t} \right\} = \boldsymbol{0} \tag{B.18}$$

用向量恒等式 $\boldsymbol{V} \cdot \boldsymbol{V} - \boldsymbol{V}^2$ 表示,并在式(B.18)的第二种形式中将其乘以 μ,再用 $\mu\varepsilon = 1/c^2$,可得到如下结果:

$$-\boldsymbol{V}^2 \boldsymbol{A} + \frac{1}{c^2} \frac{\partial^2 \boldsymbol{A}}{\partial t^2} + \boldsymbol{V}\boldsymbol{V} \cdot \boldsymbol{A} + \frac{1}{c^2} \boldsymbol{V} \frac{\partial \phi}{\partial t} = \boldsymbol{0} \tag{B.19}$$

式(B.19)是在真空条件下或均匀介质中发生的,其中电流密度 $\boldsymbol{J} = \boldsymbol{0}$。

到目前为止，只规定了向量势 $\boldsymbol{A}$ 的旋度；$\boldsymbol{A}$ 的散度的选择仍然是任意的。从式(B.19)可以清楚地看出，施加所谓的洛伦兹规范条件：

$$\boldsymbol{\nabla} \cdot \boldsymbol{A} + \frac{1}{c^2} \frac{\partial \phi}{\partial t} = 0 \tag{B.20}$$

结果相当简单。如果满足此条件，则 $\boldsymbol{A}$ 满足波动方程：

$$\boldsymbol{\nabla} \cdot \boldsymbol{A} - \frac{1}{c^2} \frac{\partial^2 \boldsymbol{A}}{\partial t^2} = 0 \tag{B.21}$$

此外，对于真空或均匀介质（$\rho = 0$ 且 $\boldsymbol{D} = \varepsilon \boldsymbol{E}$），在式(B.11)中代入式(B.17)，可得到：

$$-\varepsilon \left[\boldsymbol{\nabla} \cdot \boldsymbol{\nabla} \phi + \boldsymbol{\nabla} \cdot \frac{\partial \boldsymbol{A}}{\partial t} \right] = 0 \tag{B.22}$$

通过交换散度和 $\boldsymbol{A}$ 的时间导数的顺序，以及运用洛伦兹条件式(B.20)，可推导出：

$$\boldsymbol{\nabla}^2 \phi - \frac{1}{c^2} \frac{\partial^2 \phi}{\partial t^2} = 0 \tag{B.23}$$

因此，通过施加洛伦兹条件，标量势和矢量势都被强制满足相似形式的非均匀波动方程。然而，求解非齐次标量波动方程的通解问题与求解泊松方程的通解等式类似。但是，在 $\boldsymbol{E} = 0$，$\boldsymbol{B} = 0$ 和 $\boldsymbol{\nabla} \times \boldsymbol{A} = 0$ 的特殊情况下，似乎存在一个解，需要电磁波满足以下条件：

$$\begin{cases} \boldsymbol{A} = \boldsymbol{\nabla} S \\ \phi = -\frac{1}{c^2} \cdot \frac{\partial S}{\partial t} \end{cases} \tag{B.24}$$

然后 S 满足方程

$$\boldsymbol{\nabla}^2 S - \frac{1}{c^2} \cdot \frac{\partial^2 S}{\partial t^2} = 0 \tag{B.25}$$

从数学上讲，S 是一个具有波动方程的"势"，它表明即使 $\boldsymbol{E} = \boldsymbol{B} = 0$，这种波的传播也是存在的，而坡印廷定理表明其没有电磁波能流。

从式(B.6)和上面假设条件来看，存在一个麦克斯韦方程组的解，其中涉及一个具有位势的标量波。该标量波可以在没有坡印廷矢量电磁能流的情况下进行传播。但问题是从何处汲取能量来维持这样的能量流动。

在理论上，可以添加一个在闭合曲面上积分为零的向量，如 Zohuri 书中的第 9 章开头所述[18]。另一种方法则是在假设净能量可以从"自由空间"中提取的条件下，考虑从真空中提取能量的可能性。量子力学（QM）允许自由空间中的随机能量,但传统或经典电磁学(CEM)理论至今还不允许这一点。

应用由力场和为零构成的自由空间中的随机能量是一种可能的方法。如果是这样的话,这可能是一种能量来源,用来驱动从"自由空间"中产生的 S 波。

注意到,在 $E=B=0$ 的条件下,式(B.14)和式(B.17)都将简化为

$$\nabla\phi=-\frac{\partial A}{\partial t} \tag{B.26}$$

和

$$\nabla\times A=0 \tag{B.27}$$

从式(B.26)可以看出,矢量势 A 是无涡的,代表层流。标量势的梯度与矢量势的时间导数耦合,因此两者彼此之间不是独立的[18]。

标量波可能伴随着矢量势 A。标量波是一种非线性、非赫兹的驻波,具有包括携带信息和诱导更高水平单元能量的显著效应。

可通过将电线缠绕在数字 8 上以形成莫比乌斯(Möbius)线圈,最终来产生标量波。当电流以相反的方向流过导线时,来自两根导线的相反电磁场就会抵消并产生标量波。

一方面,由于不传递能量和动量到物质上,因此不能直接探测到标量波;另一方面,标量波将相移传递给物质,所以可能会通过干扰手段来检测到。由于其难以捉摸的性质,标量波又被称为标量真空波。在量子场论的背景下,物理学家已经知道了基础标量场,并称之为标量规范场。此时应注意的是,其他研究人员已经报告了与预测标量场特性相似的场的观察结果。那个无力场概念扩展到核场,应该会产生比标量场更有趣的高阶场。该场目前正在研究中。

标量纵波随着 $1/r^2$ 变化并不衰减,其中,r 是 SLW 源与目标之间的距离。强度源为 S_0,远离震源的这种波的色散与 $1/r$ 相关,如式(B.28)所示。

$$S=\frac{S_0}{r}e^{j(wt-kr)} \tag{B.28}$$

波前单位面积的功率与波的强度 S 的平方成正比。但是总功率必须与源的距离无关。在近场的情况下,波传播到距震源 r 处的球面面积为 r^2。因此,S^2r^2 是常数,但远离源(即远场)时,这种波的强度 S 由式(B.22)描述。该式是线性标量波动方程的精确解。

$$\begin{cases} S=\dfrac{S_0}{r}\{e^{-jk\left(r-\frac{a}{2}\cos\theta\right)} \ - e^{-jk\left[r+\frac{a}{2}\cos\theta\right]} \} \\[3mm] S=\dfrac{2jS_0}{r}(e^{-jkr})\sin\left(\dfrac{ka}{2}\cos\theta\right) \end{cases} \tag{B.29}$$

假设式(B.1)完全成立,左侧的震源与右侧的震源强度相等且方向相反,即两个标量波源在目标处进行竞争(如图 B.11 所示),式(B.29)可基于图 B.10 通过数学变换推导而来。

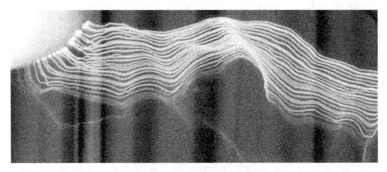

图 B.10　电击穿驱动放电图

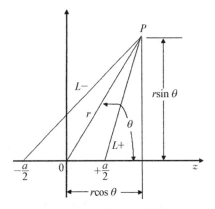

图 B.11　两种不同的波源

基于以下两条原因,两个波在 P 点的强度不完全相等或者不是严格的反相 180°(图 B.12)。

(1) 右边的震源距离 P 更近,因此来自这个震源的波的强度比从震源到左边的波稍大一些。

(2) 因为这两个震源的距离稍有不同,所以它们发出的波在 P 点处不是严格的反相 180°。

在本附录中,我们没有给出式(B.2)所得结果的详细分析。但是,来自两个源的信号在到达 P 点时可能同相,因此强度增加,或反相 180°,因此强度抵消。

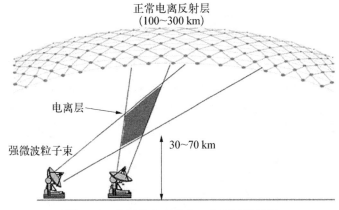

图 B.12　横梁法生成的人工电离层反射镜

B.9　标量纵波发射机和接收机

Horst - Eckardt[10]在他的论文中提出了采用以下方法来发射和接收标量纵波,其中必须是由一种不产生电磁场但发出振荡电位的装置来发送纵波。他讨论了两种技术实现方案。在第一种方案中,使用两个普通发射天线(具有方向性),其长度为半波长(或奇数个半波长)。在假定近场且无明显干扰情况下,普通电磁波会被抵消掉。由于辐射能量不会消失,它一定会在空间中以势能波的形式传播。方案如图 B.13 所示。

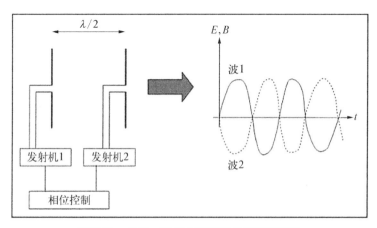

图 B.13　关于一种纵向势能波发射器的建议

比较常见的例子是双极线圈,例如特斯拉的专利[21],参见图 B.14 的第二张图。相反方向的电流会引起磁场分量的湮灭,而由于导线静电场的存在,可能会有电场部分。

接收器的构造并不是那么简单。在理论上,无法直接根据方程式(B.27)得到磁场。唯一方法就是分离式(B.20)中的两部分,从而让式(B.17)的值较大,并保证存在可以被常规设备检测到的电场。一个非常简单的方法就是在半波长(或半波长奇数倍)的距离上放置两块电容板。则空间中的电压应该会对空间中的极板载流子产生影响,其效果与在极板之间施加电压类似。可以测量极板实际电压或者补偿电流(图 B.15)。

"空间张力"直接作用于载流子,而不会产生电场。$\partial A/\partial t$ 部分不起作用,因为板的方向与它垂直,即没有明显的电流。

另一种可能的接收器是使用屏蔽盒(法拉第笼)。如果所述电容器板的机理起作用,则波的电压部分会产生电荷效应;由于材料的高导电性,电荷效应会立即得到

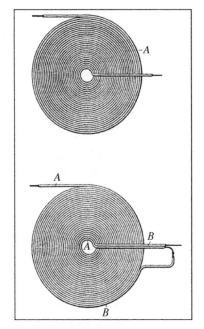

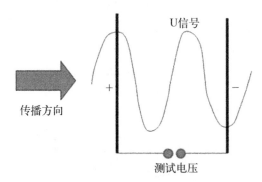

**图 B.14 根据其专利设计的
特斯拉线圈[21]**

**图 B.15 关于纵向势波(电容器)
接收器的建议[10]**

补偿。众所周知,法拉第笼的内部是没有电场的。因为电势在盒表面是不变的,所以是恒定的。因此,只有电磁波的磁场部分在内部进行传播,并且它可以被常规接收器检测到,如图 B.16 所示。

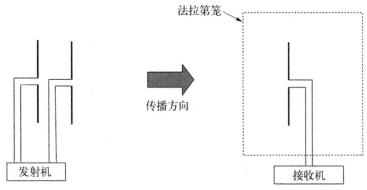

图 B.16 关于纵向势波接收器的建议(法拉第笼)[10]

另一种检测方法是利用固态晶体中的矢量势效应。固态物理学认为只要频率接近光学范围,矢量势就会在量子力学电子结构中引起激发。例如晶体电池就是基于上述原理进行工作。它们是根据碳的化学气相沉积原理设计制造的。在该过程中,可获得能承受高热高压(如强电流)的坚硬轻质晶体形态。为了探测纵波,必须测量电子系统的激发状态,例如说可通过晶体中的光电发射或其他高能过程等。

这些都是对纵波实验的建议。可以进行附加实验来测试波向量 k(由波长 $\lambda = 2\pi/k$ 定义) 和频率 ω 之间的关系,以检测这种以普通光速 c 传播的波。参见 Horst Eckardt[10]。

$$c = \frac{\omega}{k} \tag{B.30}$$

正如 Eckardt 和 Lindstrom[26] 所指出的,传播速度取决于波的形式,也有可能是非线性阶跃函数。由于可以同时测量波长和频率,因此可以直接用于确定 $\omega(k)$ 关系,且具体分析可参见式(B.16)的解;假设有一个简单的例子,向量势 A 在 x 轴方向和 k 方向上的近似正弦性质波向量、空间坐标向量 x 和时间频率 ω,存在关系式:

$$A = A_0 \sin(k \cdot x - \omega t) \tag{B.31}$$

将此解代入式(B.20),可得到

$$\frac{\partial \phi}{\partial t} = \boldsymbol{\nabla} \phi = A_0 \omega \cos(k \cdot x - \omega t) \tag{B.32}$$

对于任何可能的 ϕ,必须满足该条件。采用以下方法:

$$\phi = \phi_0 \sin(k \cdot x - \omega t) \tag{B.33}$$

以确定

$$\frac{\partial \phi}{\partial t} = \boldsymbol{\nabla} \phi = k\phi_0 \cos(k \cdot x - \omega t) \tag{B.34}$$

将式(B.34)与式(B.32)进行比较,可以看出常数 A_0 可定义为

$$A_0 = k \frac{\phi_0}{\omega} \tag{B.35}$$

显然,A 和 ϕ 具有相同的相位。显然,由上述结果,可得出该组合波能量密度的一般形式:

$$\varepsilon = \frac{1}{2}\varepsilon_0 \boldsymbol{E}^2 + \frac{1}{2\mu_0}\boldsymbol{B}^2 \tag{B.36}$$

从式(B.20)和式(B.21)中,可观察到磁场同样都消失,但电场是不为零两项的逐渐消失和[18]。正是这两项引起了空间的能量密度 ε 的传播。虽然无法从为零的力场中计算得出,但一定可由其组成电势计算得出结果。如文献[22]所述,可记为

$$\varepsilon = \frac{1}{2}\varepsilon_0 [\boldsymbol{A}^2 + (\boldsymbol{\nabla}\phi)^2] \tag{B.37}$$

根据式(B.31)和式(B.32),可得出:

$$\varepsilon = \varepsilon_0 k^2 \phi_0^2 \cos^2(\boldsymbol{k} \cdot \boldsymbol{x} - \omega t) \tag{B.38}$$

这是一个振荡函数,意味着在空间和时间上能量密度随波的传播而变化。当势能穿过零轴时,能量密度最大。两者之间相移为90°。

而且对图B.16的分析表明纵向势能波和声波之间存在相似性。

众所周知,空气或固体中的声波主要也是纵波。分子的伸长方向为波传播方向,如图B.17所示。这是速度上的变化。因此,磁矢势可以与速度场进行比较。伸长率的差异引起局部压力差。当分子被压在一起时,压力增加,反之亦然。

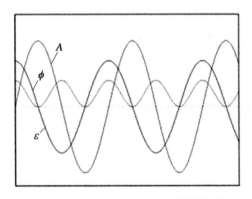

图 B.17　势能 A 和 ϕ 的相位和能量密度 ε

根据动量守恒定律,可压缩流体中的力 $\boldsymbol{F}$ 为

$$\boldsymbol{F} = \frac{\partial \boldsymbol{u}}{\partial t} + \frac{\Delta \boldsymbol{p}}{\rho} \tag{B.39}$$

式中,$\boldsymbol{u}$ 是速度场;p 是压力;ρ 是介质密度。

这完全类似于式(B.12)。特别是在电磁场情况下,时空必须是"可压缩的";否则就没有标量势梯度。

因此,空间本身必须是可压缩的,这就引出了广义相对论原理,如图 B.18 所示。

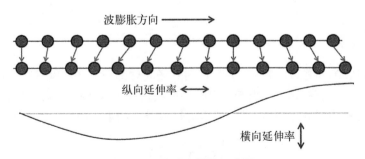

图 B.18　纵波和横波示意图

B.10 标量波武器

由于标量波束不携带能量，因此在任何条件下它只能用于驱动可用能量。瞄准高超音速飞行器目标的标量波，主要是操纵撞击在飞行器表面的等离子体。标量波可能是通过放大或减弱飞行器表面力的方式来破坏飞行器结构完整性。或者可能是通过干扰等离子体来使飞行器偏离目标或发生故障。标量波是以光速传播、以兆赫兹频率振荡，超高速技术优势是非常明显的。但是，超高速飞行器所产生的等离子体也使得标量波可以对其进行一定的操控。

B.11 标量波超级武器阴谋论

根据 Tom Bearden[27] 的说法，标量干涉仪是一种强大的超级武器，多年前，苏联一直使用它来改变世界其他地区的天气状况。它使用了一种 T. Henry Moray 在 20 世纪 20 年代所发现的方法来应用量子真空能量。然而，一些阴谋论者认为 Bearden 是这个话题上的谣言代理人；因此，我们让读者自行对这些情况分析得出结论并能提供论据，本书不对这些事情的真假做出判断。

然而，在 20 世纪 30 年代，特斯拉宣布了另一种奇特而可怕的武器的存在：一种死亡射线（它是一种可以摧毁数百千米范围内成百上千架飞机的武器），以及结束所有战争的终极武器——什么也不能穿透的特斯拉盾。但到此时，已经没有人真正注意到这位被遗忘的天才了。特斯拉于 1943 年去世，并从未透露过这些伟大武器和发明的秘密所在。特斯拉称这种超级武器为标量势榴弹炮或死亡射线，如图 B.19 所示。在战略防御计划（SDI）的鼎盛时期，这种武器确实被苏联人在萨里沙根导弹靶场展示过。战略武器限制会议（SALT）条约的谈判中曾提及。

根据 Bearden 的说法，1981 年苏联发现了特斯拉标量波效应并将其武器化。毫无疑问，勃列日涅夫在 1975 年提到这一点，当时苏联方面在战略武器限制会议谈判中突然建议限制一些"比人类想象中更可怕"的新武器的发展。其中一种武器就是最近在俄罗斯南部中苏边界附近的萨里沙根弹道导弹靶场建成的特斯拉榴弹炮。据美国一位高级官员称，现在可能是一种高能激光武器或者粒子束武器（概念设想见 *Aviation Week & Space Technology*，1980 年 7 月 28 日，第 48 页）。萨里沙根装置的处理照片如图 B.20 所示。

Bearden 声称，萨里沙根榴弹炮实际上是一个巨大的特斯拉标量干涉仪，有四

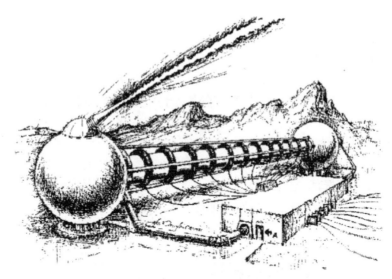

图 B.19　标量势干涉仪(来源：多模特斯拉武器)

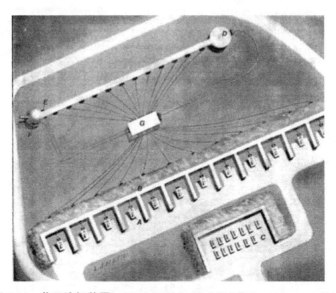

图 B.20　萨里沙根装置(来源：图片由美国高分辨率侦察卫星 KH-11 拍摄)

种工作模式。特斯拉盾的一种连续模式是将一个薄薄的、不可穿透的半球形能量壳置于一个大的防御区域。三维壳体是通过干涉空间中的两个傅里叶展开、三维标量半球形图案来创建的，因此它们成对耦合成一个具有强电磁能量的穹顶状壳体。壳层中的空气分子和原子完全电离，因此高度受激并发出强光。任何撞击到外壳的物质都会遭到极强电能放电，并立即蒸发。这就类似臭虫撞击到现在流行的电子杀虫装置会消失一样。

　　Bearden 进一步说,如果这些半球壳同心堆积,基于层状等离子体中的重复吸收、辐射和散射效应,即使高空核爆炸产生的伽马辐射和电磁脉冲也不能穿透所有的壳层。

　　Bearden 还推测了标量波的很多其他效应[28]。

附录 C
雷达数字信号处理

正如本书第 1 章所描述的,雷达技术在现代军事领域有着广泛的应用。地基雷达可用于远程威胁探测以及空中交通管制。舰载雷达可用于地对地以及地对空观测。机载雷达可用于预警探测、监视、测绘以及高度测定。弹载雷达则通常用于目标跟踪及导弹制导。数字信号处理是一种提高雷达探测性能的方法和技术,在本附录中,我们将介绍雷达测量和雷达信号处理的基本原理,使读者对相关概念有初步的认识。

C.1 引言

正如第 1 章所讨论的,雷达在民用航空领域有广泛的应用,如空中交通管制的远程监视、终端空中交通监测、地面移动目标跟踪以及天气监测等。此外,近程雷达正越来越多地应用于汽车领域,如避免碰撞、辅助驾驶和自动驾驶等。特定的专业雷达可以在浓雾和杂波环境下对目标进行成像,也可穿透墙面和地面对目标进行成像。

现代雷达所产生的复杂脉冲给目标测量带来了很大的挑战。作用距离、分辨率以及抗干扰能力的提高促进了很多编码方案的提出,如频率和相位调制脉冲、线性调频脉冲,以及具有高带宽的窄脉冲等。

下面简要介绍雷达测量和信号分析的基本原理,依据雷达系统的工作体制,分为以下两种基本情况进行介绍:

(1) 连续波雷达;

(2) 脉冲雷达。

首先介绍雷达的波形和脉冲,以及雷达发射信号的样式。这两种传输模式如图 C.1 所示。对于脉冲雷达,典型长脉冲信号的脉冲宽度通常为 $480\,\mu s$。

此外,现代雷达的种类和用途多种多样,例如:① 军用雷达;② 成像雷达;③ 测速雷达;④ 汽车雷达;⑤ 民航雷达;⑥ 气象雷达;⑦ 探地雷达。

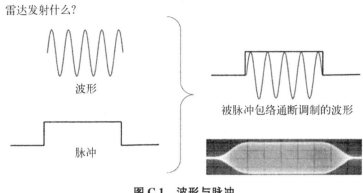

图 C.1　波形与脉冲

上述各类型雷达在本书第 1 章中均有介绍。

C.2　连续波雷达

雷达系统可以使用连续波(CW)信号,或者更常见的低占空比脉冲信号。无调制连续波雷达可用于多普勒测速系统,如警察使用的测速雷达以及体育运动中的测速雷达;调制连续波雷达既能测速也能测距,在军事和民用领域均有广泛的应用,如海事/海军领域、导弹制导、雷达测高等。由于连续发射射频功率的限制,连续波雷达系统的探测距离相对较短。然而,由于没有最小可检测距离的限制,连续波雷达在近距离检测方面优势明显。

C.3　脉冲雷达

虽然存在一些以多普勒雷达为主的连续波雷达系统,但实际应用中绝大多数雷达都是脉冲体制。脉冲雷达有两大类:动目标指示(MTI)雷达和脉冲多普勒雷达。MTI 雷达是一种远程、低脉冲重复频率(PRF)雷达,该类雷达能够通过消除地杂波(或箔条杂波)来探测和跟踪远距离(30 km)小型(2 m²)运动目标。当不考虑目标运动速度时(仅判断是否有目标在运动),MTI 是很有效的方法。相比之下,脉冲多普勒雷达利用高 PRF 来避免"盲速",具有较小的无模糊测距范围和较高的精度,并能提供详细的速度数据。该类型雷达可用于机载导弹的近距离跟踪、空中交通管制以及医疗领域(例如血流监测)。

下面所示的射频脉冲特性揭示了雷达系统的许多信息。电子战(EW)和电子情报(ELINT)专家专门研究这些脉冲信号。脉冲特征能够提供关于雷达的有用信息,包括雷达的类型和载体平台——帆船、战舰、客机、轰炸机、导弹等。

如图 C.2 所示,脉冲雷达通常使用非常低占空比的射频脉冲(<10%)。脉冲重复频率(PRF)、脉冲宽度(PW)和发射功率决定了测距范围和分辨率。

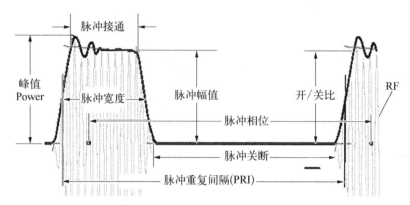

图 C.2　典型雷达脉冲

宽脉冲通常具有更远的测距范围,但分辨率较差。相反,窄脉冲测距范围较小,但分辨率更好。这种关系是雷达工程领域最基本的权衡之一。对信号载波进行调制的脉冲压缩技术通常用于在保持较窄脉宽的同时提高分辨率,并具有较高的功率和较远的探测距离。

脉冲重复间隔(PRI)是当前脉冲和下一个脉冲之间的时间间隔。它等于雷达脉冲重复频率或脉冲重复率(PRR)的倒数,其中 PRF 或 PRR 指雷达每秒发射的脉冲数。PRI 是一个很重要的参数,因为它决定了雷达的最大无模糊测距范围。实际上脉冲断开时间也同样决定了雷达系统的最大测距范围。

传统雷达系统采用发射/接收(T/R)开关使发射机和接收机共用一个天线,并且发射机和接收机轮流使用天线。发射机发出脉冲,接收机在发射机关断的时间内接收信号的回波。脉冲关断时间是接收机能够接收回波的时期,关断时间越长,无模糊测距距离越远,即没有将接收信号误认为是下一发射脉冲的延时回波,这将错误地使目标看起来是从较近的物体反射回来的。为了避免这种模糊性,大多数雷达只是简单地使用一个足够长的脉冲断开时间,使得从非常遥远物体反射的回波信号功率非常微弱,在随后的脉冲断开时间内不太可能被探测到。

图 C.3 说明了需要脉冲压缩技术以获得良好的测距范围和分辨率。更宽的脉冲宽度具有更高的平均功率,有助于改进雷达的测距性能。然而,宽脉冲可能会导致来自密集目标的回波在接收机中重叠,表现为单一目标。对信号进行调制可以缓解这些问题,并能提供更高的功率和更好的分辨率来分离密集目标。

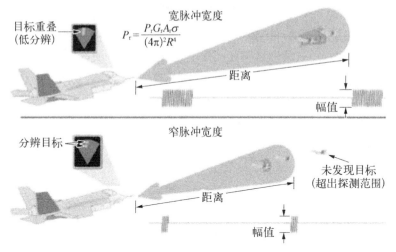

图 C.3 脉冲压缩信号

C.3.1 脉冲雷达

另一个影响雷达最大探测距离的因素是发射功率。峰值功率描述的是脉冲信号最大瞬时功率。除此之外,功率下垂、脉冲顶部振幅和超调量也是脉冲信号的重要参数。

脉冲顶部振幅(功率)和脉冲宽度(PW)对于计算给定脉冲的总能量非常重要(功率×时间)。已知给定脉冲的占空比和功率,就可以计算平均射频发射功率(脉冲功率×占空比)。

图 C.4 描述了脉冲雷达的场景,并给出了上述所有参数的定义:

$$占空比 = \frac{脉冲宽度}{脉冲重复间隔} \tag{C.1}$$

$$平均功率 = 峰值功率 \times 占空比 \tag{C.2}$$

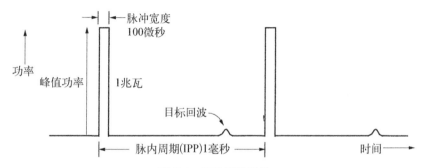

图 C.4 脉冲雷达特性

PRF是特定时间单元内信号重复的次数,通常以每秒脉冲数来计算。这个术语在包括雷达领域在内的许多技术领域中都有使用。

在雷达系统中,具有特定载频的无线电信号被打开和关闭;术语"频率"指的是载波的频率,而PRF指的是开关的次数。两者都是以每秒重复次数或赫兹(Hz)来测量。PRF通常比载波频率低得多。例如,典型的"二战"雷达,7型地面控制拦截雷达(图C.5)的常用载频为209 MHz(每秒2.09亿个周期),PRF为每秒300或500个脉冲。其他相关的测量参数包括脉冲宽度,即每个脉冲周期内发射机发射信号的时间长度。

图C.5 7型地面控制拦截防空米波搜索雷达

7型雷达是一种在1.5米波段工作的米波雷达,主要用于地面控制拦截(GCI)。典型工作频率是209 MHz,后续也在193 MHz和200 MHz两个频段工作。该雷达是与本土链低空搜索雷达同时发展的雷达系统,相对于本土链雷达,该系统增加了测高功能和一个平面位置指示器(PPI)显示组件。

PRF是雷达系统的一个重要特征,系统大功率的发射机通常和灵敏的接收机连接到同一天线。在产生简短的无线电脉冲信号后,雷达发射机关闭,以便接收机组件接收远处目标反射的回波信号。由于无线电信号必须往返于雷达和目标之间,因此所需要的脉间静默期是雷达期望测距范围的函数。较长的测距范围需要较长的脉间周期,也就是较低的脉冲重复频率。相反,较高的脉冲重复频率对应较短的最大测距范围,但是发射更多的脉冲信号,就能在给定的时间内发出更多的无线电能量。这将产生更强的回波信号,从而使检测变得更加容易。雷达系统必须综合考虑这两个相互矛盾的需求。

$$\text{脉冲重复频率(PRF)} = \frac{1}{\text{脉间周期(IPP)}} \tag{C.3}$$

PRF(或 PRR)的倒数称为脉冲重复时间(PRT)、脉冲重复间隔(PRI)或脉间周期(IPP),即从一个脉冲开始到下一个脉冲开始所经过的时间。

根据脉冲雷达特性和方程(C.1),对于连续波雷达,有如下表达式:

$$\text{连续波雷达:占空比} = 100\%$$

综上所述,脉冲重复间隔如图 C.6 所示,相关特性列表如下:

(1) 脉冲重复间隔定义为相邻两脉冲信号之间的时间间隔。

(2) 脉冲重复频率如方程式(C.3)或下面给出的(C.4)所示:

$$\text{PRF} = 1/\text{PRI} \tag{C.4}$$

(3) 占空比定义为 PRI 内信号发射所占的比例,如方程(C.1)或(C.5)所示:

$$\text{占空比} = T/\text{PRI} \tag{C.5}$$

(4) 如果发射和接收使用相同天线,则占空比决定了最大不模糊测距范围。

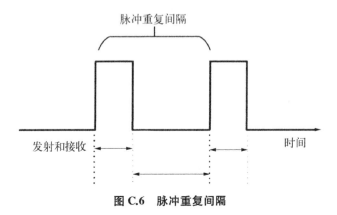

图 C.6 脉冲重复间隔

C.4 雷达方程

雷达方程定义了雷达设计师在工程实际中需要综合考虑的多种参数,本书第1章给出了多种不同类型雷达方程的变化形式。式(C.6)给出的是基本形式的雷达方程

$$P_r = \frac{P_t G_t A_r \sigma}{(4\pi)^2 R_t^2 R_r^2} \tag{C.6}$$

式中，P_t 为发射脉冲功率；G_t 为发射天线增益；A_r 为接收天线面积；σ 为目标散射截面；R_t 为从发射天线到目标的距离；R_r 为目标到接收天线的距离。

方程(C.6)基于发射天线增益(G_t)、接收天线面积(A_r)、目标散射截面(又称反射系数)σ、发射天线到目标的距离(R_t)和目标到接收天线的距离(R_r)，将期望接收功率(P_r)与发射脉冲功率(P_t)简单地联系起来。

与很多通信系统不同，雷达信号的路径损耗非常大。往返距离是典型通信链路的两倍，并且存在与雷达散射截面积和目标反射率相关的损耗。从雷达方程中可以看出，距离项在分母中是四次方的形式(例 $R_t = R_r$)，表明雷达信号具有极大的功率损失。

利用雷达方程可以计算接收信号电平，以确定是否有足够的功率来检测反射回来的雷达脉冲信号。综合多个脉冲以积累更大的信号功率和平均化噪声也有助于增加探测范围。

对于固定雷达(如气象雷达)，方程(C.6)有不同的形式来量测杂波，并解释雷达为什么能接收到地杂波。即使空间完全没有目标，雷达显示器上也会存在绿色的目标点。这就是我们所说的异常传播或更通俗地称为地杂波。

这种情形一般发生在雷达波束发射出去但被折射或偏转的情况下。雷达通常扫描云层上方的高空，返回的信号表示云层上方的目标，但有时雷达波束只能观测到地面。

雷达可以用来观测雨、雹和雪，有时其他目标也会被探测发现，例如鸟类、虫子、靠近地面的物体和粉尘等。

地面杂波通常来自靠近地面的物体，因为雷达波束开始时离地面较近，当离开雷达位置后，雷达波束越远其照射的位置越高，如图 C.7 所示。

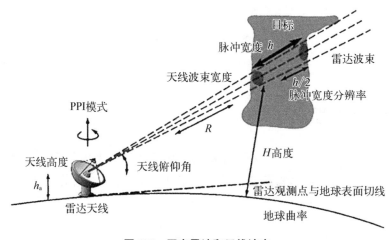

图 C.7　固定雷达和天线波束

在单基地情况下,从发射机天线到目标的距离(R_t)和目标到接收天线的距离(R_r)相等,即$R_t = R_r = R$,如图 C.7 所示。这种情况下,对于雷达方程中的接收信号功率P_{receive},方程(C.6)可以写成方程(C.7)所示的新形式。

$$P_{\text{receive}} = \frac{P_t G_t A_r \sigma F^4 (t_{\text{pulse}}/T)}{(4\pi)^2 R^4} \tag{C.7}$$

式中,P_t 为发射功率;G_t 为发射天线增益;A_r 为接收天线孔径面积;σ 为雷达散射截面(又称反射系数),是目标几何截面、表面反射率和反射方向性的函数;F 为真空传播中涉及多径、阴影和一些其他因素的传播系数;t_{pulse} 为接收脉冲的持续时间;T 为脉冲间隔持续时间;R 为目标和雷达之间的距离。

总体而言,当雷达波束偏转时,它有时会使波束偏向地面,并且波束仍然可以长距离传播。如图 C.8 所示,这种情况通常被称为超折射。这种偏转有时非常强烈,它会将雷达波束折回地球表面(图 C.9),这被称为大气波导现象。

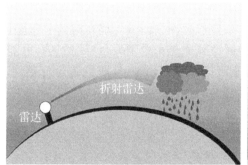

图 C.8 超折射示意图

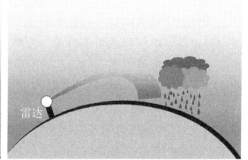

图 C.9 大气波导现象示意图

实际中通常有三种类型的杂波:面杂波、体杂波和点杂波。面杂波通常是来自地面和海洋的回波。体杂波的典型例子是雨、雪和冰雹等。当鸟类或高楼阻挡了雷达波束的时候会出现点杂波。

冷空气之上存在暖空气这种现象更容易导致地杂波,这种情况在早晨最为常见。

当雷达屏幕出现绿色的目标点时,即使天空较为纯净,也要知道它可能来源于空中的各种不同物体。

总而言之,地杂波是检验气象雷达的一个常用参考。通常需要在气象雷达上观测到的目标是诸如雨、冰雹和雪之类的水凝物。其他不需要在气象雷达上检测到的物质有时也会被检测到,例如虫子、微粒、鸟类、地面上的物体、飞机和灰尘等。

地杂波在雷达站附近显示得最多,因为雷达波束轨迹是从靠近雷达站的地面到远离雷达站的高空。因此,雷达显示器会在雷达站附近出现一圈地杂波。大多数地杂波目标相对接近地面。软件可以消除大部分地杂波,但地杂波仍然是一个问题,特别是在大气密度分布有利于雷达波束向地面弯曲的时候。

处理地杂波问题的一种方法是使用多部雷达。这有助于确定地杂波的特性,以及该区域是否存在水凝物。

C.5 脉冲宽度

脉冲宽度是雷达信号的一个重要特性。给定幅值的情况下,脉冲越宽其所包含的能量就越大。发射脉冲功率越大,雷达的探测距离也就越大。

较大的脉冲宽度也增加了平均发射功率。这使雷达发射机的工作更困难。用脉冲宽度除以脉冲重复间隔,并进行 10 倍对数处理,很容易计算出脉冲功率与平均功率之间的分贝差。

测距范围受到脉冲特性和传播损失的限制。脉冲重复间隔和占空比设定了回波的最大允许时间,而发射功率或能量必须能够克服背景噪声被接收机检测。

脉冲宽度也影响雷达的最小分辨率。来自长脉冲的回波可能在时间上重叠,无法确定是一个目标或多个目标。长脉冲回波可能是由单个大目标引起的(可能是一架客机),或是由多个间隔较近的小目标引起的(可能是战斗机编队等)。没有足够的分辨率,就不可能确定实际构成回波的目标数量。较窄的脉冲宽度减少了回波的重叠,以牺牲发射功率为代价提高了分辨率。

因此,脉冲宽度影响着雷达系统的分辨率和探测距离这两个非常重要的性能参数。这两种性能参数难以同时达到最优,需要折中处理。宽脉冲长探测距离雷达的分辨率较低,而窄脉冲短探测距离雷达的分辨率较高。

窄脉冲需要更大的带宽才能正确地发送和接收。这使得脉冲的频谱特性也很重要,在系统整体设计中必须考虑到这一点,如图 C.10 所示。

虽然无调制脉冲雷达的实现相对简单,但该类雷达也有缺点,包括相对较差的距离分辨率。为了更有效利用发射功率并优化距离分辨率,雷达可采用以下调制技术对脉冲信号进行调制。

(1)线性频率调制信号。最简单和最常见的脉冲调制方案是线性调频。在整个脉冲期间扫描载波频率可以使脉冲的每个部分都清晰可辨。这使得接收机中的脉冲压缩技术能够提高距离分辨率和发射功率效率。

(2)相位调制。相位调制也可用于区分脉冲的片段,通常采用二进制相移键控(BPSK)的形式来实现。该类信号通常有特定的相位编码方案,如巴克码,以确保编码的正交性和距离分辨率。

(3)跳频。该方法涉及一个脉冲内的几次跳频。当每个频率在接收机中有一个具有适当延迟的相应滤波器时,所有的片段都可以在接收机中被压缩在一起。

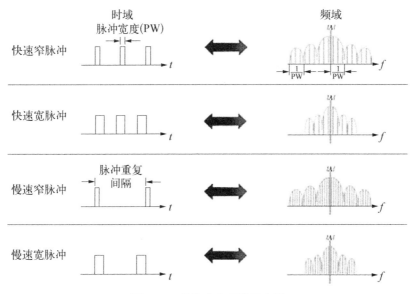

图 C.10 总体脉宽系统示意图

如果所有脉冲的跳频序列保持相同,那么接收机的压缩过程甚至可以用简单的声表面波(SAW)滤波器来实现。跳频脉冲使用变频模式可以降低对欺骗和干扰的敏感性,有助于解决干扰问题。

（4）数字调制。数字信号处理可实现更复杂的脉冲调制。例如,可以使用类似噪声而不是相干频率的 M 元 PSK 或 QAM 调制使检测更加困难,以有效地实现反电子欺骗。其他信息也可以进行编码,并通过数字调制方式实现。

以上各点可在脉冲频谱(FSP)表 C.1 中涵盖,并作相应描述。

表 C.1 脉 冲 频 谱

单个脉冲频谱	
低重频脉冲频谱 高重频脉冲频谱	
等间距 PRF	

值得注意的是,侧视雷达可以产生大量脉冲,从而提高雷达的灵敏度。如果使用相干雷达,可以通过使用多普勒滤波器组或数字快速傅里叶变换(FFT)处理来改进灵敏度和分辨率。如果平台运动相对于孔径长度足够大,则需要对平台运动进行补偿。

通过快速扫描天线,使海杂波去相关,水面目标回波被整合或留下一个回波模式来指示其轨迹,可以提高舰船的检测性能。在某些情况下,频率捷变也可以用来去相关杂波和融合舰船目标回波。当扫描到扫描运动与雷达脉冲宽度的阶数一致时,可以利用扫描到扫描的视频对消技术来检测地面运动目标。

从脉冲雷达的电子设计角度(其中晶体管和电阻等为器件)来看,在晶体管结与器件所连接的热沉或冷板之间有一个与许多热阻层有关的热时间常数。这是因为每一层(硅、陶瓷、晶体管法兰)不仅具有热阻,而且还具有热容。由于典型 L 波段功率晶体管的总热时间常数可能在数百微秒的量级上,峰值和平均功率与器件尺寸之间的权衡对于 20~1 000 毫秒范围内的典型雷达脉冲宽度非常重要。用于短脉冲和低占空比应用的设备,如测距设备(DME)、塔康(Tactical Air Navigation System,TACAN)和敌我识别(IFF)系统,在设计上不同于为更典型的监视雷达而设计的较长脉冲宽度和中等占空比波形的设备。占空比非常高或连续工作的设备需要精心的热设计。

图 C.11 是用于脉冲射频输入的 C 类偏置硅功率晶体管的瞬态热响应。

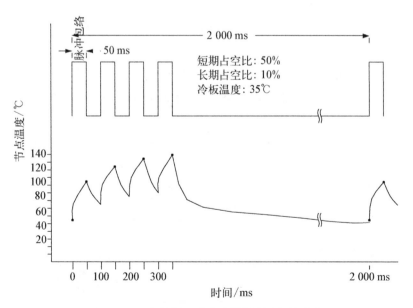

图 C.11　C 类偏置硅功率晶体管的瞬态热响应

图 C.11 给出了与一串射频脉冲有关的热时间常数效应的示例。表 C.2 说明了一些已经报告的设备应用及其一般性能特征[29]。

表 C.2 微波功率晶体管的系统应用

系　　统	频率/MHz	脉冲/占空比	晶体管性能		
			峰值功率/W	增益/dB	效率/%
OTH	5~30	CW	130	14.0	60
NAVSPASUR	217	CW	100	9.2	72
AN/SPS - 40	400~450	60 μs/2%	450	8.0	60
PAVE PAWS	420~450	16 ms/20%	115	8.5	65
BMEWS	420~450	16 ms/20%	115	8.5	65
AN/TPS - 59	1 215~1 400	2 ms/20%	55	6.6	52
RAMP	1 250~1 350	100 μs/10%	105	7.5	55
MARTELLO S723	1 235~1 365	150 μs/4%	275	6.3	40
MATCALS	2 700~2 900	100 μs/10%	63	6.5	40
AN/SPS - 48	2 900~3 100	40 μs/4%	55	5.9	32
AN/TPQ - 37	3 100~3 500	100 μs/25%	30	5.0	30
HADR	3 100~3 500	800 μs/23%	50	5.3	35

Reprinted with permission from E. D. Ostroff et. al., "Solid-State Transmitters," Artech House, Norwood, Mass., 1985.

　　总之,雷达系统使用从目标反射的射频电磁信号来确定关于该目标的信息。在任何雷达系统中,发射和接收的信号将表现出图 C.12 所述的许多特性。如图 C.12 所示为发射信号在时域中的特性。需要注意的是,在这张图以及所有的图表中 x 轴均被夸大了,以使相关解释更加清晰易懂。

图 C.12 脉冲雷达特性

　　此外,发射信号的脉冲宽度 τ(或脉冲持续时间)是每个脉冲持续的时间,通常以微秒为单位。如果脉冲不是一个完美的方波,脉冲持续时间通常在脉冲上升沿和脉冲下降沿的 50% 功率电平之间进行测量。

　　脉冲宽度必须足够长,以确保雷达发射足够的能量,使得接收机可以检测到反射脉冲回波。能被传送到远处目标的能量是两个因素的乘积:发射机的峰值输出功率和传输持续时间。因此,脉冲宽度限制了目标的最大探测距离。参见图 C.13 中的插图,图中描述了脉冲重复周期。

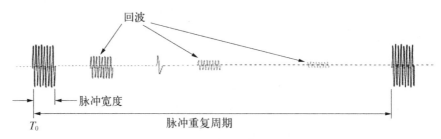

图 C.13 脉冲重复周期

　　脉冲宽度也限制了距离分辨力,即雷达分辨距离较近的两个目标的能力。在方位角和仰角相似的任何距离单元上,当雷达用未调制脉冲观察目标时,距离分辨率大约等于脉冲持续时间乘以光速的一半(约 300 m/μs)。

　　脉冲宽度也决定了雷达近距离的最小检测距离。当雷达发射机处于激活状态时,接收机输入信号被屏蔽以避免放大器被淹没(饱和)或(更有可能)被损坏。简单的计算表明,雷达回波从 1.6 km 外的目标返回大约需要 10.7 μs[从发射机脉冲前沿开始计算(T_0)(有时称为发射机主脉冲信号)]。为了方便起见,这些数字也可以表示为 1 km 对应 6.7 μs(为简单起见,所有进一步的讨论将使用公制数字)。如果雷达脉冲宽度为 1 μs,则由于脉冲发射期间接收器被屏蔽,因此无法检测到距离小于 150 m 的目标。

　　所有这些都意味着设计者不能简单地增加脉冲宽度以获得更大的测距范围而不影响其他性能参数。与雷达系统中的其他所有部分一样,设计雷达系统时必须进行折中分析,以便系统能够具有最佳性能。

C.6　不模糊距离

　　脉冲雷达和距离测量的一个问题是,如果目标返回强回波,如何不模糊地确定目标的距离。这个问题的出现是因为脉冲雷达通常发射一系列脉冲。雷达接收机测量最后一个发射脉冲前沿和回波脉冲之间的时间。如图 C.14 所示,在发射第二个脉冲之后,可能从远程目标处接收到第一个脉冲的回波。

　　在这种情况下,雷达将测定错误的时间间隔,从而测定错误的距离。测量过程假设脉冲与第二次发射的脉冲相关联,并认定目标的距离为较小的数值。这被称为距离模糊,通常发生在超过脉冲重复时间对应测距范围外存在较强目标的情况下。脉冲重复时间定义了最大不模糊测距范围。为了提高不模糊测距范围,需要

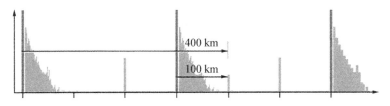

图 C.14　400 km 距离的第二次扫描回波误认为是 100 km 的距离

增加脉冲重复时间；这意味着降低脉冲重复频率。

接收时间过后到达的回波信号有以下几种情况：

（1）发射时间，因为雷达设备在这段时间内没有准备好接收，所以未被考虑；

（2）后续接收时间，将导致测量失败（模糊回波）。

不模糊测距范围可以分为以下几个类别分别进行描述：单 PRF、多 PRF、最大不模糊测距范围。

上述各类别的定义如下：

1. 单 PRF

在简单系统中，若要避免距离模糊，必须在下一个发射脉冲产生之前检测和处理来自目标的回波。当回波从目标返回所需时间大于脉冲重复周期（T）时，就会产生距离模糊；如果发射脉冲之间的间隔为 1 000 μs，而来自远距离目标的脉冲返回时间为 1 200 μs，则目标的视距离仅为 200 μs。总体而言，这些"第二回波"（图 C.15）在显示屏上显示为比实际目标更近的目标。

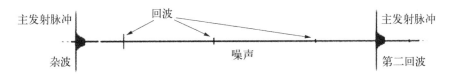

图 C.15　二次回波特征

考虑下面的例子：如果雷达天线位于海平面以上 15 m 处，那么到地平线的距离非常近（大约 15 km）。超过该范围的地面目标无法被探测到，因此 PRF 可能很高；PRF 为 7.5 kHz 的雷达将接收 20 km 左右或地平线以外目标返回的模糊回波。然而，如果 PRF 加倍到 15 kHz，那么模糊距离就减小到 10 km，超过这个范围的目标只会在发射机发射另一个脉冲后出现在显示器上。12 km 处的目标看起来仅 2 km 远，尽管其回波强度可能比 2 km 处的真实目标低得多。

考虑到图 C.16，我们可以给出方程（C.8）中所示的最大不模糊距离方程，式中定义了定位目标的最大距离。

$$R_{\text{Max Unambiguous}} = \frac{c \times \text{PRI}}{2} = \frac{c}{2 \times \text{PRF}} \qquad (\text{C.8})$$

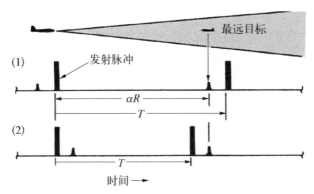

图 C.16　最大无模糊测距范围示意图

式中，c 为光速；PRF 为脉冲重复频率；PRI 为脉冲重复间隔。

图 C.16 的第(1)部分指出，如果脉间周期 T 足够长，使得在下一个脉冲被发射之前可以接收到来自上一个脉冲的所有回波，则可以假定回波属于紧接在它们之前的脉冲。第(2)部分表明如果 T 比这个短就不行了。

2. 多 PRF

现代雷达，特别是军用飞机上的空对空作战雷达，可以使用几十到几百千赫兹的脉冲重复频率，并采取参差的脉冲间隔，以测定正确的目标距离。在这种参差 PRF 中，在每个脉冲之间以固定的间隔发送一个脉冲组，然后以稍微不同的间隔发送另一个分组。对于每个分组，目标回波出现在不同的距离范围；这些差异是累积的，然后可以用简单的算术方法来确定真正的目标距离。这种雷达可以使用重复模式的分组或更具适应性的分组，以适应不同类型的目标。无论如何，采用该技术的雷达普遍是相干的，具有非常稳定的无线电频率，脉冲组也可用于测量多普勒频移（与目标速度有关的无线电频率变化），特别是当 PRF 在数百千赫兹范围内时。以这种方式利用多普勒效应的雷达通常首先根据多普勒效应确定相对速度，然后使用其他技术得出目标距离。

3. 最大不模糊距离

在最简单的情况下，可以使用总序列周期（TSP）来计算参差脉冲序列的最大不模糊距离 MUR 或 R_{max}。TSP 定义为脉冲模式重复所需的总时间。该参数可以通过将参差序列中所有元素相加来得到。具体式可根据光速和序列长度推导出来。

$$\text{MUR} = R_{max} = 0.5c \times \text{TSP} \tag{C.9}$$

式中，c 是光速，通常以 m/μs 为单位；TSP 是参差序列所有位置的和，通常以 μs 为单位。然而，在一个参差序列中，一些时间间隔可能重复多次。在这种情况下，更合适的做法是将 TSP 看作序列中所有单一时间间隔的相加。

MUR 定义了雷达探测定位目标的最大距离，超过这个距离则雷达无法区分回波是来自当前时刻发射的信号还是上次发射的信号,如图 C.17(a)(b)所示,方程式(C.9)的新形式方程式(C.10)为

$$R_{max} = \frac{c \times PRI}{2} = \frac{c}{2 \times PRF} \tag{C.10}$$

式中,PRI 为脉冲重复间隔;PRF 为脉冲重复频率。

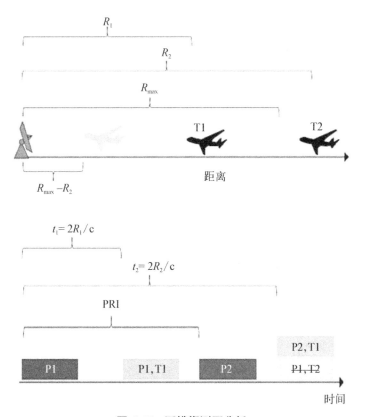

图 C.17 不模糊测距分析

(a) 两个目标的最大不模糊测距范围;(b) 最大不模糊测距双目标分析

在图 C.17(a)中,雷达和两个真实目标(黑色),一个目标(T1)在不模糊测距范围内和另一个目标(T2)在不模糊测距范围外,第二个目标(T2)在雷达测量中表现在较近的距离位置(浅色)。在图 C.17(b)中,雷达发送脉冲和接收脉冲分别为深色和浅色,雷达将从第二个目标反射的第一个脉冲信号混淆为更近距离目标(R_{max} — R_2)反射的第二个脉冲。

此外,值得记住的是,MUR 和最大测距范围之间可能存在巨大差异(超出该范围反射可能太弱而无法检测),并且最大测量范围可能比这两者都短得多。例如,根据国际法,民用海洋雷达可由用户选择的最大仪表显示范围为 72 或 96 海

里,或少部分情况下为 120 海里,但最大不模糊距离超过 40 000 海里,最大探测范围可能为 150 海里。当这种巨大的差异被注意到时,它表明参差重频的主要目的是减少"干扰",而不是增加雷达的不模糊测距范围。

C.7 脉冲压缩

利用时差测距方法测量目标距离的传统脉冲雷达有其局限性。对于给定脉冲宽度,距离分辨率限制在发射脉冲在空间持续的距离。当多个目标距离雷达几乎相等时,最远目标的回波将与第一个目标的回波重叠。这种情况下,两个目标不能通过简单的脉冲进行分辨。

使用短脉冲是提高距离分辨率的一种方法。然而,短脉冲所含能量成比例减少,由于传播损耗难以接收远距离目标回波。增加发射功率有时是不切实际的,例如功率受限的机载雷达。

应对这些挑战的方法是脉冲压缩。如果一个脉冲能够在时间上被有效地压缩,那么返回信号将不再重叠。脉冲压缩允许低幅值回波在背景噪声中被突显出来。它是通过调制发射机中的脉冲使其不同部分变得更加容易分辨来实现的。实际中的时间压缩是由雷达接收机部分完成的。

最常见的脉冲压缩技术是线性调频(LFM)。线性调频脉冲是指脉冲从一个载波频率开始,然后线性上升或下降到一个结束频率。在接收机中,压缩是通过匹配滤波器来实现的。匹配滤波器被设计成具有与线性调频信号频率范围相匹配的延迟特性,并且调制信号的延迟部分与载频成比例(图 C.18)。

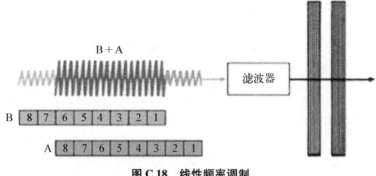

图 C.18　线性频率调制

当进入雷达接收器的脉冲是目标反射的回波时,由于目标表面的不同,可能会出现多次近距离的反射。如果用于压缩的信号处理器有足够的分辨率,那么则可以将这些目标回波信号分离成离散的窄脉冲信号。

另一种常见的脉冲压缩技术是采用二进制相移键控(BPSK)调制,使用巴克码序列(图 C.19)。巴克码是只在一个时间点上存在自相关性的唯一的二进制模式。巴克码的长度从 2 位到 13 位不等,相应的压缩比为 2～13。在接收机中,可以通过检测接收脉冲中巴克码序列的自相关来实现脉冲压缩。

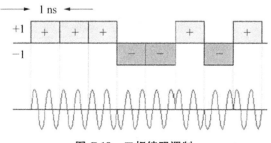

图 C.19　二相编码调制

现在对雷达信号有了基本的了解,接下来将介绍测量。在下一节中,将研究雷达测量任务的全周期,根据要完成的工作和所描述的雷达类型,这些任务的全周期有很大差异[30]。

总体而言,脉冲压缩是另一种信号处理功能,在雷达系统中主要采用数字方式实现。然而,在很多系统中仍然存在模拟延迟线脉冲压缩器。在这些系统中,模拟脉冲压缩是在中频(IF)实现的,然后是处理链中的模数转换器(ADC)。由于脉冲压缩会增加信号的信噪比(SNR),因此在采样前进行脉冲压缩会增加 ADC 的动态范围要求。在数字脉冲压缩系统中,ADC 先于脉冲压缩器,此时只需适应信号的预压缩动态范围,这可能是一个显著较低的要求。数字化的信号被转换成基带并传输到数字脉冲压缩器。由于脉冲压缩增益而增加的动态范围是通过增加数字计算中的位数来调节的。

C.8　回波和多普勒频移

回波是大多数人经历过的事情。如果你对着一口井或峡谷大喊,通常就会产生回声。回声的产生是因为你呼喊的声波遇见障碍物反射回来(井底的水或远处的峡谷)并传回你的耳朵。从你呼喊的时刻到你听到回声的时刻之间的时间长度是由你和产生回声的障碍物之间距离决定的。

多普勒频移也很常见。你可能每天都在经历它(常常没有意识到)。当声音由运动物体产生或反射时,就会产生多普勒频移。极端情况下的多普勒频移会造成音爆。以下是如何理解多普勒频移的方法(你可能还想在空旷的停车场尝试这个

图 C.20 对井喊话示意图

实验）。假设有一辆车以每小时 60 英里的速度向你驶来，并且车辆在鸣笛。当汽车驶近时，你会听到喇叭发出的"高音"，但当汽车离开你身边时，喇叭的声音会突然变得低沉。其实，汽车喇叭一直发出同样的声音。你听到的声音变化是由多普勒频移引起的。

用回声计算深度：当你向井里呼喊时，你的呼喊声沿着井向下传播，在井底的水面上反射（回声）。如果测量回声返回所需要的时间，并且知道声速，你就可以相当准确地计算出井的深度（图 C.20）。

下面我们详细进行介绍。空气中声速是近似固定的，为简化计算，我们假设声速是 600 英里/小时（确切的速度由空气的压力、温度和湿度决定）。假设汽车静止不动，离你有 1 英里远，喇叭鸣笛 1 分钟。喇叭发出的声波将以 600 英里/小时的速度从汽车向你传播。你听到的是 6 秒的延迟（声音以 600 英里/小时的速度传播 1 英里），紧接着就是 1 分钟的声音。

多普勒检测方法如图 C.21 所示。

向量图的正弦信号图解表示法

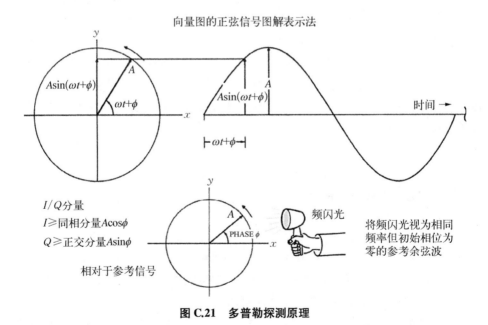

I/Q 分量
$I \geqslant$ 同相分量 $A\cos\phi$
$Q \geqslant$ 正交分量 $A\sin\phi$
相对于参考信号

频闪光

将频闪光视为相同频率但初始相位为零的参考余弦波

图 C.21 多普勒探测原理

音爆：当我们讨论声音和运动时，也需要认识音爆。假设汽车正以 700 英里/小时左右的速度向你驶来。汽车在按喇叭，喇叭发出的声波不能比音速快，所以汽车和喇叭都以 700 英里/小时的速度向你袭来,并且汽车发出的声音都"堆叠起来"。你没听到声音,但可以看见汽车驶近。在汽车到达的时刻,所有声音也同时到达,并且发出很大的声响! 这就是音爆(图 C.22)。

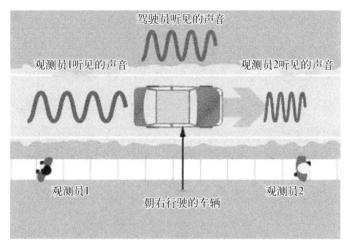

图 C.22　汽车行驶声

当船在水中的速度比波浪在水中的速度快时,也会发生同样的现象(湖中波浪大约以 5 英里/小时的速度移动,所有波浪以固定速度通过均匀介质)。船产生的波浪"堆叠起来"形成 V 形的船首激波(尾迹),该激波可在船经过后观察到。船首激波实际上是一种类型的音爆。它是船激起的所有波浪的叠加组合。尾迹形成 V 形,V 形形状的角度由船的速度控制。

考虑到图 C.22 和多普勒频移,由于汽车正在驶离,因此汽车后面的人听到的音调比驾驶员听见的低。由于汽车正在接近,因此汽车前面的人听到的音调比驾驶员听见的高。

假设汽车以 60 英里/小时的速度驶向你。汽车从 1 英里外开始鸣笛,持续 1 分钟。你会有 6 秒的听觉延迟。然而,声音只会播放 54 秒,这是因为 1 分钟后汽车就在你身边,1 分钟结束时的声音会瞬间传到你的耳朵里。汽车(从驾驶员的角度看)仍然按喇叭 1 分钟。然而,因为汽车在行驶,所以从你的角度看 1 分钟的声音被压缩到 54 秒。相同数量的声波被压缩在更少的时间内。因此,声波的频率增加,喇叭的音调听起来更高。当汽车从你身边经过并离开时,过程是相反的,声波会扩展以填补更多的时间。因此,音调变低。

可以用以下方法结合回波和多普勒频移。假设你对一辆向你驶来的汽车发出一声巨响。一些声波会从汽车反弹(回声)。然而,因为汽车正朝你驶来,所以声波会被压缩。因此,回波的音调将比你发出的原始声音更高。如果你测量回声的音调,就可以确定汽车的速度。

附录 D
单基地、双基地和多基地雷达

正如我们在本书第 1 章中所描述的,雷达技术在军事领域具有广泛的应用。前面章节已经讨论过多种类型的雷达,包括单基地雷达、双基地雷达和多基地雷达。在本附录中,我们将详细介绍这些类型的雷达。

D.1　引言

大多数雷达的发射天线和接收天线在同一个位置,如图 D.1(a)所示,这被称为单基地雷达。雷达通常使用相同的天线进行发射和接收,这也是单基地雷达的定义。与目标距离相比,某些雷达的发射天线和接收天线距离很近。这些雷达通常具有与单基地雷达相同的特性,因此可视为单基地雷达。单基地雷达的优点是雷达设备均在一个场地,可以共同使用,并且发射天线和接收天线对同一空间区域进

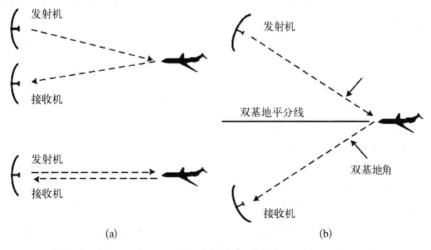

图 D.1　单基地和双基地雷达空间位置图(来源：www.wikipedia.com)

(a) 单基地雷达空间位置图；(b) 双基地雷达空间位置图

行照射,简化了雷达系统的统筹协调。

对于双基地雷达,发射天线和接收天线是分开的,如图 D.1(b)所示。这样做可以避免发射信号和接收信号之间的干扰;允许多个接收机与单个发射机一起工作;允许轻便、不辐射信号的接收器,与配置其他地方、较为笨重的发射器一起工作;利用目标双基地雷达截面积较大的特性(第 3.4 节);或利用双基地几何特性。后者的一个例子是入侵检测雷达,其中受保护的区域位于发射天线和接收天线之间。在双基地雷达中,通常需要协调发射站和接收站的工作,提供多个接收波束用以覆盖发射波束区域,并在信号处理过程中考虑双基地的空间位置。有关信号处理的详细信息请参见附录 C。

研究表明使雷达反射波偏离入射方向,有助于大幅降低航空器的雷达截面积。需要强调的是,电磁能量仍然存在;它只是被反射到雷达站以外的方向,因此这部分电磁能量对常规单基地雷达系统而言是无用的[31]。

如果散射的能量被接收单元从不同的方向接收到呢?只要接收到的信号与雷达发射机的原始发射信号精确相关,就可以比较接收到反射波的连续方位,并推导出相当精确的反射点位置。因此,大量使用离散平面的飞机,如 SR‑71 或 F‑117,可以以相当大的概率被探测到。此类雷达系统称为双基地(在单个发射机和单个接收机的情况下)或多基地雷达(Tx 或 Rx 单元的数量更多,典型的是一个发射机搭配多个接收机),如图 D.2 所示。

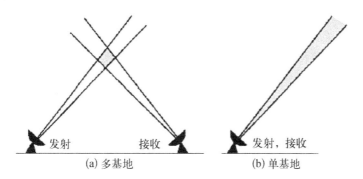

图 D.2　单基地和多基地的工作原理(来源:www.wikipedia.com)

将这一理论付诸实践需要几个步骤。首先,每个连续的雷达脉冲必须是唯一可识别的,以便确定出站信号和入站回波之间的空间相关性。

在现代脉冲多普勒雷达系统中,已经能够实现对雷达脉冲的编码识别,因此雷达脉冲唯一可识别是一个可实现的技术。困难的是将所有信号相关性融合成有意义的位置估计。

由于多径或镜像效应以及其他因素(如异常大气传播、干扰导致的信号失真等),雷达回波可能从"真实目标"反射以外的各个方向到达发射机。

即使对于常规雷达来说,从虚假回波中找出真实的方位回波也是一项困难的任务,而在多基地接收机的情况下,这项工作变得更加复杂。简单的跟踪算法可能会尝试跟踪一致的回波,并消除看起来与目标预期运动不一致的尖峰;这是最简单的例子,与这些功能相关的软件可能会非常复杂。

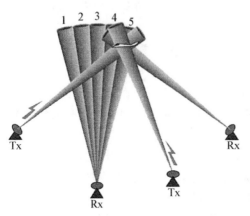

图 D.3 多基地雷达系统的工作原理
(来源:www.wikipedia.com)

传统单基地雷达通常将其监视的空间区域划分为若干子区域,并利用主波束依次进行扫描,如图 D.3 所示的多基地系统也是如此。区别在于,子区域的交叉点可以在系统的节点之间相交,从而形成监视"单元"。然后,这些单元被快速连续地监视,以确定与系统的 Tx 单元最初发射信号一致的任何反射信号。

该类型的早期例子是法国 RIAS 实验雷达,自 1970 年代中期在法国黎凡特岛建立,旨在探索相关技术的优点。它使用米波波段的单个发射器和若干接收器(一系列间隔 15 m 的偶极子形成两个同轴环,外圈直径 400 m)来提供三维目标数据。至少需要三个接收器来提供二维定位,另外一个用于高度估计。该系统初始阶段的主要问题是当时可用的计算能力有限。在早期的测试中,IBM Cyber‐360 主机负责对多个单元的监测,用了将近一个星期的时间来处理两分钟的检测输入信号。然而,从 20 世纪 80 年代中期开始,用 Cray‐II 型超级计算机取代系统的相关单元,能够使信号处理近乎实时地进行。在计算能力如此强大的今天,这种限制已不再是一个问题。

D.2 单基地雷达

当雷达发射天线和接收天线放置在同一位置以探测目标时,称为单基地雷达。该类雷达包含相同的发射和接收天线,通常均位于地面上用于探测飞机。单基地雷达的典型几何结构如图 D.4 所示。在单基地情况下,发射和接收增益是相同的,分别记为 G_t 和 G_r,如方程式(D.1)所示:

$$G = G_r = G_t \tag{D.1}$$

在这种情形下,将式(D.1)代入雷达方程中,可得到如下式:

$$P_r = \frac{P_t G^2 \sigma \lambda^2}{(4\pi)^3 R^4} \tag{D.2}$$

雷达最大探测距离 R_{max} 是指此距离之外的目标无法被探测到。当接收信号功率 P_r 等于最小可检测信号 S_{min} 时，对应的探测距离就是最大探测距离。重新排列各项，并将 $S_{min} = P_r$ 代入方程式(D.2)中，可得

$$R_{max} = \left[\frac{P_t G^2 \sigma \lambda^2}{(4\pi)^3 S_{min}} \right]^{\frac{1}{4}} \quad (D.3)$$

式中，P_t 为发射信号功率；λ 为发射信号波长；σ 为目标的雷达散射截面积或散射系数；G 为天线增益。虽然这种形式的雷达方程忽略了很多重要因素，并且其预测

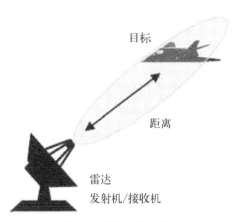

图 D.4 典型的单基地雷达原理(来源：www.wikipedia.com)

的最大探测距离通常较高，但它描述了雷达最大探测距离与目标雷达截面积之间的关系。

单基地雷达是发射机和接收机配置在一起的雷达系统。这是雷达的常见配置，该术语常用于将其与双基地雷达或多基地雷达区分开来。

D.3 双基地雷达

当发射天线和接收天线相距一定距离时，称为双基地雷达。一个发射机和多个独立接收机的系统称为多基地雷达。双基地雷达的几何结构如图 D.5 所示。当双基地角 α 较小时，双基地雷达散射截面与单基地雷达散射截面相似。

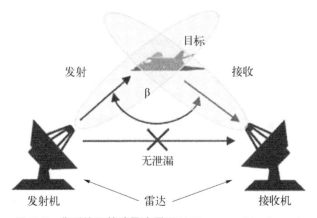

图 D.5 典型的双基地雷达原理(来源：www.wikipedia.com)

对于双基地雷达,相应的雷达方程为

$$P_r = \frac{P_t G_t G_r \lambda^2 \sigma_b}{(4\pi)^3 D_t^2 D_r^2} \tag{D.4}$$

式中,σ_b 为双基地雷达散射截面积(m^2);D_t 为目标与发射机之间的距离;D_r 为目标与接收机之间的距离。

双基地雷达发射机和接收机之间的距离与预期目标距离相当,而单基地雷达的发射机和接收机则配置在一起。多基地雷达系统通常包含多个不同位置的单基地雷达或双基地雷达,并且各雷达具有共同的覆盖区域。许多远程空空和地空导弹系统都使用半主动雷达寻的,这是一种双基地雷达(图 D.6)。

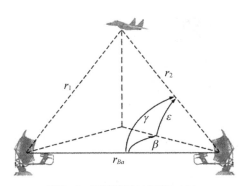

图 D.6 双基地雷达框图(来源:www.wikipedia.com)

此外,作为特定类别双基地雷达的一部分,有些雷达系统可能有独立的发射天线和接收天线,但是如果发射机、目标和接收机之间的夹角(双基地角)接近于零,那么它们通常仍然被视为单基地或伪单基地雷达。例如,一些长距离高频雷达系统可能有一个发射器和接收器,它们之间相隔几十千米进行电气隔离,由于预期目标距离在 1 000~3 500 km 数量级,因此它们通常不被视为真正的双基地雷达,一般称为伪单基地雷达。

双基地和多基地雷达的主要优点包括:

(1) 较低的采购和维护成本(如果使用第三方发射机)。

(2) 无频率间隙运行(如果使用第三方发射机)。

(3) 较好的接收机隐蔽性。

(4) 因为信号波形和接收机位置未知,因此具有较好的抗电子干扰能力。

(5) 由于几何效应,可能会增加目标的雷达散射截面积。

(6) 独立接收机较轻且可移动,而发射机可能较重且功率强大(地空导弹)。

双基地和多基地雷达的主要缺点包括:

(1) 系统复杂。

(2) 站点间需要通信。

(3) 对发射机缺乏控制(如果利用第三方发射机)。

(4) 部署困难。

(5) 需要在多个位置对目标进行通视,减小了低空覆盖范围。

本书第 1 章和本小节描述了很多类型的双基地雷达。上面已经讨论过伪单基地雷达,下面介绍双基地雷达的分类。

1. 前向散射雷达

在某些配置中,双基地雷达可以设计成栅栏式配置,探测通过发射机和接收机之间的目标,双基地角接近 180°。这是双基地雷达的一个特例,被称为前向散射雷达,其原理是发射的能量被目标散射(图 D.7)。

在前向散射中,散射可以用巴比涅原理来建模,这是一种潜在的对抗隐身飞机的方法,因为在这种情形下,雷达散射截面积仅由发射机视角的飞机轮廓决定,不受隐身涂层或外形的影响。

该模式下雷达截面积的计算式为 $\sigma = 4\pi A^2/\lambda^2$,其中,$A$ 是目标轮廓面积,λ 是雷达信号波长。然而,目标位置可能会发生变化,而在前向散射雷达中,对目标进行跟踪是非常具有挑战性的工作,因为距离、方位和多普勒测量的信息量变得非常低(不管目标在栅栏中的位置如何,所有这些参数趋于零)。

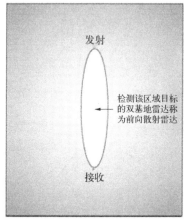

图 D.7　前向散射几何图形的示意图
(来源:www.wikipedia.com)

2. 多基地雷达

多基地雷达系统至少包含三个组件,例如,一个接收机和两个发射机,或者两个接收机和一个发射机,或者多个接收机和多个发射机。多基地雷达系统是双基地雷达系统的推广,通常包含一个或多个接收机处理来自一个或多个地理位置不同发射机的回波信号(见附录 D.4 部分)。

3. 无源雷达

利用非雷达发射机的双基地或多基地雷达称为无源相干定位系统或无源隐蔽雷达(图 D.8)。任何不主动发射电磁脉冲的雷达都被称为无源雷达。无源相干定

图 D.8　台湾省 NCSIST 双基地雷达无源接收系统
(来源:www.wikipedia.com)

位(PCL)是一种特殊的无源雷达,该类型雷达可以利用环境中的民用电磁信号进行定位。

D.4　多基地雷达

多基地雷达系统通常至少有三个组件,例如,一个接收机和两个发射机,或者两个接收机和一个发射机,或者多个接收机和多个发射机。多基地雷达是双基地雷达的推广,通常包含一个或多个接收机处理来自一个或多个不同位置发射机的回波信号。如图 D.9 所示。

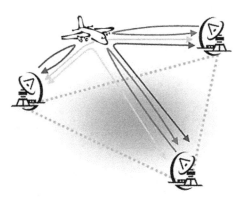

图 D.9　多基地雷达框图(来源:
www.wikipedia.com)

多基地雷达系统包含多个不同位置的单基地或双基地雷达单元,这些雷达具有相同的覆盖区域。与基于单独雷达结构的探测系统的一个重要区别是,多基地雷达各分系统之间需要进行某种程度的数据融合。多基地雷达系统提供的空间多样性允许同时观察目标的不同方面。与传统雷达系统相比,多维信息的融合可以带来很多优势。

多基地雷达通常被称为"多站点"或"组网"雷达,可与通信系统中的宏分集思想相媲美。多基地雷达的另一个重要分支是多输入多输出(MIMO)雷达(图 D.10)。需要指出的是,MIMO 雷达是一种先进的相控阵雷达,该体制雷达通常包含分布在天线孔径上的数字接收机和波形发生器。MIMO 雷达信号通常以类似于多基地雷达的方式进行传播。

如图 D.10 所示,在 MIMO 系统中,来自单个发射机的发射信号是不同的。因此,回波信号可以重新分配给信号源,这就增加了虚拟接收孔径。

然而,不是将雷达单元分布在整个监视区域,而是将天线位置排列紧密以获得更好的空间分辨率、多普勒分辨率和动态范围[32]。MIMO 雷达也具有低截获概率(LPI)雷达的某些特性[33]。

在传统的相控阵系统中,需要额外的天线和相关硬件来提高空间分辨率。MIMO 雷达系统从多个发射天线发射相互正交的信号,并通过一组匹配滤波器从每个接收天线中提取这些波形。例如,如果 MIMO 雷达系统具有 3 个发射天线和 4 个接收天线,则由于发射信号的正交性,可以从接收机中提取 12 个信号。也就是说,通过对接收到的信号进行数字信号处理(DSP),仅使用 7 个天线即可创建 12

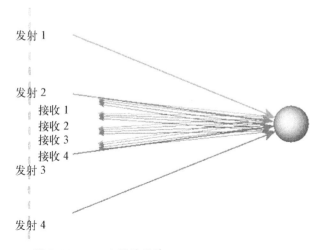

图 D.10 MIMO 雷达系统(来源：www.wikipedia.com)

阵元虚拟天线阵列（VAA），从而获得比其对应相控阵天线更加精细的空间分辨率。图 D.11 是虚拟阵列分析的一个场景。

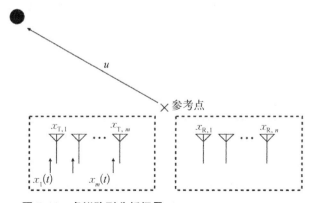

图 D.11 虚拟阵列分析场景(来源：www.wikipedia.com)

虚拟阵列天线的概念可以演示如图 D.9 所示的 M－by－N 雷达系统。假设目标位于 u 处，第 m 发射天线位于 $x_{\mathrm{T},m}$ 处，第 n 接收天线位于 $x_{\mathrm{R},n}$ 处。第 n 接收天线接收到的信号可以表示为：

$$y_n(t)=\sum_{m=1}^{M} x_m(t)\mathrm{e}^{\mathrm{j}\frac{2\pi}{\lambda}u^T(x_{\mathrm{T},m}+x_{\mathrm{R},n})} \tag{D.5}$$

如我们所见，如果 $\{x_m(t),\ m=1\sim M\}$ 是一个正交矩阵集，则可以从第 n 接收天线提取 M 信号，每个接收天线都包含一个单独发射路径的信息。

为了比较相控阵雷达和 MIMO 雷达，文献[33,34]讨论了发射/接收天线阵列与虚拟阵列的关系。若发射和接收天线阵列的配置分别表示为两个向量 $\boldsymbol{h}_{\mathrm{T}}$ 和 $\boldsymbol{h}_{\mathrm{R}}$，则虚拟阵列的配置向量等于 $\boldsymbol{h}_T$ 和 $\boldsymbol{h}_R$ 的卷积,如式(D.6)和图 D.12 所示。

$$\boldsymbol{h}_v = \boldsymbol{h}_T \cdot \boldsymbol{h}_R \tag{D.6}$$

图 D.12 中给出了形成虚拟阵列天线几何结构的示例。在第一个例子中总共有 6 个天线,2 个均匀分布的天线阵列形成一个五元虚拟天线阵列。在第二个例子中,通过增加发射天线之间的距离,可以获得九元虚拟天线阵列,这意味着可以获得更好的空间分辨率。

图 D.12　虚拟天线阵列几何结构方案(来源:www.wikipedia.com)

为了根据 $N \times M$ 信号估计目标的到达方向,常用 MUSIC 算法和极大似然估计等方法,取得了很好的效果[35,36]。

在正交信号方面,MIMO 雷达领域使用的正交信号集有很多种。其中之一是频谱交织多载波信号,它是正交频分复用信号的改进版本[37]。在该方法中,可用子载波的总量以交错方式在不同发射天线之间分配(图 D.13)。

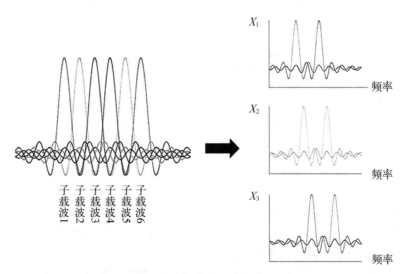

图 D.13　生成正交信号的常规子载波分配(来源:www.wikipedia.com)

另一个信号集是正交 chirp 信号,可以表示为

$$x_m(t) = \exp\left[2\pi\left(f_{m,0}t + \frac{1}{2}kt^2\right)\right] \tag{D.7}$$

通过选择不同的初始频率 $f_{m,0}$,可以使这些线性调频波形正交[38]。

数字信号处理(DSP)的最新进展和计算能力的持续发展表明,下一代雷达系统采用 MIMO 技术是可行的。随着人工智能技术新方法的采用及其在支持数字信号处理计算方面的增强,MIMO 在雷达中的吸引力越来越大,尤其是在多基地雷达以及电子战(EW)领域[39]。

与其他雷达方案相比,MIMO 雷达的优势在于其波形分集,这本质上意味着 MIMO 雷达可以通过多个天线同时发射多个不同的可能是线性独立的波形,这与现有雷达系统发射的比例系数不同的预定义波形不同[40]。特别是,MIMO 雷达有两种主要类型,一种是天线位置紧凑的雷达[41],另一种是天线阵在空间散布的系统(双基地、多基地)[42]。MIMO 雷达技术具有以下特点:直接适用自适应波束形成技术[43]、波形设计和功率分配、更高的角度分辨率、通过雷达散射截面积获取目标几何特征的能力以及多目标检测[40]。

为了应对多源干扰,在以最小功耗获得高检测性能的同时,雷达系统应采用最优的资源分配策略。例如,可以使用凸优化技术来集中资源分配。然而,在多基地雷达网络中,集中控制可能难以实施,因此,可以优先考虑自主分散的资源分配方案。实现这一目标的有效工具是博弈论,它为分析理性但自私参与者之间的协调和冲突提供了一个框架[39]。

利用图 D.14,Anastasios Deligiannis 等人[39]通过博弈论分析展示了战斗是如何进行的,重点描述了集群中雷达的行为。基于 Karush - Kuhn - Tucker 条件的理论结果表明,在一个集群中,精确地达到期望信噪比的雷达数目等于主动发射信号的雷达数目。

由于多基地雷达可能同时包含单基地和双基地配置,因此每种雷达配置的优缺点也适用于多基地系统。一个有 N 个发射机和 M 个接收机的系统将包含 $N \times M$ 个雷达配置,每个配置可能涉及不同的双基地角和目标雷达散射截面积。以下特性是多站布置的独特特性,该类系统通常具有多个发射机-接收机对。

1. 检测

在多基地雷达中,可以通过在整个监视区域内扩展雷达几何结构来获得更大的覆盖范围,这种情况下目标有更大概率接近雷达发射机-接收机对,从而可以获得更高的信噪比。

当融合覆盖相同区域的多个发射机-接收机对的信息时,空间分集技术通常是有益的。通过对单个回波进行加权求和(例如通过基于似然比的检测器),以便在

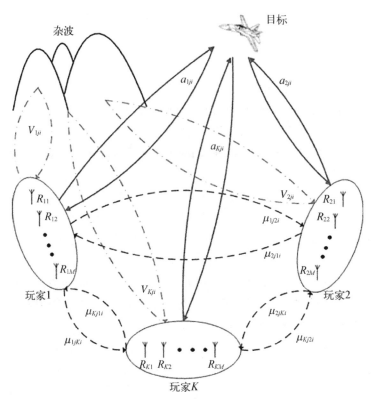

图 D.14   K 簇分布式 MIMO 雷达网络及其信道增益[39]

判决是否存在目标时,增加某些特定单基地或双基地雷达权重,以及某些有利传播路径获得的更强回波,进而达到优化检测的目的。这类似于使用天线分集技术来改善无线通信中的链路。

如果使用单个雷达,多径或阴影效应可能使雷达探测性能较差,这种情况下使用多基地雷达可以改进雷达的探测性能。一个值得注意的领域是海杂波,以及如何证明反射率和多普勒频移的多样性能够改善海洋环境下的探测。

许多隐身飞行器的外形设计使得入射雷达波尽可能多地反射到雷达发射机之外的其他空间位置,以使雷达能量尽可能小地返回到单基地系统的接收机。这将导致更多的雷达能量被辐射到只有多基地接收器才可以探测的方向。

2. 分辨率

由于可以得到多个空间上不同的径向距离分布,因此空间分集通常可以改进雷达分辨率。与纵向距离分辨率相比,传统雷达的横向距离分辨率通常较差;此时,通过双基地距离椭圆交叉定位可能会提高分辨率(图 D.15)。

这涉及将单个目标检测关联起来形成联合检测的过程。由于雷达目标的非合作性,如果存在多个目标,则有可能形成模糊或"虚假目标"。可以通过增加信息的

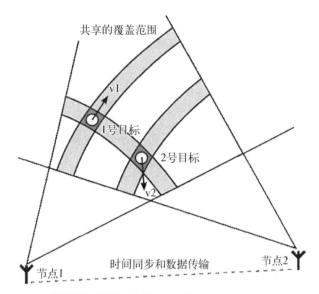

图 D.15　利用多基地雷达分辨多个目标(来源：www.wikipedia.com)

方法(如使用多普勒信息,提高径向分辨率,或在多基地系统中的不同区域配置更多的雷达)来减少这种情况。

3. 分类

在一个多基地系统中,雷达散射截面的变化或发动机调制等目标特征可以通过发射机-接收机对被观察到。通过对目标不同方面进行观测获得的目标信息增益,可以改进对目标的分类识别。大多数现有的防空系统使用一系列组网的单基地雷达,而不使用系统内的双基地雷达。

4. 鲁棒性

多基地雷达的空间分布特性可能会提升雷达的生存能力。单基地或双基地系统的发射机或接收机出现故障将导致雷达功能完全丧失。从战术的角度来看,与多个分布式发射机相比,单个大型发射机更容易被定位和摧毁。同样,同时干扰多个接收机也比干扰单个干扰机更加困难。

5. 时空同步

为了获取目标相对于多基地系统的距离或速度,需要知道发射机和接收机的空间位置。如果接收机和发射机之间无直视通道,则还必须共享时间和频率标准。在双基地雷达中,如果没有这些信息,雷达所报告的信息就会不准确。对于在检测前进行数据融合的系统,需要不同接收机精确的时间和/或相位同步。对于图像层次的融合,采用标准 GPS 时钟(或类似)进行时间标记就足够了。

6. 通信带宽

多基地系统中来自多个单基地或双基地的大量信息必须结合起来才能提高性

能。这种融合过程可以从简单的情况下选择最接近目标的接收机(忽略其他),到通过无线电信号融合实现更加复杂的波束形成。鉴于此,可能需要很大的通信带宽将相关数据传递到可以进行融合处理的单元。

7. 处理要求

与单个雷达相比,数据融合意味着处理量的增加。此外,如果在数据融合中涉及某些关键信息的处理,例如试图提高分辨率,则可能需要特别大量的计算。

D.5 低截获概率雷达

在现代战场上,雷达面临着越来越严重的电子攻击和反辐射武器的威胁。现代雷达系统的一个重要特征是"看而不见"。低截获概率雷达具有强大的探测能力,同时自身不易被电子侦察设备探测到。

低截获概率雷达系统具有难以被现有侦察接收机探测的特点。低截获特征使得雷达难以被预警系统或无源探测系统检测到。其特征主要包括:

(1) 使用一个窄波束和低旁瓣的天线,这种天线很难被发现。

(2) 仅在必要时发射雷达脉冲。

(3) 降低发射脉冲功率。

(4) 雷达脉冲分散到宽频带上,每个频段仅有非常弱的信号。

(5) 改变传输参数,如脉冲形式、频率、脉冲重复频率。

(6) 以无规律方式进行跳变,在单个地方停留时间较短,难以探测。

(7) 使用波形变化不明显的脉内调制(如伪随机模式)。

低截获概率雷达的功能是防止电子侦察接收机拦截。这一目标通常是通过使用与电子侦察接收机调谐波形不匹配的雷达波形来实现的。因此,传统的电子侦察接收机只能在很近的距离内探测到低截获概率雷达。

低截获概率雷达发射一个低功率的脉内调制波形,能以良好的距离分辨率获得目标的距离信息。这种调制可以是相位调制、频率调制、伪随机和类似噪声的调制。典型的低截获概率雷达具有 1 W 的可切换脉冲功率输出,而达到类似目标探测范围的常规脉冲雷达至少需要 10 kW。

这使得低截获概率雷达能够获得相对于电子侦察接收机的处理增益,该增益等于雷达波形的时间带宽积。这种处理增益使得低截获概率雷达作为一次雷达(电磁波双程路径的四次方)抵消了传统电子支援接收机距离平方的优势。

然而,低截获概率雷达仅限于较近距离的应用。相对较长的发射脉冲宽度应用于发射,要求双工器在整个脉冲期间与发射机保持对准,并且接收机在此期间处于关闭状态。因此,许多低截获概率雷达都有单独的发射和接收天线,它们是共同安装的。近期的一些低截获概率雷达可以使用调频连续波(FM‐CW)雷达模式来代替脉冲雷达技术以大幅度降低发射功率[44]。

是否为低截获概率雷达取决于雷达的具体用途或任务、试图探测它的接收机类型以及合适的几何拓扑结构(Adamy，2010)[45]。这些类型的雷达通常也被称为"寂静"雷达(图 D.16)。

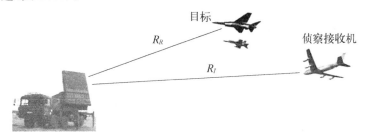

图 D.16　雷达、目标和侦察接收机的几何位置[32]

为了躲避电子监视系统和雷达告警机的拦截，雷达探测距离 R_R 应大于侦察机的探测距离 R_I。根据图 D.15，系数 α 可定义为，如果 $\alpha > 1$，雷达将被侦察接收机探测到。反之，如果 $\alpha \leqslant 1$，雷达可以检测到平台，而侦察接收平台无法检测到雷达。事实上，低截获概率性能是一个概率事件[46]。

作为低截获概率雷达特性的一部分，我们应该指出，低截获概率是发射机的属性，通常是由于其低功率、大带宽、频率可变性或其他属性，使雷达告警器、电子支援和电子情报接收器等无源侦察设备难以对其进行检测和识别。本书中介绍了几种重要的基于相位和频率调制的低截获概率波形的特性和产生方法，给出了每种波形的相位/频率变化、自相关函数和模糊函数等特性。

在检测截获信号的波形参数的信号处理技术的帮助下，对这些信号进行测试。该技术基于并行滤波(子带)阵列和高阶统计量，然后采用图像阈值二值化和数学形态学等图像处理方法，可在信噪比低至 -3 dB 的情况下识别和提取雷达信号的形状。图 D.17 是低截获概率雷达网络示例的示意图。

低截获概率雷达具有如下特点：

(1) 低旁瓣天线；

(2) 不规则天线扫描模式；

(3) 高占空比/带宽传输；

(4) 精确的功率管理；

(5) 载波频率；

(6) 非常高的灵敏度；

(7) 高处理增益；

(8) 相干检测；

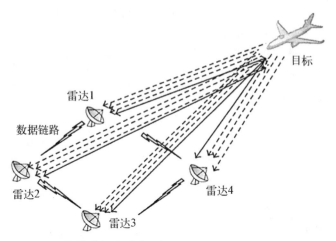

图 D.17　低截获概率雷达网络示例(来源：www.wikipedia.com)

（9）单基地/双基地配置。

Aytug Denk 及其在海军研究生院的论文工作[47]对上述每个特征的定义进行了很好的诠释。

参考文献

［1］ S. S. Vinogradov and P. D. Smith,'Radar Cross-Section Studies of Lens Reflectors', Progress In Electromagnetics Research, PIER 72, 325-337, 2007.

［2］ Luneberg, R. K. (1944). Mathematical Theory of Optics. Providence, Rhode Island: Brown University. pp. 189-213.

［3］ Brown, J. (1953). Wireless Engineer. 30: 250.

［4］ Gutman, A. S. (1954). "Modified Luneberg Lens". J. Appl. Phys. 25 (7): 855. Bibcode: 1954JAP....25. 855G. doi: https://doi.org/10.1063/1.1721757.

［5］ Morgan, S. P. (1958). "General solution of the Luneberg lens problem". J. Appl. Phys. 29 (9): 1358-1368. Bibcode: 1958JAP....29.1358M. doi: https://doi.org/10.1063/1.1723441.

［6］ "Solutions of problems (prob. 3, vol. VIII. p. 188)". The Cambridge and Dublin mathematical journal. Macmillan. 9: 9-11. 1854.

［7］ "Problems (3)". The Cambridge and Dublin mathematical journal. Macmillan. 8: 188. 1853.

［8］ Niven, ed. (1890). The Scientific Papers of James Clerk Maxwell. New York: Dover Publications. p. 76.

［9］ Lo, Y. T.; Lee, S. W. (1993). Antenna Handbook: Antenna theory. Antenna Handbook. Springer. p. 40. ISBN 9780442015930.

［10］ http://thediplomat.com/2018/12.

［11］ Pai, Shih, "Magnetogasdynamics and Plasma Dynamics", Springer-Verlag, Vienna,

PrenticeHall, Inc., Englewood Cliffs, NJ 1962.

[12] Rosa, R. J., "Magnetohydrodynamic Energy Conservation", McGraw-Hill Book Company, NY, 1968.

[13] Gurijanov, E. P., and Harsha, P. T. : AJAX: New Directions in Hypersonic Technology", AIAA - 96 - 4609, Seventh Aerospace Planes and Hypersonic Technology Conference, Norfolk, VA, 1996.

[14] Bruno, C., Czysz, P.A., and Murthy, S.N.B., "Electro-magnetic Interactions in a Hypersonic Propulsion System," AIAA 97 - 3389, 33rd AIAA/ASME/SAE/ASEE Joint Propulsion Conference, Seattle, WA, July 6 - 9, 1997.

[15] Litchford, R.J., Cole, J.W., Bityurin, V.A., and Lineberry, J.T., "Thermodynamic Cycle Analysis of Magnetohydrodynamic-Bypass Hypersonic Airbreathing Engines," NASA/TP—2000 - 210387, July 2000.

[16] Murthy, S. N. B. and Blankson, I. M., "MHD Energy Bypass for Turbojet-Based Engines," IAF - 00 - 5 - 5 - 05, 51st International Astronautical Congress, Rio de Janeiro, Brazil, October 2 - 6, 2000.

[17] Sergey O. Macheret, Mikhail N. Schneider, and Richard B. Miles, "Magnetohydrodynamic and Electrohydrodynamic Control of Hypersonic Flows of Weakly Ionized Plasmas", AIAA JOURNAL, Vol. 42, No. 7, July 2004.

[18] Zohuri, B. "Scalar Wave Driven Energy Applications" Sep 4, 2018, Published by Springer Publishing Company, New York, NY.

[19] Zohuri, B. "Principle of Scalar Electrodynamics Phenomena Proof and Theoretical Research" Journal of Energy and Power Engineering 12 (2018) 408 - 417. doi: https://doi.org/10.17265/1934 - 8975/2018.08.005.

[20] Zohuri, B. "Directed Energy Beam Weapons, The Dawn of New Age Defenses" will be published By Springer Publishing Company, April 2019.

[21] Horst Eckardt, What are "Scalar Waves"?, www.aias.us, www.atomicprescision.com, www.upitec.org, 02 January, 2012.

[22] Georgetown Journal of International Affairs, March 29, 2018.

[23] https://en.wikipedia.org/wiki/DF-ZF.

[24] MacDonald, A. D., Microwave Breakdown in Gases, Wiley Publisher 1966, New York.

[25] https://en.wikipedia.org/wiki/Paschen%27s_law.

[26] U. S. Patent 512,340 "Coil for Electro-Magnets", Nikola Tesla (1894).

[27] H. Eckardt, D. W. Lindstrom, "Solution of the ECE vacuum equations", in "Generally Covariant Unified Field Theory", vol. 7 (Abramis, Suffolk, 2011), pp. 207 - 227 (see also www.aias.us, section publications).

[28] Bearden, T. E. (1981), Solutions to Tesla's Secrets and the Soviet Tesla Weapons. Tesla Book Company, Millbrae, California.

[29] Michael T. Borkowski, Raytheon Company, Chapter 5 of the book "RADAR HANDBOOK" edited by Merrill I. Skolnik, 2nd edition McGraw-Hill, 1990, New York, NY.

[30] https://www.tek.com/blog/fundamentals-radar-measurement-and-signal-analysis-part-1.

[31] Dimitris V. Dranidis, Airborne Stealth In A Nutshell Part II, Countering Stealth — Technology & Tactics, http://www.google.com/url?sa=t&rct=j&q=&esrc=s&source=web&cd = 1&ved = 2ahUKEwj8j56ch83lAhUYrZ4KHdffCRAQFjAAegQIAxAC&url = http%3A%2F%2Fwww.harpoonhq.com%2Fwaypoint%2Farticles%2FArticle_021.pdf&usg=AOvVaw3tvhiMWdEHOaeWmA-XnI8k (Accessed November 2019), The magazine of the computer Harpoon community — http://www.harpoonhq.com/waypoint/.

[32] Rabideau, D. J. (2003). "Ubiquitous MIMO multifunction digital array radar". The ThirtySeventh Asilomar Conference on Signals, Systems & Computers. 1: 1057 – 1064. doi: https://doi.org/10.1109/ ACSSC.2003.1292087. ISBN 978 – 0 – 7803 – 8104 – 9.

[33] Bliss, D. W.; Forsythe, K. W. (2003). "Multiple-input multiple-output (MIMO) radar and imaging: degrees of freedom and resolution". The Thirty-Seventh Asilomar Conference on Signals, Systems & Computers, 2003. Pacific Grove, CA, USA: IEEE: 54 – 59. doi: 10.1109/ ACSSC.2003.1291865. ISBN 9780780381049.

[34] K. W. Forsythe, D.W. Bliss, and G.S. Fawcett. Multiple-input multiple output (MIMO) radar: performance issues. Conference on Signals, Systems and Computers, 1: 310 – 315, November 2004.

[35] Gao, Xin, et al. "On the MUSIC-derived approaches of angle estimation for bistatic MIMO radar." Wireless Networks and Information Systems, 2009. WNIS'09. International Conference on. IEEE, 2009.

[36] Li, Jian, and Petre Stoica. "MIMO radar with collocated antennas." IEEE Signal Processing Magazine 24.5 (2007): 106 – 114.

[37] Sturm, Christian, et al. "Spectrally interleaved multi-carrier signals for radar network applications and multi-input multi-output radar." IET Radar, Sonar & Navigation 7.3 (2013): 261 – 269.

[38] Chen, Chun-Yang, and P. P. Vaidyanathan. "MIMO radar ambiguity properties and optimization using frequency-hopping waveforms." IEEE Transactions on Signal Processing 56.12 (2008): 5926 – 5936.

[39] Anastasios Deliggianis, Anastasia Panoui, S. Lambotharan, and Jonathon Chambers, "GameTheoretic Power Allocation and the Nash Equilibrium Analysis for a Multistatic MIMO Radar Network", IEEE Transactions on Signal Processing, September 2017.

[40] J. Li and P. Stoica, MIMO Radar Signal Processing. Hoboken, NJ, USA: Wiley, 2009.

[41] J. Li and P. Stoica, "MIMO radar with colocated antennas," IEEE Signal Process. Mag., vol.24, no. 5, pp. 106 – 114, Sep. 2007.

[42] A. M. Haimovich, R. S. Blum, and L. J. Cimini, "MIMO radar with widely separated antennas," IEEE Signal Process. Mag., vol. 25, no. 1, pp. 116 – 129, Dec. 2007.

[43] A. Deligiannis, S. Lambotharan, and J. A. Chambers, "Beamforming for fully-overlapped two-dimensional phased-MIMO radar," in Proc. IEEE Radar Conf., Arlington, VA, USA, 2015, pp. 599 – 604.

[44] https://www.radartutorial.eu/02.basics/Frequency%20Modulated%20Continuous%20Wave%20Radar.en.html.

[45] Hou Jiangang, Tao Ran, Shan Tao, and Qi Lin. 2004. A novel LPI radar signal based on hyperbolic frequency hopping combined with barker phase code. 2004 7th International Conference on Signal Processing Proceedings (IEEE Cat. no. 04TH8739) (2004): 2070; 2070 - 3 vol.3; 3o.3.

[46] GuoSui Liu, Hong Gu, WeiMin Su, and HongBo Sun. 2001. The analysis and design of modern low probability of intercept radar. 2001 CIE International Conference on Radar Proceedings (Cat no.01TH8559) (2001): 120; 120 - 124; 124.

[47] Aytung Denk, "DETECTION AND JAMMING LOW PROBABILITY OF INTERCEPT (LPI) RADARS" Thesis work, Naval Postgraduate School, Monterey, California, September 2006.